U0168976

电力数字智能技术发展与展望

全球能源互联网发展合作组织

中国电力出版社
CHINA ELECTRIC POWER PRESS

前　言

新一代数字智能技术正向社会经济多领域快速渗透，持续驱动生产生活方式和经营管理模式变革。世界主要国家已经在数字化转型领域作出一系列重大部署，积极推进产业数字化、智能化，促进数字经济与实体经济、智能系统、物理系统深度融合，推动社会经济高质量发展。

电力行业关系国计民生，需要紧紧把握历史机遇，以数字化转型为抓手，以减碳降耗为目标，坚持战略驱动和创新驱动，全面构建数字化、智能化电力系统，发掘电力数据价值，提升数据应用和产品化能力，以“电力+算力”带动电力产业能级跃升。

数字智能技术将构建起电力系统的神经系统，赋予其全面感知、智能决策、实时控制的能力。未来，数字智能技术将全面提升电力系统信息采集、传输、处理、应用能力，实现全面的数据分析和快速的智能决策，推动传统电力设施和新型数字化设施融合，促进电力系统调度智能化和企业运营管理智慧化。在此基础上，打破能量与信息、业务、资金、价值的壁垒，促进产业融合发展，创新建设能源+交通、能源+信息、能源+金融等新型数字平台，构建共享、共治、共赢的能源互联网生态圈。

本报告立足电力数字智能技术的功能定位及发展需求，从技术视角分析关键技术的发展现状、主要应用和研发方向，并就数字智能技术在电力系统、电力企业、产业协同的潜在价值进行了评估。报告分为 8 章，第 1 章从数字智能技术发展现状与电力领域的转型需求出发，分析提出电力数字智能技术的发展目标与定位；

第 2～7 章，分别研究传感（测量）、通信、控制（保护）、芯片、大数据与区块链、人工智能等六项关键技术；第 8 章总结了关键技术发展趋势，分别从数字智能电力系统构建、智能企业创新管理、“能源+信息+”产业融合发展、电力大数据赋能等四个方面，展望和描绘了电力数字智能技术十大典型应用情景，旨在加快新一代电力系统融入数字经济和智能社会的发展步伐，打造数字智能生态体系。

本报告是全球能源互联网关键技术系列报告之一，集合了全球能源互联网发展合作组织对电力数字智能技术发展的相关研究成果。研究团队走访华北电力大学、亨通光电、中国移动、领航智库、意大利普睿司曼等单位，以及其他全球能源互联网会员、智库联盟、大学联盟等单位，得到电子信息、数据分析、人工智能等领域的多位专家学者及合作组织咨询（顾问）委员会和技术（学术）委员会专家的帮助和支持，在此表示衷心的感谢。受知识范围、数据资料和编写时间所限，内容难免存在不足，欢迎读者批评指正。

摘 要

面对全球气候变化危机，能源电力行业清洁化、低碳化、智能化转型需求迫切。数字智能技术的蓬勃发展为人类生产生活方式带来巨大变化，也将成为推动能源系统清洁发展的重要创新动力，为能源生产、输送、消费数字化、智能化创造变革空间。

数字智能技术将构建起电力系统的神经系统，赋予电力系统全面感知、智能决策、实时控制能力，促进电力系统智慧升级，构建共享、共治、共赢的能源互联网生态圈。作为规模化的网络基础设施，电力系统广泛采用传感、通信、控制、数据处理等信息技术实现设备监测和网络管控，并凭借强大的研发能力推动信息技术进步。在构建以新能源为主体的新型电力系统要求下，电力行业深化数字智能发展是能源革命与数字革命相融并进的必然选择，需要在构建数字智能电力系统、建设智慧运营体系、产业协同融合发展三个方面实现转型升级。未来，数字智能技术将全面提升电力系统信息采集、传输、处理、应用能力，推进电力系统智慧升级，打破行业壁垒，赋能协同发展，构建能量流、信息流、业务流、资金流、价值链相互融合的能源互联网生态圈。

未来电力行业将达到高度发达的数字智能化水平，实现资源全局调配能力、数据共享汇聚能力、共性服务支撑能力的全面提升，形成数字智能电力系统、智能企业管理、“能源+信息+”产业和电力数据赋能的新局面。在数字智能电力系统构建层面，电力数字智能技术将打通源网荷储各环节，推动电力系统智慧升级，从容应对清洁能源比例快速提升、电力电子设备大量接入和用电精细化管理等新

挑战，建立清洁低碳、安全高效、源荷互动的先进基础性平台。随着系统智能化发展水平的提升，电源侧将向人机数控、云边协同的智能电厂转变，智能电网将向全景看、全息判、全局控的智慧电网转变，单向用电负荷将向多能互补、源荷互动的虚拟电厂转变。在**智能企业管理**层面，数字智能技术将支撑电力企业建立多级融合的数据中心与信息网络，构筑一体化企业信息管理系统，促进数据资源纵向贯通和横向集成，充分挖掘大数据在部门管理、行业分析和电力系统创新管理方面的潜力，助力企业科学决策和智能运营。在**“能源+信息+”产业融合发展**层面，电力数字化技术将发挥强大的信息互联能力，链接电力系统和生产生活的各领域，人类社会将呈现泛在互联、智能高效的数字化发展新局面，通过产业链及业务链之间的数据贯通，形成“电—矿—冶—工—贸”数字联动发展、V2G 双向交互等大量数字化新情景。在**电力数据赋能**层面，电力大数据作为重要的社会基础数据资产，将广泛应用于经济金融、基建地产、人口税务等领域，实现不同行业产业链、业务链之间的数据贯通，为社会治理全面赋能。

电力数字智能技术的发展、应用与推广，是能源电力行业实现智能化发展的关键。本报告根据数字智能技术在能源电力系统中的不同作用，分为**传感（测量）技术、通信技术、控制（保护）技术、芯片技术、大数据与区块链**和**人工智能**等六类关键技术。

传感（测量）技术是实现物理世界和数字世界映射的基础，是实现电力系统可观测、可分析、可预测、可控制的前提。传感器能够将数据或价值信息转换成电信

号或其他形式的信号输出，满足信息传输、处理、存储、显示、记录和控制等要求。根据被测对象特征，传感器可分为电气量传感器、状态量传感器以及环境量传感器。在电力系统中，传感技术主要应用于发电设备、输电线路、变电设备、配电设备、用电设备的状态感知，其关键技术包括 MEMS 传感器、光纤传感器、传感器组网、自取能等。为促进电力系统、电力行业乃至全产业链的数字智能转型，未来传感技术将向低成本集成化、抗干扰内置化、多节点自组网、自取能低耗能等方向发展。

通信技术可以实现数据、信息、指令的快速传输，是电力系统、企业内部及跨行业信息传递的保障。通信是传递语言、图像、文字、符号、数据等信息的过程。通信技术自 19 世纪中叶发展至今，形成以电话网、数据网、计算机网、移动通信网为代表的现代通信网络。从空间上划分，它在电力行业的主要应用包括发电厂内通信、电力通信网和用户侧通信三部分。随着通信技术的持续发展，电力通信的关键技术从单一电缆、电力线载波，向微波、卫星通信、光纤、5G 移动通信等领域转变。现代社会的通信网络将向更大容量、更广覆盖、更低时延、更高安全性等方向发展，先进通信技术的进步也将有力支撑电力通信系统的升级改造。

控制（保护）技术是保障电力系统安全、可靠、经济运行的基础。控制技术通过控制信号对系统产生影响，使其运动状态达到或接近设定目标；电力系统保护是在电力系统发生故障和不正常运行情况时，用于快速切除故障，消除不正常状况的重要自动化控制技术和设备。两者在三道防线上按不同功能分布和协同为电力系统安全稳定运行提供强有力支撑。控制技术的理论研究和应用有近 150 年的历史，经历经典控制理论、现代控制理论和智能控制理论三

个阶段。控制技术在电力系统发电、输电、用电各个环节中均有广泛应用，其关键技术包括经典控制技术、线性控制系统、非线性控制系统、系统辨识、模糊控制、神经网络控制、专家控制、遗传算法、广域保护等。未来，随机最优控制、测—辨—控技术、广域控制技术、保护控制协同技术和系统保护等先进控制（保护）技术的成熟、应用和推广将有效支撑具有“双高”特征电力系统的发展和转型。

芯片被誉为“现代工业的粮食”，是物联网、大数据、云计算等新一代信息产业的基石，广泛应用于电力系统各个环节。芯片是半导体元件产品的统称，承担着运算和存储功能。芯片产业的发展源于二战期间的军事应用，随着计算机、互联网、移动互联网及人工智能等科技浪潮的发展而不断迭代，至今已有超过 80 年的发展历程。作为电力设备的基本单元，芯片是构成传感、测量、控制和通信的硬件基础，在电力系统的发电、输电、配电、用电各个环节中发挥着核心支撑作用，其关键技术包括低功耗设计、可靠性设计、电磁防护、可测性设计和热仿真等。未来电力系统应用的传感、通信、主控、安全、射频识别等芯片呈现出智能化、集成化、抗扰性强、计算速度快等新趋势。

大数据与区块链技术实现了对海量信息的分析处理和安全管理，是未来电力数据得以深入挖掘和广泛利用的技术基础。大数据技术具有大量、高速、多样、低价值密度等特点，而区块链作为分布式共享账本具有去中心化、不可篡改、全

程留痕、可以追溯、集体维护、公开透明等特点。大数据技术在进入 21 世纪后快速发展，成为数字化社会经济发展的重要基础；区块链在 2008 年被提出后，应用范围不断扩大。大数据与区块链技术已经在电力生产经营、市场开发、客户管理、投融资管理决策、电碳市场构建等方面实现应用。大数据关键技术包括多源数据整合、可靠性设计、并行计算、分布式存储、分析挖掘等，区块链关键技术包括共识算法、非对称加密、点对点网络、智能合约等。未来大数据技术将在数据采集和存储、分析和挖掘、安全和隐私保护方向深入发展，区块链将在共识机制、安全算法、隐私保护、系统优化等核心技术方面持续提升。

人工智能技术是对人类思维过程的模拟，近年来成为推动产业变革、社会经济转型的新动能。人工智能是利用机器学习和数据分析方法赋予机器模拟、延伸和拓展类人智能的能力。人工智能起源于 20 世纪 50 年代，60 多年来经历“两起两落”，当前随着信息技术进步和互联网普及迎来了第三次快速增长。电力人工智能的应用涉及电力系统发电、输电、变电、配电、用电全环节，重点包括电网调度、设备运维和用电营销等领域。人工智能在电力行业的应用可实现平台智能、传感智能、数据智能、认知计算和决策智能等功能，涉及机器学习、语音处理、计算机视觉、智能机器人、生物特征识别等关键技术。人工智能技术在电力系统应用中的发展方向主要有群体智能、混合增强智能、认知智能和无人智能等四个方面。

电力数字智能技术是能源革命与数字革命相融并进、实现能源清洁转型的关键。基于先进电力数字智能技术构建清洁低碳、电为中心、智慧互联的全球能源互联网将增强综合能源体系的灵活性、开放性、交互性、经济性和共享性，激发电力大数据的基础性战略资源潜能，支撑人类社会绿色低碳可持续发展。

目 录

前言

摘要

1 发展现状与趋势 001

1.1 发展现状 002

1.1.1 数字智能技术引领社会变革 002

1.1.2 电力领域广泛应用数字智能技术 003

1.1.3 电力发展促进数字智能技术进步 003

1.2 形势与要求 004

1.2.1 构建新型电力系统的要求 004

1.2.2 构建智慧运营体系的要求 005

1.2.3 产业协同融合发展的要求 006

1.3 目标定位 007

1.3.1 电力系统智慧升级 007

1.3.2 构建能源互联生态 009

1.4 关键技术 010

1.4.1 精准感知——传感（测量）技术 010

1.4.2 信息传递——通信技术 010

1.4.3 稳定运行——控制（保护）技术 011

1.4.4 核心要素——芯片技术 011

1.4.5 数据平台——大数据与区块链 012
1.4.6 决策支持——人工智能 012
1.5 小结 013

2 传感（测量）技术 015

2.1 技术现状 016
2.1.1 发展历程 016
2.1.2 应用现状 017
2.2 主要应用 025
2.2.1 核心电气量测量 025
2.2.2 发电设备状态感知 026
2.2.3 输电线路状态感知 028
2.2.4 变电设备状态感知 032
2.2.5 配电设备状态感知 036
2.2.6 用电设备状态感知 038
2.3 关键技术 039
2.3.1 MEMS 传感器技术 040
2.3.2 光纤传感器技术 041
2.3.3 传感器组网技术 043
2.3.4 自取能技术 045
2.4 研发方向 047
2.4.1 低成本集成化 047
2.4.2 抗干扰内置化 048
2.4.3 多节点自组网 048
2.4.4 自取能低能耗 049
2.5 小结 050

3 通信技术 053

3.1 技术现状 054

3.1.1 发展历程 054

3.1.2 应用现状 057

3.2 主要应用 058

3.2.1 发电厂内通信 058

3.2.2 电力通信网 060

3.2.3 用户侧通信 063

3.3 关键技术 066

3.3.1 载波通信 066

3.3.2 光纤通信 069

3.3.3 微波通信 073

3.3.4 卫星通信 075

3.3.5 总线通信 076

3.4 研发方向 077

3.4.1 更大容量 077

3.4.2 更广覆盖 078

3.4.3 更低时延 081

3.4.4 更高安全性 082

3.5 小结 083

4 控制（保护）技术 085

4.1 技术现状 086

4.1.1 经典控制理论阶段 086

4.1.2 现代控制理论阶段 088

4.1.3 智能控制理论阶段 091
4.1.4 保护技术发展历程 092
4.2 主要应用 093
4.2.1 发电厂控制系统 093
4.2.2 电网调度控制 096
4.2.3 变电站综合自动化 102
4.2.4 用电需求控制 104
4.3 关键技术 105
4.3.1 经典控制 106
4.3.2 线性系统控制 107
4.3.3 非线性系统控制 111
4.3.4 系统辨识 115
4.3.5 模糊控制 116
4.3.6 神经网络控制 117
4.3.7 专家控制 118
4.3.8 遗传算法 119
4.3.9 广域保护 120
4.4 研发方向 122
4.4.1 随机最优控制 122
4.4.2 测—辨—控技术 123
4.4.3 广域控制技术 124
4.4.4 保护控制协同技术 127
4.4.5 系统保护 128
4.5 小结 129

5 芯片技术 131

5.1 技术现状 132

5.1.1 发展历程 132

5.1.2 应用现状 136

5.2 主要应用 141

5.2.1 智能电能表 142

5.2.2 电力通信 144

5.2.3 用电安全 145

5.2.4 资产管理 146

5.2.5 设备状态监测 147

5.3 关键技术 148

5.3.1 低功耗 148

5.3.2 可靠性设计 152

5.3.3 电磁防护 155

5.3.4 可测性设计 157

5.3.5 热仿真 160

5.4 研发方向 163

5.4.1 传感芯片 163

5.4.2 通信芯片 165

5.4.3 主控芯片 166

5.4.4 安全芯片 166

5.4.5 射频识别芯片 166

5.5 小结 168

6 大数据与区块链技术 169

6.1 技术现状 170

6.1.1 发展历程 170
6.1.2 应用现状 173
6.2 主要应用 176
6.2.1 系统运行 176
6.2.2 企业管理 178
6.2.3 市场分析 179
6.2.4 预测研究 181
6.2.5 市场交易 182
6.3 关键技术 183
6.3.1 多源数据整合 183
6.3.2 分析挖掘 184
6.3.3 分布式存储 185
6.3.4 并行计算 186
6.3.5 可视化 187
6.3.6 共识算法 188
6.3.7 非对称加密算法 189
6.3.8 点对点网络技术 190
6.3.9 智能合约 190
6.3.10 其他数据处理技术 191
6.4 研发方向 193
6.4.1 大数据采集和存储技术 193
6.4.2 大数据分析和挖掘技术 194
6.4.3 大数据安全和隐私保护 195
6.4.4 区块链核心技术提升 196
6.5 小结 198

7 人工智能技术 201

7.1 技术现状 202

7.1.1 发展历程 202

7.1.2 应用现状 206

7.2 主要应用 207

7.2.1 源荷预测 207

7.2.2 电网调度 209

7.2.3 设备运维 211

7.2.4 用电营销 213

7.2.5 规划设计 215

7.3 关键技术 215

7.3.1 机器学习 215

7.3.2 语音处理 219

7.3.3 计算机视觉 222

7.3.4 智能机器人 224

7.3.5 生物特征识别 226

7.3.6 专家系统 228

7.4 发展方向 229

7.4.1 群体智能 229

7.4.2 混合增强智能 230

7.4.3 认知智能 231

7.4.4 无人智能 232

7.5 小结 233

8 发展展望 235

8.1 技术发展趋势 236

8.2 发展情景展望 238
8.2.1 数字智能电力系统 238
8.2.2 智能企业管理 243
8.2.3 “能源+信息+”产业 244
8.2.4 电力大数据赋能 249

附录 缩写/定义 253

图目录

图 1.1　数字智能技术在电力系统智慧升级中的重要作用 ······ 008
图 2.1　中国传感器发展历程 ······ 017
图 2.2　电流互感器 ······ 018
图 2.3　电压互感器 ······ 018
图 2.4　快速暂态过电压传感器结构 ······ 019
图 2.5　脉冲电流传感器 ······ 020
图 2.6　特高频传感器 ······ 020
图 2.7　红外热成像仪 ······ 021
图 2.8　力学传感—光纤光栅输电线路拉力传感器 ······ 022
图 2.9　气敏传感器 ······ 023
图 2.10　超声波传感器 ······ 024
图 2.11　振动传感器 ······ 024
图 2.12　发电设备振动感知示意图 ······ 027
图 2.13　新能源发电光照感知示意图 ······ 028
图 2.14　输电线路力学传感示意图 ······ 030
图 2.15　电缆分布式温度感知示意图 ······ 031
图 2.16　电缆高频电流传感器局部放电感知示意图 ······ 031
图 2.17　变压器特高频局放感知示意图 ······ 033
图 2.18　变压器超声波局放感知原理示意图 ······ 033

图 2.19　GIS 特快速暂态过电压感知示意图 …… 035
图 2.20　GIS 超声波局放感知示意图 …… 036
图 2.21　高压开关柜温度测量系统 …… 037
图 2.22　智能电能表感知示意图 …… 038
图 2.23　分布式光纤传感器的原理图 …… 042
图 2.24　无线传感器网络关键技术 …… 044
图 2.25　多节点传感器组网检测原理图 …… 045
图 2.26　传感器自取能检测原理图 …… 046
图 3.1　有线通信发展历程 …… 055
图 3.2　无线通信发展历程 …… 055
图 3.3　中国电力通信网发展历程 …… 057
图 3.4　火电厂现场总线通信示意图 …… 059
图 3.5　电力通信网的体系结构 …… 060
图 3.6　电力系统通信方式 …… 061
图 3.7　电力系统用户侧典型通信网络架构 …… 064
图 3.8　电力线载波通信系统的构成 …… 067
图 3.9　直接检测光纤通信系统示意图 …… 069
图 3.10　相干检测示意图 …… 070
图 3.11　WDM 光纤通信系统示意图 …… 071
图 3.12　现代通信网络架构 …… 072
图 3.13　OPGW 结构示意图 …… 073
图 3.14　ADSS 结构示意图 …… 073
图 3.15　微波通信系统示意图 …… 074
图 3.16　卫星通信系统示意图 …… 075

图 3.17　空天地海一体化通信网络示意图 ………………………………… 079
图 3.18　时延因素的层次划分和关键时延控制机制 ………………………… 081
图 4.1　反馈控制系统的简化原理框图 ……………………………………… 087
图 4.2　典型二阶系统的伯德图 ……………………………………………… 088
图 4.3　使用状态变量的系统方块图 ………………………………………… 089
图 4.4　典型励磁及调节系统框图 …………………………………………… 095
图 4.5　GEC-I 型全数字式非线性最优励磁调节装置原理框图 …………… 096
图 4.6　安全稳定控制装置基本原理示意图 ………………………………… 098
图 4.7　AGC 结构示意图 ……………………………………………………… 099
图 4.8　湖南电网 AGC 系统结构图 ………………………………………… 100
图 4.9　AVC 三级控制体系示意图 …………………………………………… 101
图 4.10　智能变电站“三层两网”架构 ……………………………………… 103
图 4.11　需求响应参与电力系统运行全过程 ……………………………… 104
图 4.12　智能电网下的自动需求响应物理架构 …………………………… 105
图 4.13　经典控制框图 ……………………………………………………… 107
图 4.14　系统辨识参数调整原理图 ………………………………………… 115
图 4.15　系统辨识的基本步骤 ……………………………………………… 116
图 4.16　模糊控制框图 ……………………………………………………… 117
图 4.17　神经网络结构 ……………………………………………………… 118
图 4.18　专家控制 …………………………………………………………… 119
图 4.19　某风电机组的实测风速序列 ……………………………………… 123
图 4.20　WACS 架构及信息流 ……………………………………………… 126
图 4.21　系统保护总体构成 ………………………………………………… 128
图 5.1　芯片技术发展历程 …………………………………………………… 132

图 5.2　传感器架构图 ……………………………………………………… 136
图 5.3　通信芯片 SoC 架构图 ……………………………………………… 137
图 5.4　典型主控芯片架构图 ……………………………………………… 138
图 5.5　安全芯片系统架构图 ……………………………………………… 139
图 5.6　安全芯片硬件架构图 ……………………………………………… 140
图 5.7　安全芯片软件结构图 ……………………………………………… 140
图 5.8　射频识别芯片结构图 ……………………………………………… 141
图 5.9　芯片在电力系统中的应用 ………………………………………… 142
图 5.10　半双工光隔离 RS-485 应用方案图 ……………………………… 143
图 5.11　CMOS 电路功耗原理图 ………………………………………… 149
图 5.12　时钟无毛刺切换电路结构图 …………………………………… 150
图 5.13　典型可靠性框图 ………………………………………………… 153
图 5.14　低测试成本芯片可测性设计结构示意图 ………………………… 158
图 5.15　压缩扫描结构示意图 …………………………………………… 159
图 5.16　精细化分层热电联合仿真流程图 ………………………………… 161
图 5.17　热仿真有限元分析框架 ………………………………………… 162
图 6.1　大数据发展历程 ………………………………………………… 172
图 6.2　区块链应用领域 ………………………………………………… 173
图 6.3　区块链技术发展经历的三个阶段 ………………………………… 173
图 6.4　全球电力行业区块链项目应用分类 ……………………………… 175
图 6.5　区块链技术可为能源交易提供的解决方案 ………………………… 182
图 6.6　点对点技术传输路线 …………………………………………… 190
图 6.7　某企业基于虚拟化的超融合产品 ………………………………… 193
图 7.1　人工智能发展历程 ……………………………………………… 202

图 7.2　四个节点的 Hopfiled 网络 …… 204
图 7.3　AlexNet 的深度神经网络架构 …… 205
图 7.4　人工智能技术在电力系统中的应用 …… 207
图 7.5　基于深度学习的图像处理流程 …… 212
图 7.6　用户用电行为及其影响因素分析 …… 214
图 7.7　典型深度学习的模型结构 …… 216
图 7.8　强化学习智能体与环境交互过程 …… 217
图 7.9　强化学习算法分类 …… 218
图 7.10　迁移学习基本逻辑 …… 218
图 7.11　语音识别典型框架图 …… 219
图 7.12　语音合成基本框架图 …… 220
图 7.13　语音转换基本框架图 …… 221
图 7.14　常见视觉任务的实现方法 …… 222
图 7.15　常用的浅层视觉模型处理流程 …… 223
图 7.16　人工智能在机器人中的应用 …… 224
图 7.17　生物识别系统 …… 227
图 7.18　专家系统 …… 229
图 8.1　数字智能电力系统架构 …… 238
图 8.2　智能电厂情景 …… 240
图 8.3　智慧电网情景 …… 241
图 8.4　虚拟电厂情景 …… 242
图 8.5　电力企业管理决策平台架构 …… 243
图 8.6　多元化产业融合架构 …… 245
图 8.7　“电—矿—冶—工—贸”数字联动发展情景 …… 246

图 8.8　V2G 双向交互情景 ······ 247
图 8.9　能源电商平台情景 ······ 248
图 8.10　电力金融征信体系情景 ······ 250
图 8.11　“电力大数据+”环保监测系统情景 ······ 251
图 8.12　零碳城市管控系统情景 ······ 252

表目录

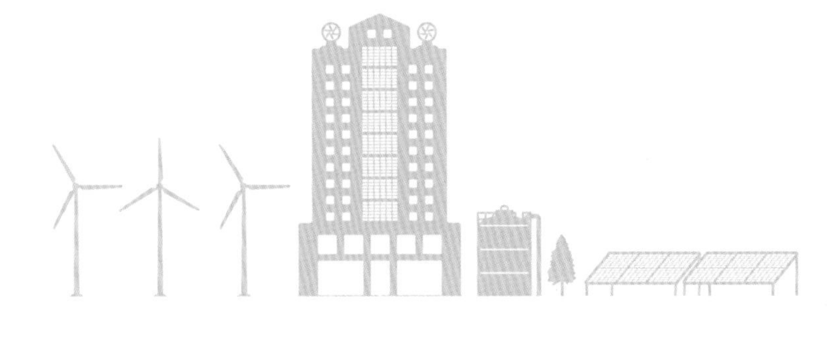

表 3.1 用户侧网络的通信需求 …… 065

表 4.1 模糊控制特点 …… 117

表 4.2 神经网络控制特点 …… 118

表 4.3 专家系统控制特点 …… 119

表 4.4 遗传算法特点 …… 120

1 发展现状与趋势

当前，能源行业正处于信息化向智能化迈进的过程，能源行业各领域、各环节特性差异较大，发展程度不尽相同。电力系统信息化基础较好，近年来发挥平台和枢纽优势，积极探索泛在电力物联和信息技术集成，逐步进入数字智能的先行领域。面对电力行业清洁低碳转型需求，数字智能技术将成为新一代电力系统创新发展的新动力，推动能源革命纵深发展。

1.1 发展现状

技术是社会发展的重要推动力，数字智能技术的突破为生产生活带来深刻变革。作为规模化的复杂网络基础设施，电力系统广泛采用**传感、通信、控制、数据处理**等信息技术实现设备监测和网络管控，并凭借强大的研发能力推动信息技术进步。随着数字革命的到来，数字智能技术向电力行业更多业务领域扩展。

1.1.1 数字智能技术引领社会变革

重大技术突破引领工业革命，推动社会生产生活深刻变革。18 世纪 60 年代，蒸汽技术的诞生推动第一次工业革命，人类进入机械化时代。19 世纪中期，电磁学崛起引发电气替代蒸汽，第二次工业革命出现，电力、化工等新技术推动人类社会进入电气化时代。20 世纪中期，信息技术蓬勃发展，电子计算机、原子能、空间技术和生物工程的应用推动社会进入信息化时代，新兴技术在各行各业不断渗透，带来世界范围内的生产关系变革。

数字智能技术迅猛发展，数字革命深刻影响全球战略布局。第四次工业革命到来，传感、通信、大数据、人工智能、芯片等数字智能技术已实现质的突破，数字技术与产业技术的深度融合与全面应用为各行各业数字革命转型创造了巨大的变革空间。以数字经济为代表的科技创新要素成为催生新发展动能的核心驱动力，数字要素创造的价值在国民经济中所占比重不断扩大，世界主要国家均积极推动国家数字化发展战略。在发展举措方面，中国在 2020 年发布了《关于加快推进国有企业数字化转型工作的通知》，旨在提升产业基础能力与产业链现代化水平；在人才培养方面，日本提出《人工智能战略草案》，涵盖了人工智能专业人才培养政策；在法案约束方面，欧盟推出了《通用数据保护条例》等规定，为不同行业的数字智能化提供了法律保障。

1.1.2 电力领域广泛应用数字智能技术

数字智能技术已成为电力系统安全运行、电力企业运营发展的重要支撑。 **传感（测量）技术**是观测、分析、控制电力系统各环节的前提，实现对发电、输电、变电、配电各环节设备的振动、温度、局部放电等信息的感知，满足不同环境条件下精准感知的需求；随着新能源发电占比的提高，风力风速传感、光照传感等新能源发电状态感知方法逐渐得到应用。**电力通信**在保障电力系统安全高效运行过程中发挥了重要作用，不仅承担着电力系统的生产调度任务，同时为行政管理和自动化信息传输提供服务，现阶段已形成以光纤通信为主，微波、卫星通信等多种传输技术并存的传输网络。**控制技术**在电力领域深度融合行业应用，在发电环节，通过综合自动化等控制系统保证电厂生产全方位控制；在变电、输配电环节，电网调度自动化控制是电力系统运行的支柱，变电站自动化、配网管理系统、能量管理系统等实现了电力系统受控安全运行。**大数据技术**能够挖掘电力大数据价值，完成数据中心、云平台建设，在电力系统发电负荷预测、监测预警等方面深入应用，并且为电力企业经营、市场开发、客户管理、投融资管理决策等方面赋能。

1.1.3 电力发展促进数字智能技术进步

行业的快速发展能够为技术创新突破提供难得的机遇。20 世纪以来，电力行业蓬勃发展，电力系统电压等级不断提升、覆盖范围不断扩大，对电力行业内感知体系建设、数据通融共享、决策控制管理等提出了新要求。电气量感知、电力线载波、自动化控制等技术在电力系统内深化发展，相关科学理论在电力系统应用场景中得到充分论证应用，不同技术路线的竞争促进技术向低成本、低能耗、更环保等方向发展，使得传统技术有了新突破。

在数字革命席卷全球的背景下，大数据、区块链、人工智能等新一代数字智能技术将逐渐融入电力行业的发展，电力领域也将见证数字智能技术更多创新成果的出现。

1.2 形势与要求

电力行业向数字智能方向进一步深化发展是能源革命与数字革命相融并进的必然选择，需要在构建新型电力系统、建立智慧运营体系、产业协同融合发展三个方面实现升级。

1.2.1 构建新型电力系统的要求

在新型电力系统加快构建的形势下，高比例新能源将深刻改变传统电力系统形态、特征和机理，要求电力系统具备更强的感知能力、更智能的决策能力和更快速的执行能力。

清洁能源占比大幅提升，对出力预测与数据处理等方面提出更高要求。风能、太阳能等清洁能源发电出力受到天气、季节、温度等多种因素影响，具有随机性、波动性、间歇性等特点，且不能像传统同步机电源一样为电网提供电压与频率的支撑。清洁能源接入比例不断提升使得终端数量增加、拓扑结构复杂、控制调度困难，送端、受端数据和电网参数信息量大、种类多，电力系统仿真计算维度呈指数级增加，需要信息远距离实时交换和数据高效整合处理，对出力预测、风险预判、信息通信、数据收集、分析计算、操作控制等都提出了很高的要求。

电力电子设备大量接入，对状态感知和系统控制等方面提出更高要求。随着清洁能源占比提升和输电距离增加，电力系统对基于电力电子设备的柔性交流输电、柔性直流输电、特高压直流输电等技术的需求越来越多。电力电子设备对控制速度的要求比传统交流系统高出 2～3 个数量级，对分布式传感、系统监控水平、数据处理能力和决策反应速度都提出更高的要求。新形势下的电力系统需要建立广域传感网络和控制保护决策平台，实现机理与数据融合的数字建模、智能分析、自主决策等功能，达到快速响应要求。

用电负荷需求多元化，对信息交互和智能决策等方面提出更高要求。配电网将从被动单向送电模式向主动双向服务模式转变，实现各类用能设施和分布发电设备的高效便捷接入，以及电网数据和用户数据的广泛交互、充分共享和价值挖掘。为满足客户在电能质量、安全、节能等方面的多元化、个性化需求，配电网需要在调度宏观管理、用电微观控制、综合用电服务等方面深入发展，提高用能状态全面感知以及信息广泛交互能力。

电力市场与碳市场不断发展，对系统构建和信息安全等方面提出更高要求。在电力市场和碳市场中，交易主体的关联性比其他商品市场更强，需要以更强的实时性获得更多的数据和信息，并实现及时分析、处理和反馈。全球范围的电力市场和碳市场发展总体缓慢，除了政策和市场因素以外，最主要的原因是发电终端出力功率、电力系统状态参数、用户用能需求数据等海量信息的快速处理、整合和分析能力有所欠缺，一定程度上导致市场载体、市场价格、市场规则的公信力有所下降，市场主体参与积极性不足，妨碍电力市场、碳市场乃至电碳联合市场的持续、快速、健康发展。

1.2.2 构建智慧运营体系的要求

在企业创新和高效管理的要求下，电力企业需要加快数字化基础设施建设，提升运营效率和服务水平，构建智慧运营体系。数字智能技术与传统能源技术需要深度融合才能实现能源生产与消费模式的创新，才能催生新的能源服务业态。

加快企业数字转型，需要夯实信息化基础设施。数字化转型建立在数据的准确采集、高效传输和安全可靠利用的基础上，离不开网络、平台等信息化软硬件基础设施的支撑。企业需要强化数据分级分类管理，构建能源广域智慧物联体系，加快数据中心的构建和升级，抓好数据、业务、技术中台建设，为数字智能化长远发展奠定基础。

提升系统运营、智能管理水平，需要建设跨部门信息统筹平台。电力企业往往规模大、业务多、结构复杂，特别是大型电网企业运营管理电压等级高、能源资源配置能力强、并网新能源规模大的特大型电网，迫切需要以数字化、现代化手段推进管理变革，实现经营管理全过程实时感知、可视可控、精益高效，促进发展质量、效率和效益全面提升，降低企业管理和协调成本。

提升精准营销、智慧服务的水平，需要整合客户需求、提供个性化智能服务。面对日益多元化、个性化和互动化的客户需求，电力企业需要以数字化提高电力精准服务、便捷服务、智能服务水平，提升客户获得感和满意度，适应未来能源消费格局新趋势，在能源管理、电动汽车和家庭自动化业务等方面抓住未来的新机遇。

1.2.3 产业协同融合发展的要求

在产业协同融合发展的大背景下，能源及相关产业需要打破“能源竖井”和“数字鸿沟”，形成产业融合的价值网络，提升社会用能效率，支撑社会数字转型，服务国家治理现代化。

电力行业与上下游产业需要加强协同，提升全社会用能效率。未来电力系统将发电、输电和用电作为一个系统进行综合考虑和整体调控，需要充分整合和分析能源密集型企业和行业的用能特征和需求，通过增加储能单元、实施阶梯电价、利用 V2G 等新型调控方式，实现整个综合能源系统的高效、经济、节能、绿色、可持续发展，为整个生态系统内的供应商、合作伙伴和行业参与者带来创新和更多的灵活性。

数字智能电力系统发展可以激发能源产业创新能力，推动关键共性技术进步。充分发挥电网企业在能源产业链中的龙头作用和创新能力，在数字政府、智慧城市、数据中心运营、通信资源共享、电动汽车充电基础设施等方面加大投资，以新型电力基础设施建设和能源关键智能技术攻关为凭借，研发电力专用芯片、智能传感器、电力大数据处理器等核心装备，推动数字智能技术进步，反馈信息、大数据、芯片、控制等相关产业的持续发展。

电力大数据尚待整合和发掘，服务社会发展和国家治理现代化建设。电力数据是国民经济和社会体系发展的晴雨表，其相关数据可以表征人民生活、工业生产、商业等社会发展状况，对工商业生产经营、个人和企业征信服务、政府和相关机构的精准施策都具有重要意义。电力大数据的利用将丰富社会大数据的维度，繁荣数字生态和数字经济，助力国民经济调控和社会可持续发展。

1.3 目标定位

类比人体，数字智能技术将构建起电力系统的神经系统，推动电力系统智慧升级，促进能源互联网生态圈的构建，实现从能量流、信息流到业务流、资金流和价值链的全面优化配置。

1.3.1 电力系统智慧升级

数字智能技术赋予电力系统全面感知、智能决策、实时控制的能力，使电力生产、存储、传输、消费全过程顺畅贯通，推动能源与信息的协同创新发展，促进智慧、安全、绿色电力系统的构建。

传感与通信实现电力系统的全面感知。传感器作为神经末梢，能够感知各类设备状态，采集技术参数和运行信息；通信技术作为神经网络，能够实现信息数据的汇集与传递，并反馈控制指令。**数据分析、云计算、人工智能技术赋予电力系统决策控制的能力**。数据分析、云计算、人工智能等信息处理技术将构筑电力系统的大脑，实现电网调度和设备调节，赋予电力系统学习、记忆、决策等高级神经活动，如图 1.1 所示。

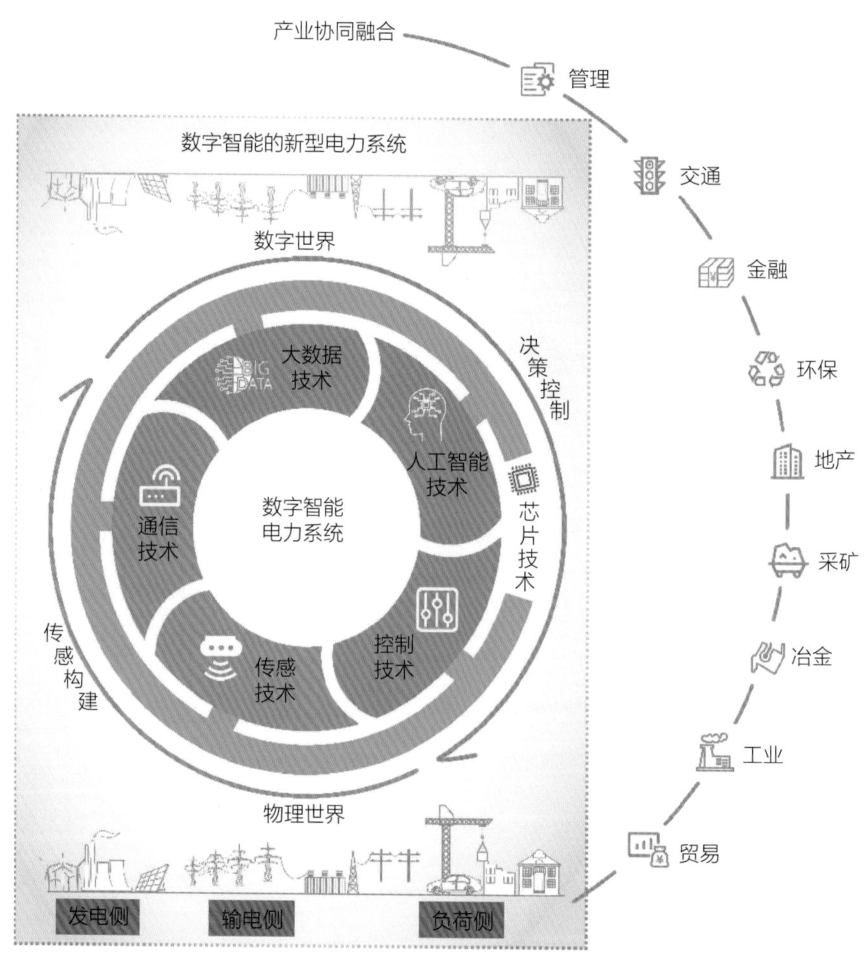

图 1.1　数字智能技术在电力系统智慧升级中的重要作用

基于数字智能技术，推动传统电力设施和新型数字化设施融合，建设新型智慧基础设施平台。数字智能技术能够协调“源网荷储”，实现多能互补和多元互动，促进电力绿色发展，确保能源安全供应。同时，加速信息与能源电力产业深度融合，带动传统电力设施和新型数字化设施结合发展，促进系统调度运行智能化和运营管理智慧化，实现电力系统以数字转型为主线的智慧赋能。

1.3.2 构建能源互联生态

数字智能电力系统通过实现能源电力与社会生产生活的广泛互联，打破能量与信息、业务、资金、价值的壁垒，促进产业融合发展，推动社会变革。

服务清洁能源配置的核心平台。先进的电力电子技术、信息通信技术、数据分析技术、快速决策技术、智能管理技术服务于能源互联网生态圈的建设，实现能量双向流动、广域配置和灵活调配，推动以清洁化、电气化、网络化为特征的能源转型，保障人人享有清洁、可靠、可负担的现代能源供应。

扩展能源互联网企业业务范围。利用电力大数据覆盖范围广、联系用户多、信息量庞大的特点，能源互联网企业可以创新建设能源+交通、能源+信息、能源+电商、能源+金融、能源+工业互联网、能源+市场等领域的新型数字平台，拓展数据交易、智能缴费、电子商务、智慧用能、互联网金融等业务，打造产业融合新生态。

促进能源上下游产业融合发展。以清洁能源供给为基础，根据不同地区资源特点和产业优势，打通地域空间限制和行业信息壁垒，建设多产业联动发展互动体系，形成能源供给、原料采集、生产制造、产品加工等一体化发展的完整产业链。全球能源互联网发展合作组织提出的“电—矿—冶—工—贸”联动发展是全球能源互联网数字化智能发展的典型模式，利用数字智能技术为非洲打造贯通电力、采矿、冶金、工业、贸易的系列产业链，实现“投资—开发—生产—出口—再投资”的良性循环。

重构能源消费秩序，推动全社会碳中和。面向社会经济、人民生活、行业企业开展价值共享，构建“能源—碳排放”映射，分析工业、建筑、交通等重点耗能行业企业的能耗与碳排放量，为政府提供能源消耗、节能减排等大数据辅助决策，形成生产侧和消费侧实时高效互动、统筹优化的产业格局，提升社会用能效率，降低能源行业碳排放水平，共同打造优势互补、互利共赢的新生态，建设共享、共治、共赢的能源互联网生态圈。

1.4 关键技术

以往报告主要从电力规划运行、装备制造、电力生产等角度，或按照电力系统发电、输电、配电、用电等环节分析电力数字智能转型。本报告认为，先进数字智能技术是实现电力数字智能发展的关键，提升电力系统状态感知、信息传递、稳定运行、数据处理、决策支撑等核心能力是电力数字智能转型的重要内容。从技术角度，报告分析传感（测量）技术、通信技术、控制（保护）技术、芯片技术、大数据与区块链、人工智能等六项关键技术的发展。

1.4.1 精准感知——传感（测量）技术

传感（测量）技术是数字智能转型的重要基础，传感器是物联网的重要组成部分，是实现系统可观测、可分析、可预测、可控制的前提。

近年来，先进传感技术的应用将电力系统推向新的发展阶段。其中，MEMS（Micro-Electro-Mechanical System，微机电系统）传感器、光纤传感器中应用了新机理、新材料，能够实现传感器的微纳集成与高度灵敏，实现对电力系统状态、趋势精准感知。另外，新型传感器组网与自取能技术的突破能够实现电力系统中传感器的微型化，成本与功耗降低，更适合电力系统的特殊需求，是电力系统中传感技术应用的重要研究方向。

1.4.2 信息传递——通信技术

通信技术实现了数据、信息、指令的快速传输，为社会高效化发展提供可靠保障。

电力通信是电网调度自动化、网络运营市场化的基础，电力系统对通信安全、速度有严格要求，需要与先进通信技术深度融合。通信方式应从单一通信电缆、电力线载波向 5G、光纤、微波、卫星通信等方式转变，通过 5G 切片和专网等多方面发展支撑电力信息通信需求，实现电力系统网络基础设施宽带化，发展电力配电线路传输数据相关技术，探索公用与专用融合的电力卫星通信体系。

1.4.3　稳定运行——控制（保护）技术

控制技术通过自动控制系统完成控制任务、实现预设目标，是实现工业生产自动化的重要技术。电力系统保护技术是在电力系统发生故障和不正常运行情况时，用于快速切除故障，消除不正常状况的一种重要的自动化控制技术和设备。

控制和保护技术在电力系统三道防线上发挥不同功能并实现相互协同，为电力系统安全稳定运行提供有力保障。随着新能源比例提高、电力系统规模增大、结构愈加复杂，控制保护技术面临“双高”特征电力系统稳定运行下的新挑战。未来，随机最优控制、测—辨—控技术、广域控制技术、保护控制协同技术和系统保护等先进控制技术的成熟、应用和推广，将有力支撑以新能源为主体的新型电力系统的构建。

1.4.4　核心要素——芯片技术

芯片是电子设备的核心部件，拥有运算和存储功能。其设计、制造技术是新一代信息产业的基石，是实现现代社会经济数字化转型的关键所在。

芯片是构成传感、测量、控制和通信的硬件基础，在数字智能电力系统的信息化、自动化、互动化过程中发挥着核心支撑作用。电力设备向小型化、微型化和可移动作业方向发展，促使芯片向高安全、高可靠、高集成、低功耗的方向快速迭代升级。在主控领域、通信领域、安全领域、射频识别领域、传感领域中芯片制成均面临高性能与低能耗的矛盾，先进芯片设计与制成技术突破最为迫切。

1.4.5　数据平台——大数据与区块链

大数据技术伴随计算速度提升与数据处理需求应运而生。区块链是分布式的共享账本和数据库，是分布式数据存储、点对点传输、共识机制、加密算法等计算机技术的新型应用模式。

电力系统中存在大量非结构化数据，需要从单一读取和展示电力信息转变为深入处理和挖掘数据。为提升数据价值挖掘能力，大数据、云计算、区块链技术等信息支撑平台关键技术在电力系统中的研究与设计至关重要。未来通过分布式架构，依托云计算的分布式处理、分布式数据库和云存储、虚拟化技术，能够实现电力数据平台的完善，支撑企业业务协同贯通，为数字生态价值体系建设奠定基础。

1.4.6　决策支持——人工智能

人工智能的研究包括机器人、语言识别、图像识别、自然语言处理和专家系统等，可赋予机器模拟、拓展类人智能的能力，将为社会变革带来无限可能。

数字智能化时代下，电力系统迅速、准确的决策有赖于人工智能技术在能源电力领域的融合应用。基于深度学习、生物识别的人工智能技术在电力系统的发电、输电、配电等各个环节能够识别规律，具备改善优化、做出决策的能力。未来，人工智能技术将发挥强大的信息处理能力，在电力领域得以广泛应用，未来将向群体智能、混合增强智能、认知智能、无人智能等方向发展。

1.5 小结

作为规模化的复杂网络基础设施，电力系统广泛采用传感、通信、控制、数据处理等信息技术实现设备监测和网络管控，并凭借强大的研发能力推动信息技术进步。在新型电力系统加快构建的要求下，发展数字智能技术是构建新型电力系统、建设智慧运营体系、产业协同融合发展的必然要求，将实现电力系统智慧升级，打破能量与信息、业务、资金、价值的壁垒，创新建设能源+交通、能源+信息、能源+金融等领域的新型数字平台，建设共享、共治、共赢的能源互联网生态圈。

2 传感（测量）技术

传感（测量）技术是实现物理世界和数字世界映射的基础，能够将数据或价值信息转换成电信号或其他形式输出，以满足信息传输、处理、存储、显示、记录和控制等要求。在电力系统早期，主要进行电力系统中电压与电流测量，随着电力系统数字化的发展，电器设备状态传感逐渐兴起。在网络规模越来越大、实时性要求越来越高的背景下，传感（测量）技术发展和进步愈加重要。

2.1 技术现状

传感（测量）技术就是传感器技术，与人类社会发展密切相关，在 20 世纪与计算机技术、通信技术并称为信息技术的三大支柱。现阶段，传感器技术得到世界各国的重视，传感器技术发展迅速。

2.1.1 发展历程

在电力系统早期，只进行电力系统中电压与电流的测量。20 世纪 70 年代初，计算机与通信技术成为全球热点，传感（测量）技术被忽视，造成“大脑”发达而“五官”迟钝的窘境，传感器产业相对惨淡。80 年代初，美、日、德、法、英等国家相继确立传感器技术发展方针，视其为涉及科技进步、经济发展和国家安全的关键技术，纷纷将其列入长远发展规划和重点计划之中。

1979 年日本在《对今后十年值得注意的技术》中，将传感器技术列为首位；在美国国防部 1985 年公布的二十项军事关键技术中，传感器技术被列为第十四项；《星球大战》计划、欧洲《尤里卡》计划、苏联《军事航天》计划，英、法、德等国家高技术领域发展规划中均将传感器列为重点发展技术，并将其科研成果和制造工艺与装备列入国家核心技术。

中国传感器行业萌生于 20 世纪 50 年代，随着结构型传感器以及固体型传感器的出现与应用，中国在 1986 年将传感器技术确定为国家重点攻关项目，自此中国传感器研究应用进入蓬勃发展阶段，目前已经形成较为完整的传感器产业链。尤其是近年来，传感器作为物联网重要的组成部分，被提到新的高度，市场地位凸显。其发展历程如图 2.1 所示。

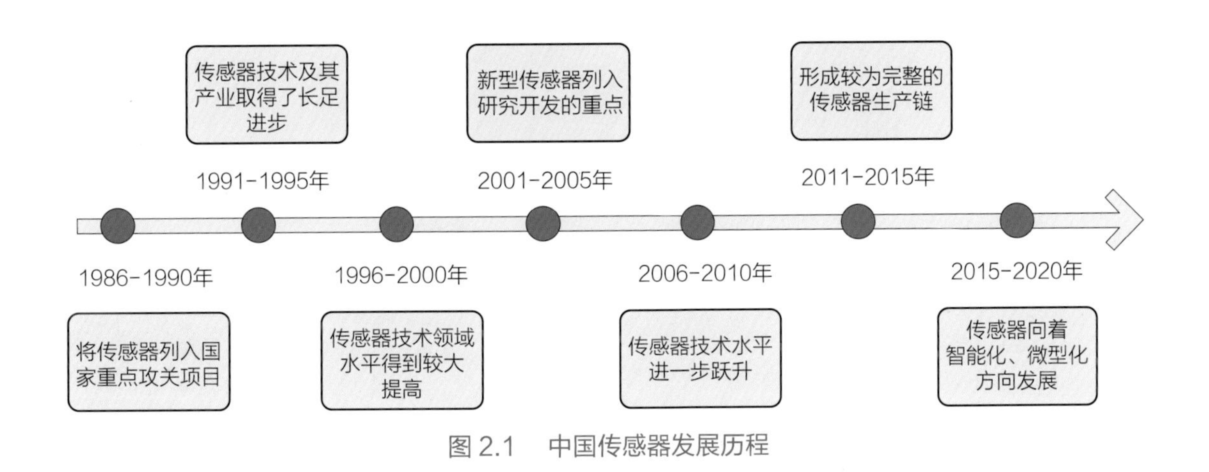

图 2.1　中国传感器发展历程

2.1.2　应用现状

传感器是一种检测装置，通常由敏感元件和转换元件组成，可以测量信息，也可以让用户感知到信息。传感器技术能够实现对电流、电压等传统电气量的精确测量，并能实现对其他电气量、状态量以及环境量等被测对象广泛感知。

1. 电气量测量

电流互感器是依据电磁感应原理将一次侧大电流转换成二次侧小电流来测量的仪器，由闭合铁芯和绕组组成，其一次侧绕组匝数很少，需要串接在测量电流线路中。电流互感器按照使用用途可以分为两类：测量用电流互感器和保护用电流互感器。测量用电流互感器起到变流和电气隔离作用，将大电流按比例转换成小电流。保护用电流互感器主要与继电装置配合，在线路发生短路过载等故障时，向继电装置提供信号切断故障电路，以保护供电系统的安全。电流互感器如图 2.2 所示。

图 2.2　电流互感器

电压互感器为测量仪表和继电保护装置供电，同时还能够测量线路电压、功率和电能，在线路发生故障时保护线路中的设备、电机和变压器，其容量一般在几十伏安以内。电压互感器与变压器结构相似，在运行时，一次绕组 N1 并联接在线路上，二次绕组 N2 并联接仪表或继电器。在测量高压线路上的电压时，一次电压很高，二次为低压，可以确保操作人员和仪表的安全。电压互感器如图 2.3 所示。

图 2.3　电压互感器

2. 电气量传感器

快速暂态过电压传感器是测量暂态过电压（Very Fast Transient Overvoltage，VFTO）的传感器，其特点是频带宽，分压比大，是除电压互感器与电流互感器之外最重要的电学传感器。针对 VFTO 目前主要采用的传感器包括套管末屏传感器、预埋环传感器与手窗式传感器[1]，其中频带性能最好的是手窗式传感器。传感器结构如图 2.4 所示，输出信号经同轴电缆和阻容二次分压单元传输至示波器。

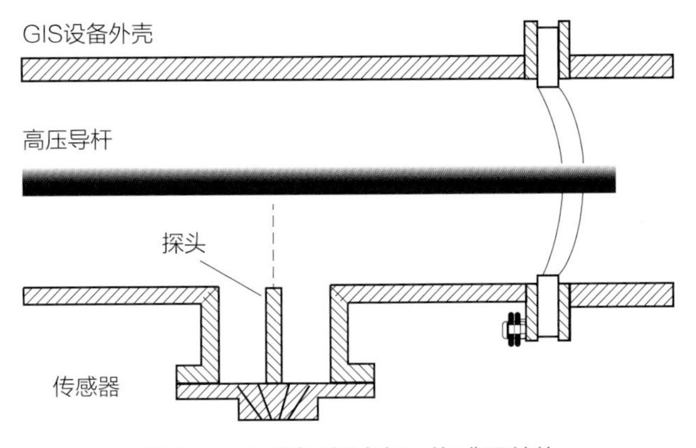

图 2.4　快速暂态过电压传感器结构

脉冲电流传感器是测量脉冲电流的传感器，常用于检测局部放电，测量频率通常在 10MHz 以内。其原理是：局部放电试样两端电荷变化引发脉冲电流，可以通过测量脉冲电流获得视在放电量。脉冲电流传感器按照带宽可分为窄带和宽带两类，窄带传感器带宽一般在 10kHz 左右，中心频率在 20k～30kHz 之间或更高；宽带传感器带宽为 100kHz 左右，中心频率通常在 200k～400kHz 之间。脉冲电流传感器如图 2.5 所示。

[1] 徐海瑞. 特高压 GIS 宽频带 VFTO 测量传感器研制［D］. 华北电力大学，2011。

图 2.5　脉冲电流传感器

特高频传感器是用特高频法（Ultra High Frequency，UHF）来检测局部放电的传感器。其利用装设在电气设备内部或外部的天线传感器接收 300M～3000MHz 频段的 UHF 电磁波信号进行局部放电检测和分析，在 GIS（Gas Insulated Substation，气体绝缘变电站）设备中有重要应用。UHF 传感器的安装方式主要有两种：外置式和介质窗口式。外置式将传感器贴在 GIS 设备盆式或盘式绝缘子的外表面，依靠绝缘子表面电磁波泄漏进行 UHF 信号检测，此方法可带电安装。介质窗口式是将传感器安装在检修手孔或 TA 端子箱处，此方法不可带电安装[1]。特高频传感器如图 2.6 所示。

图 2.6　特高频传感器

[1] 钱勇，黄成军，江秀臣，等. 基于超高频法的 GIS 局部放电在线监测研究现状及展望［J］. 电网技术，2005，29（1）：40-43，55。

3. 环境量传感器

温度传感器将温度转换成电信号输出，按照传感器材料及电子元件特性分为热电阻和热电偶两类。热电阻温度传感器使用热敏电阻作为传感器材料，温度变化会造成大的阻值改变，是最灵敏的温度传感器。但热敏电阻的线性度极差，与生产工艺有很大关系。热电偶传感器的优点是测温范围宽、适应各种大气环境、成本低、性能稳定、无须供电。其缺点是不适合高精度的测量和应用。

温湿度传感器将空气中的温湿度通过检测测量，按一定规律变换成电信号或其他所需形式的信息输出。现代温湿度传感器在原理与结构上千差万别，根据测量目的、测量对象以及测量环境合理地选用温湿度传感器，是进行测量时首先要解决的问题。

红外热成像传感器基于红外检测理论发展而来，通过远距离使用红外热成像检测仪器，可以快速检测输变电设备表面异常发热状况。红外热成像检测技术属于带电检测技术范畴，能够实现对被测设备表面温度的快速成像，具备检测方式安全、抗干扰能力强、快速准确、检测设备类型范围广等一系列优点，当前已处于成熟阶段，在电网多种输变电设备检测的应用情景中广泛使用[1]。红外热成像仪如图 2.7 所示。

图 2.7　红外热成像仪

[1] 沈大千，何鹏飞，王昕. 基于“互联网+”的电力设备智能红外检测系统 [J]. 电气自动化，2019，41 (5): 93-95。

紫外成像传感器是利用光敏元件将紫外线信号转换为电信号阵列的传感器。当高压电力设备等带电设备的局部电压应力超过临界值时，会使空气游离而产生电晕、闪络或电弧，空气中的电子不断获得和释放能量、产生紫外线。紫外成像传感器对输电线路进行检测，可以采集电晕放电信号，提取多种电力设备缺陷的不同紫外放电图谱特征，对电气设备运行状况进行准确诊断[1]。

4. 状态量传感器

力学传感器是将力的量值转换为相关信号的传感器，主要由力敏元件、转换元件、检测电路三个部分组成。传统力敏元件为电阻应变片，近年来光纤布拉格光栅逐渐进入人们视野中，能够直接通过解调光纤布拉格光栅的波长信号进行力学参量的传感[2]。由于光纤布拉格光栅抗电磁干扰强、可实现分布式测量，逐渐成为主要力敏元件。力学传感—光纤光栅输电线路拉力传感器如图 2.8 所示。

图 2.8　力学传感—光纤光栅输电线路拉力传感器

[1] 王畅. 基于紫外图像中电晕放电的故障检测 [D]. 华北电力大学，2018。

[2] 马国明. 基于光纤光栅传感器的架空输电线路覆冰在线监测系统的研究 [D]. 华北电力大学，2011。

气敏传感器能够感知环境中气体的成分和浓度，且能将气体种类与浓度的有关信息转化为电信号。目前气体检测技术以半导体气敏传感器技术为主，气敏传感器如图 2.9 所示[1]。以变压器油中溶解气体为例，用气相色谱等方法能够分析气体的成分和含量，判定设备内故障类型、故障点的温度与故障能量。

图 2.9　气敏传感器

超声波传感器用于超声波检测，利用安装在设备外壳上的超声波传感器接收局部放电产生的振动信号。其优点是传感器与电力设备的电器回路无联系，不受电气方面干扰；缺点是在现场易受环境噪声和机械振动的影响，且超声信号在绝缘材料中的衰减比较大，主要应用于 GIS 组合电器、电缆终端、变压器等设备[2]。超声波传感器如图 2.10 所示。

振动传感器是把被测机械振动转换为电信号的传感器件，当前主要用于变压器机械故障诊断领域。按测量方法与过程的物理性质可分为机械式、光学

❶ Bakar N. A., Abu-siada A., Islam S. A review of dissolved gas analysis measurement and interpretation techniques ［J］. Electrical Insulation Magazine, IEEE Transactions on, 2014, 30（3）: 39-49。

❷ 舒乃秋，胡芳，周粲. 超声传感技术在电气设备故障诊断中的应用［J］. 传感器技术，2003，22（5）: 1-4。

图 2.10　超声波传感器

式、电测式三类。机械式振动传感器将工程振动的参量转换成机械信号，再经机械系统放大后进行测量、记录，其测量频率低，精度较差，但在现场测试时较为简单方便。光学式振动传感器将工程振动的参量转换为光学信号，经光学系统放大后显示和记录，包括读数显微镜和激光测振仪等。电测式振动传感器将工程振动的参量转换成电信号，经电子线路放大后显示和记录，是目前应用得最广泛的测量方法[1]。振动传感器如图 2.11 所示。

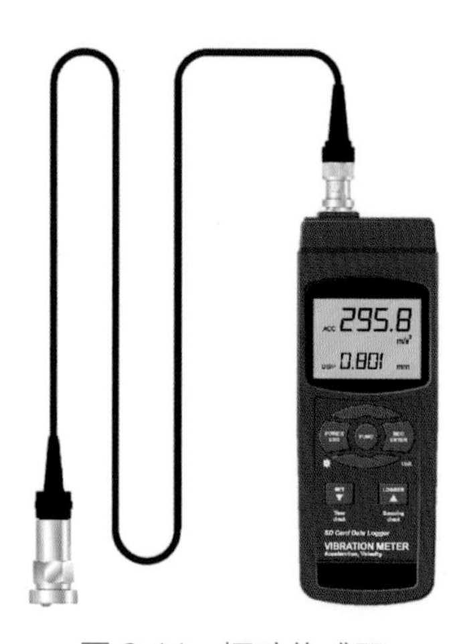

图 2.11　振动传感器

[1] 赵莉华，张振东，张建功，等. 运行工况波动下基于振动信号的变压器故障诊断方法［J］. 高电压技术，2020，46（11）：3925-3933。

2.2 主要应用

电力系统应用传感器的目的是有效感知运行状态、及时排除系统故障。电力系统发电、输电、变电、配电、用电各环节已广泛应用各类传感器，实现了对设备健康状态的实时监测。

2.2.1 核心电气量测量

电力系统发电、输电、变电、配电、用电各环节都需要进行电压与电流测量。由于一般仪表的量程限制，不能直接使用一般仪表进行测量。此时需要使用能按比例变换被测交流电压或电流的仪器，即电压/电流互感器。

1. 电压互感器

电压互感器是发电厂、变电站等输电和供电系统不可缺少的电气设备。精密电压互感器是电测试验室中用来扩大量限，测量电压、功率和电能的一种仪器。电压互感器和变压器很相像，均用来变换线路上的电压。

根据发电、输电和用电的不同情况，线路电压大小不一，而且相差悬殊，有的是低压 220V 和 380V，有的是高压几万伏甚至几十万伏，需要通过变压装置或电容式电压互感器进行电压测量。

2. 电流互感器

电流互感器主要有两方面用途，一是测量用电流互感器，二是保护用电流互感器。

测量用电流互感器在正常工作时，向测量、计量等装置提供电网电流信息。它是电力系统中测量仪表、继电保护等二次设备获取电气一次回路电流信息的传感器，将高电流按比例转换成低电流。

保护用电流互感器能够在电网故障状态下，向继电保护等装置提供电网故障电流信息。主要与继电装置配合，在线路发生短路过载等故障时，向继电装置提供信号切断故障电路，以保护供电系统安全。

2.2.2 发电设备状态感知

发电设备传感技术包括振动感知、温度感知等发电机状态感知方法，随清洁能源发电占比逐渐提高，光照传感、风速风向传感等新能源发电状态感知方法逐渐得到深入应用。

1. 发电设备振动感知

振动加速度传感器安装在风电机组传动链关键设备上，包括主轴、主轴承、发电机、发电机轴承、齿轮箱及多级传动啮合机构等。针对风电机组的转速特性，一般在低转频的主轴、主轴承、齿轮箱低速级齿圈选用低频加速度振动传感器，可有针对性地提升低速振动数据采集的可靠性；在高转速设备设施上安装通用型振动加速度传感器，以适应信号的采集区间。转速传感器安装在齿轮箱高速端或发电机端的联轴器处，获取机组的实时转速信号，以便使用阶次分析技术解决风电机组变转速构件在不同转速下产生的传统频谱分析手段失效的现象[1]。发电设备振动感知示意图如图 2.12 所示。

---

[1] 王德海. 风力发电机组故障在线诊断技术的研究［D］. 吉林大学，2018。

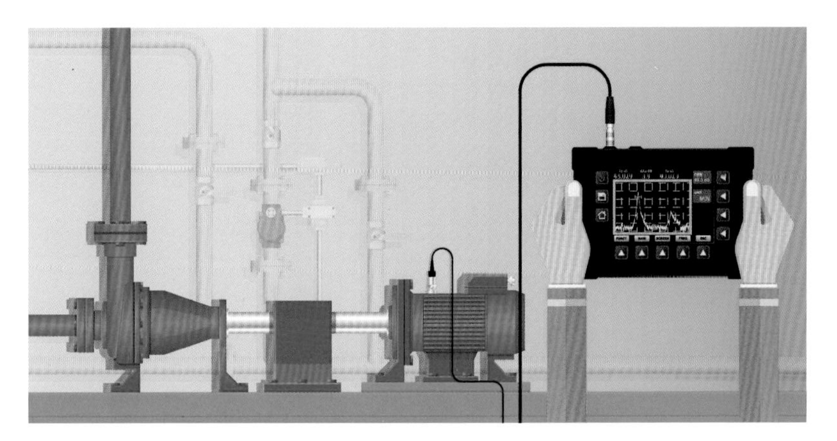

图 2.12 发电设备振动感知示意图

2. 发电设备温度感知

测量发电机定子铁芯温度常使用埋入式热电阻传感器，测温元件需首先安装在类似硅钢片形状的绝缘材料中，并用环氧树脂胶对其密封。由于发电机定子铁芯运行温度较高，为更加直观了解机组温度情况，在发电机定子铁芯部位安装的测温元件较多。

发电机转子是转动设备，常规固定式测温元件必须预埋在发电机绕组中。临时测量点大部分采用红外测温计进行直接测量，也可使用电阻法实测发电机的转子电压和转子电流进行计算间接得出温度结果[1]。

3. 新能源发电光照感知

光照强度感知技术在太阳能自动跟踪装置、光功率预测等方面有重要应用，是太阳能发电系统中的基础感知技术。光照传感器的总体结构设计如图 2.13 所示。左侧光源属于输入部分，右侧 RS-485 接口属于输出部分，负责与外界进行通信，中间部分包括光照传感器的软硬件设计和由内而外的结构设计。其中，光学窗口指光源入射的入口，由透光球罩、滤光膜和感光芯片组成，入射光源分别经过透光球罩和滤光膜之后才能到达光照强度传感芯片。

[1] 吴子栋. 基于运行数据分析的风机组故障诊断和故障预警研究［D］. 山东大学，2020。

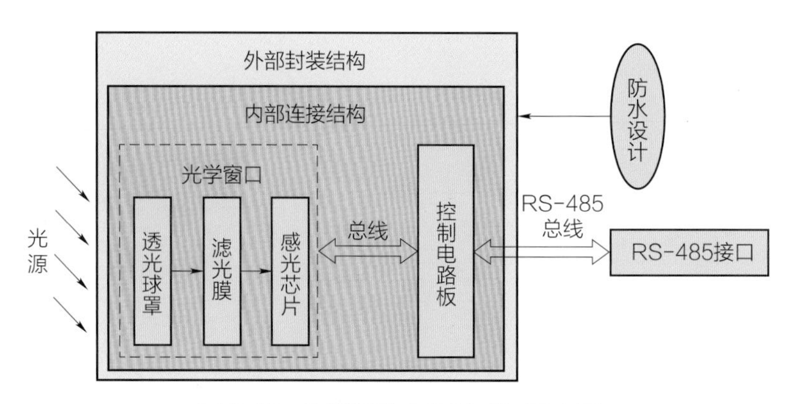

图 2.13　新能源发电光照感知示意图

光照传感器一般成本较低、实用性较高，具有电路本身可靠、数据准确、封装防水等优点。

4. 新能源发电风速感知

风速传感器是用来测量风速的设备，外形小巧轻便，便于携带和组装。风速传感器主要类型有螺旋桨式传感器、超声波风速风向仪等。其中，螺旋桨式传感器一般通过装在风标前部的螺旋桨绕水平轴旋转来测量风速，使螺旋桨旋转平面始终正对风的来向，它的转速正比于风速。与螺旋桨式传感器等采用活动机械部件不同，超声波风速风向仪使用超声波传感器，由于声音在空气中的传播速度会和风向上的气流速度叠加，利用超声波时差法能够实现风速的测量。其特点是理论上可以测量的风速范围下限为零，不存在启动风速，风速上限可根据传感器间距进行调整。在固定的检测条件下，超声波在空气中传播的速度可以和风速函数对应。通过计算即可得到精确的风速和风向[1]。

2.2.3　输电线路状态感知

输电线路覆冰状态感知是当下的研究热点。架空输电线路覆冰会造成导线断线、杆塔倒塌、绝缘子闪络等事故，带来巨大的社会经济损失。基于多种传

[1] 徐星昊. 计及风速相关性的发电系统灵活性评估及其在机组选型优化中的应用 [D]. 重庆大学，2018。

感技术的发展，输电线路覆冰监测方法主要包括气候环境感知、积冰量感知、图像传感、力学传感等。

1. 输电线路气候环境感知

该方法从气象因素出发，根据测量得到的输电线路附近气象参数计算导线覆冰情况。首先在覆冰区域建立微型气象站，实时监测线路附近的温度、湿度、风速、降雨量等，然后将测得的气候参数输入覆冰模型中，预估输电线路的覆冰状况。

2. 输电线路积冰量感知

积冰测量仪探头正常运行时以一定的自然频率振动。积冰量与探头振动频率的下降量呈线性关系，当冰凝结在测量仪探头上时，探头振动频率下降。通过对探头振动频率的测量就可反算探头覆冰状况，根据探头覆冰状况间接估计输电线路的覆冰情况。

3. 输电线路图像传感

该方法首先使用图像监控器拍摄输电线路的覆冰情况，然后借助 GPRS/CDMA（General Packet Radio Service，全局分组无线服务/Code Division Multiple Access，码多分址）网络将拍摄的图片传输到监测变电站内。

4. 力学传感

该方法使用光纤布拉格光栅传感器进行输电线路状态监测，利用光纤复合架空地线作为信号传输介质实现光信号连接，能够实时解调传感光纤布拉格光栅的反射中心波长，进而计算出输电线路的温度、弧垂、风偏、舞动、覆冰、微风振动等状态参量。在架空输电线路的监测中，电磁干扰和电源问题限制了电子式传感器的使用，而基于光纤布拉格光栅的力学传感方法适合于极端恶劣条件下使用，实现了无电源状态监测和分布式测量，具有重要应用价值。输电线路力学传感示意图如图 2.14 所示。

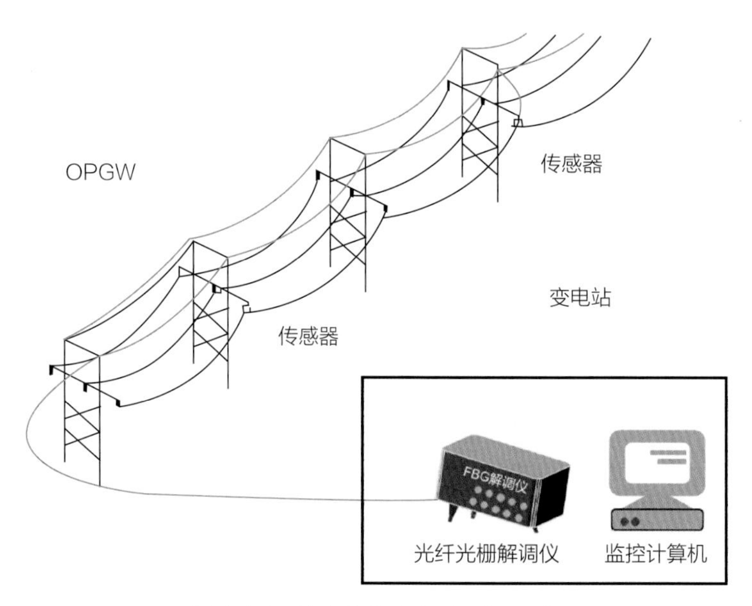

图 2.14　输电线路力学传感示意图

5. 输电电缆状态感知

随着经济的持续发展，高电压等级、远距离、大容量输电电缆在城市电网中得到了越来越多的应用。电缆运行过程中电、热、机械相互作用可能会导致电缆绝缘性故障[1]。

分布式温度感知常用拉曼分布式温度测量。分布式光纤测温系统使用一个特定频率的光脉冲照射光纤内的玻璃芯产生拉曼散射，其中斯托克斯光强度受温度的影响可忽略不计，反斯托克斯光强度与斯托克斯光强度之比是一个温度的函数。在时域中，利用 OTDR（Optical time-domain reflectmeter，光时域反射仪）技术，根据光在光纤中的传输速率和拉曼散射光与发射光之

---

[1] 聂永杰，赵现平，李盛涛. XLPE 电缆状态监测与绝缘诊断研究进展［J］. 高电压技术，2020，46（4）：1361-1371。

间的时间差，可以对不同温度点进行定位，进而得到整根光纤沿线上的温度分布。电缆分布式温度感知示意图如图 2.15 所示。

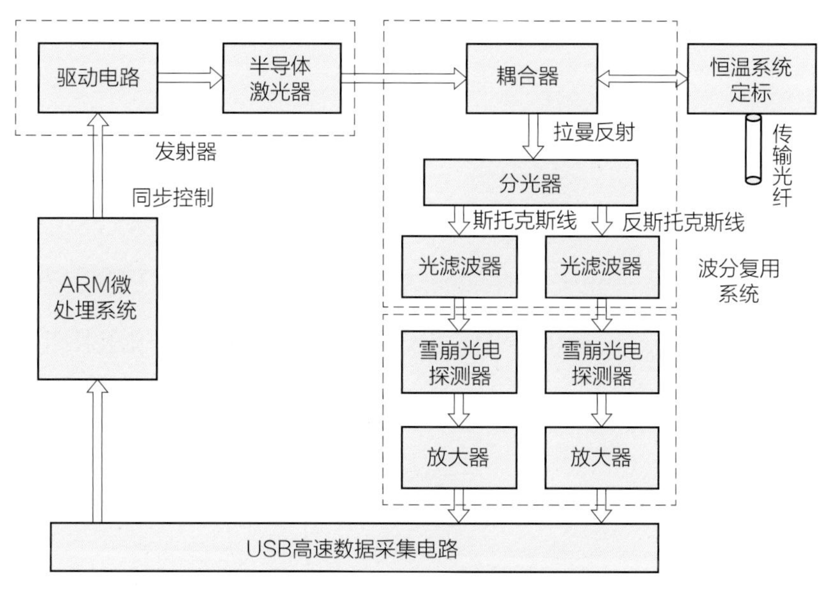

图 2.15　电缆分布式温度感知示意图

高频电流传感器（HFCT）感知是电缆局部放电的重要监测方法。通常采用 Rogowski 线圈高频电流传感器，将传感器装在电缆或附件的金属屏蔽层、接地线等位置测量局部放电信号，测量结构及现场测试照片如图 2.16 所示。这种测试技术通常应用于超高频（VHF）频段进行局部放电测量，通过合理设计 Rogowski 线圈的结构，配合宽带信号调理器可以实现局部放电信号的宽带测量。

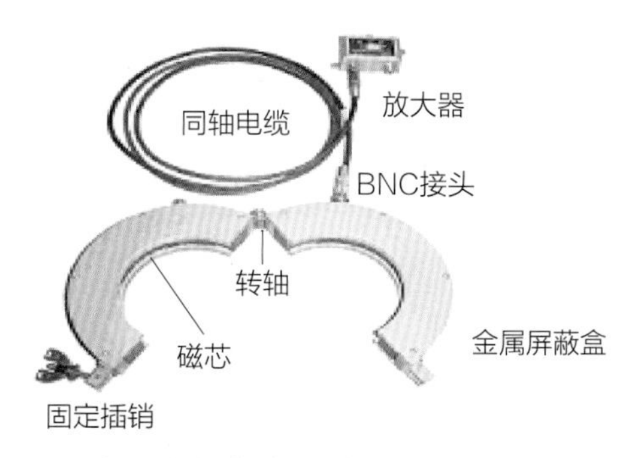

图 2.16　电缆高频电流传感器局部放电感知示意图

高频电流测试法的优点是传感器安装方便、安全，适合大规模局部放电巡检与在线监测；缺点是传感器卡装在电缆外部，测量灵敏度受到限制，在干扰信号难以消除情况下造成误检。

2.2.4 变电设备状态感知

电力变压器是电力系统中重要的输变电设备之一，是电力系统的安全稳定及可靠运行的首要保障，在电网中处于枢纽地位。目前变压器状态感知主要包括油中溶解气体感知法、振动指纹感知法、超声波局放感知法和特高频局放感知法等。

1. 变压器状态感知

油中溶解气体感知通过气敏传感器对特征气体的检测从而对变压器进行故障判断[1]。特征气体主要包括总烃、H_2、CO、CO_2等。专用气敏传感器对还原性特征气体具有高检测灵敏度，其检出极限可达 0.5μL/L 以下。基于气敏传感器的多组分在线监测装置系统相对复杂，技术难度较高，但其检测灵敏度高，考虑安全因素及在线监测的实际需求，半导体气体检测是变压器油中溶解气体在线监测的首选方法。

特高频局放感知能够实现对局部放电故障的识别与定位。其核心元件是能将放电能量转换成高频电流或电压的传感器，特高频（UHF）局放感知示意图如图 2.17 所示。利用 UHF 信号进行局放定位，即在变压器油箱的不同位置耦合多个 UHF 传感器，根据 UHF 信号到达不同传感器的时间延迟可得出位置坐标，进而得出变压器局放源的位置。

---

[1] 张晓星，李健，云玉新，等. 用于变压器油中乙炔含量检测的红外激光气体传感器的研制[J]. 高电压技术，2013，39(11)：2597-2602。

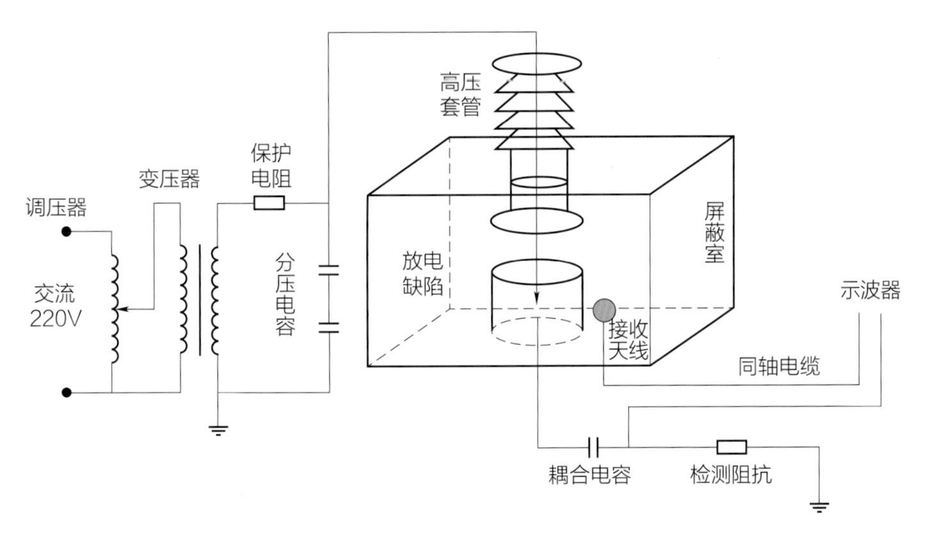

图 2.17 变压器特高频局放感知示意图

超声波局放感知能够利用变压器局部放电产生超声波实现局放定位，局部放电产生的声波信号传递到箱体表面，超声波传感器将其转换为电信号，通过放大器放大后传到采集系统，如图 2.18 所示。超声波检测法最大的优点是不受电气上的干扰，且可以实现放电源的准确定位[1]。

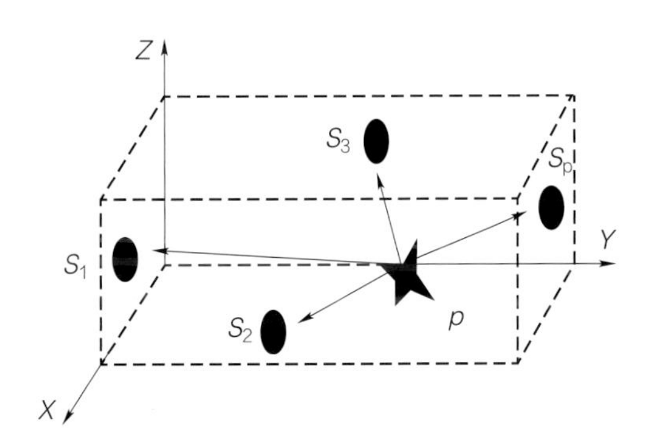

图 2.18 变压器超声波局放感知原理示意图

振动指纹感知通过在变压器油箱表面布置的振动传感器实现带电检测。从变压器内部振动产生、传递到最终引起油箱表面的振动是一个多级串联滤

[1] 马国明，周宏扬，刘云鹏，等. 变压器局部放电光纤超声检测技术及新复用方法［J］. 高电压技术，2020，46（5）：1768-1780。

波器系统的响应问题，同时还涉及由涡流直接引起的油箱振动。在已知内部结构和油箱的模态特性基础上，可以通过振动传感器检测内部结构的振动特性，获得绕组和铁芯的耦合振动特点；再通过传递路径分析计算不同振动传递路径对油箱振动贡献程度，发现内部振动和油箱振动的关联。针对涡流引起的油箱振动，可建立变压器的三维有限元分析，开展“电磁—声固”计算，从而帮助研究人员更全面了解油箱的振动特点，指导油箱表面传感器测点的布置[1]。

2. GIS 状态感知

局部放电是导致气体绝缘变电站（Gas Insulated Substation，GIS）绝缘劣化直至闪络故障发生的主要表现形式。目前主要通过局部放电的检测和诊断实现对 GIS 设备内绝缘缺陷状况的判断与评估。基于 VFTO、特高频、超声波等检测原理的局部放电故障检测技术是 GIS 设备状态监测与故障诊断系统的重要支撑。

特快速暂态过电压（VFTO）感知多采用电容分压法测量 VFTO，利用 GIS 手孔，采用内置电极，制作简单，安装方便，寄生电感小，高频响应性能良好，能精确测量 VFTO，可得到较好的低频响应特性[2]，如图 2.19 所示。由于 VFTO 幅值高（3p.u.）、陡度大，频率高达上百兆赫兹，可能造成闪络与变压器绝缘故障，给电力系统造成巨大损失。GIS 技术广泛应用于高压输电网络，因此对高电压等级 GIS 中 VFTO 的研究十分重要。

---

[1] 汲胜昌，张凡，师愉航，等. 基于振动信号的电力变压器机械状态诊断方法研究综述［J］. 高电压技术，2020，46（1）：257-272。

[2] Ma Guo-ming，Li Cheng-rong，Quan Jiang-tao，Tang He-xiang，Jiang Jian，Yin Yong-hua，Zhao Hong-guang，Chao Hui. Measurement of Very Fast Transient Overvoltages at the Transformer Entrance［C］. Electrical Machines and Systems，2008. ICEMS 2008. Page（s）：788-792。

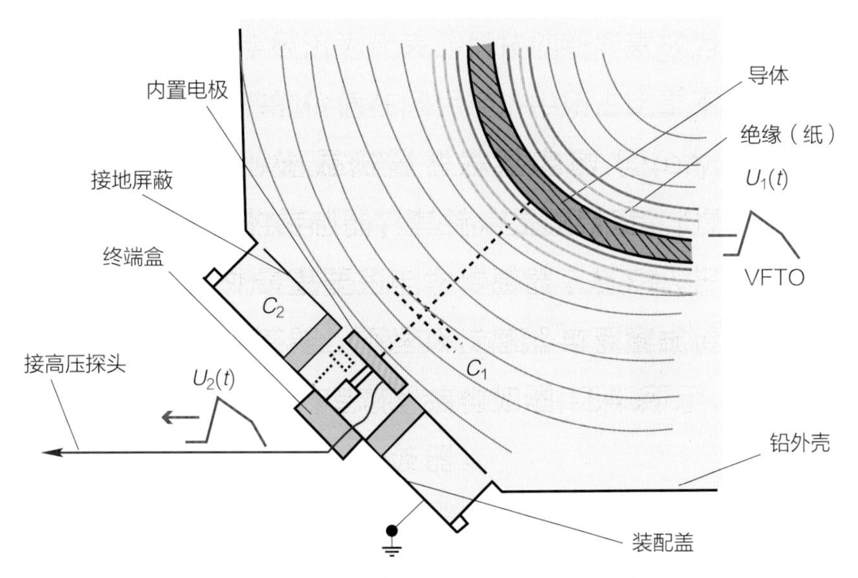

图 2.19　GIS 特快速暂态过电压感知示意图

特高频局放感知采用特高频传感器对 GIS 局部放电产生的特高频电磁波进行检测，从而获得局部放电的相关信息，实现局部放电的检测。

特高频窄带测量方法中，中心频率通常为几百兆赫兹、带宽为几十兆赫兹，检测时可任意选择频带，避开现场的许多干扰，提高信噪比，但是由于频带较窄，无法得到不同缺陷信号的频谱特征。而宽带检测法则将检测频带内所有信号都送入检测系统，防止遗漏放电特征峰，可以观察到 200M～3GHz 频域上的信号能量分布，不同缺陷类型的局部放电信号在频域分布上呈现出各自特征，但检测频带内会伴有干扰信号，造成信噪比较低。

超声波局放感知通过放置在 GIS 壳体上的压敏传感器接收壳体超声波信号，通过对声信号的分析诊断 GIS 内部是否发生了局部放电或异常振动缺陷，并对放电或异常振动缺陷进行定位，如图 2.20 所示。

超声波局部放电带电检测的优点是现场抗干扰能力强、检测时不会对 GIS 正常运行产生影响、定位准确。缺点是声信号在通过 SF_6 气体和绝缘子时衰减很严重，对绝缘子气隙检测不灵敏。

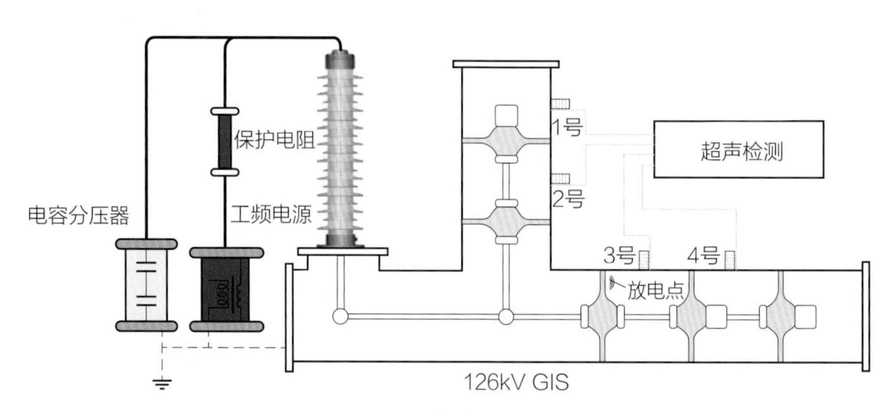

图 2.20　GIS 超声波局放感知示意图

目前，上述传感器均能实现现场 GIS 内部绝缘缺陷的检测，但由于尚未全面掌握放电发生发展演变规律，且传感器性能尚未全面满足微小信号的检测需求，基于上述传感原理的 GIS 故障检测与诊断研究需进一步加强[1]。

2.2.5　配电设备状态感知

针对高压开关柜的传感技术主要包括温度感知与局部放电感知两个方面。

1. 温度感知

常用的温度感知方法包括接触式测温方法和非接触式测温方法。接触式测温方法中，数据接收器置于距离开关柜体一定距离的位置，分布式测温节点与数据接收器之间采用无线通信方式进行数据传输，实现高压隔离和测温数据的采集。该方法中内触点运行温度测量准确，十分安全，如图 2.21 所示为高压开关柜测温系统。

[1] 周求宽，刘明军，刘衍，等. 电力设备带电检测技术及应用［M］. 广州：暨南大学出版社，2017。

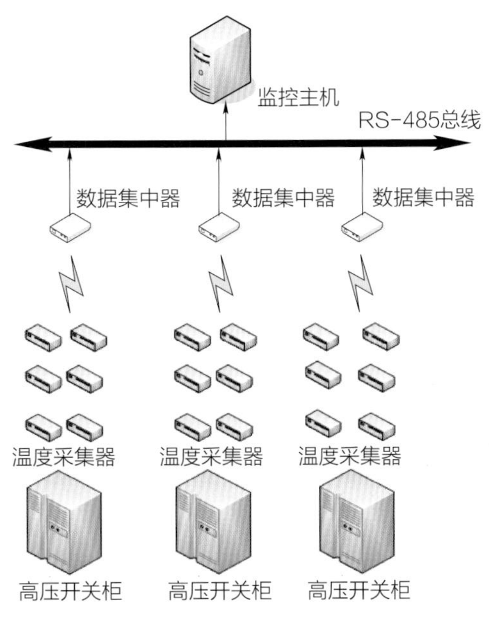

图 2.21　高压开关柜温度测量系统

非接触式温度测量方法主要是红外测温方法，利用红外测温枪、红外紫外成像仪等热感应设备进行非接触式测温。其优点是测量范围大、准确度高、可靠性较好，缺点是设备仪器昂贵、无法实现温度的实时在线监测。

2. 局部放电感知

对开关柜进行局部放电检测能够有效地发现内部早期的绝缘缺陷，提高开关柜的可靠性。开关柜局部放电检测主要有地电波检测与特高频检测两种[1]。

地电波检测通过检测开关柜金属外壳电脉冲信号实现局部放电感知。电磁波信号在开关柜内传播会使开关柜金属壳体表面感应出表面地电波，采用电容传感器可以检测到这种表面地电波的变化。这种暂态对地电压信号直接与同一型号、在同一位置测量的设备的绝缘体的绝缘状况成正比。根据这一原理，通过地电波检测实现设备内部放电状况的感知。

[1] 于勇. 基于局部放电监测的高压开关柜状态检修的应用与研究［D］. 华北电力大学，2013。

局部放电特高频检测是一种非接触的检测方法，开关柜特高频检测技术具有检测信号频率高，外界干扰信号少等特点，在线检测可靠、灵敏，能实现带宽 500M ~ 1500MHz 的局部放电信号检测。局部放电脉冲能量几乎与频带宽度成正比，当只考虑检测仪元件的热噪声对灵敏度的影响时，用宽频带检测有更高的灵敏度，因此开关柜局部放电特高频传感器选用宽频带是有利的。

2.2.6 用电设备状态感知

智能电能表是智能电网数据采集的基本设备之一，承担着原始电能数据采集、计量和传输的任务，是实现信息集成、分析优化和信息展现的基础。智能电能表除具备传统电能表基本用电量的计量功能外，为了适应智能电网和新能源的使用，它还具有双向多种费率计量功能、用户端控制功能、多种数据传输模式的双向数据通信、防窃电等智能化的功能，如图 2.22 所示。

图 2.22　智能电能表感知示意图

智能电能表依托 A/D 转换器或者计量芯片对用户电流、电压开展实时采集，经由 CPU（Central Processing Unit，中央处理器）开展分析处理，实现正反向、峰谷或者四象限电能的计算，进一步将电量等内容经由通信、显示等方式予以输出[1]。智能电能表的主要应用包括结算账务、配网状态估计、电能质量和供电可靠性监控等。

1. 结算账务

智能电能表能够准确、实时地处理费用结算信息，简化过去账务处理上的复杂流程。在电力市场环境下，调度人员能更及时、便捷地转换能源零售商，未来甚至能实现全自动切换。同时，用户也能获得更加准确、及时的能耗信息和账务信息。

2. 配网状态估计

配网侧的潮流分布信息经常出现数据不准确的情况，主要是因为该信息是根据网络模型、负载估计值以及变电站高压侧的测量信息综合处理获得的。通过在用户侧增加测量节点，将获得更加准确的负载和网损信息，从而避免电力设备过负载和电能质量恶化。通过对大量测量数据进行整合，可实现未知状态的预估和测量数据准确性的校核。

3. 电能质量和供电可靠性监控

采用智能电能表能实时监测电能质量和供电状况，从而及时、准确地响应用户投诉，并提前采取措施预防电能质量问题的发生。

2.3 关键技术

开展传感技术全面布局，实现对物理系统的多模态信号关键特征提取，对能源互联网各环节和各类对象的动态趋势和非物理行为的感知，是建设数字智

---

[1] 王刚，杨志杰，徐新宇. 使用智能电表数据进行智能电网负载分析［J］. 电气自动化，2021，43（1）：67-70。

能电力系统的首要工作。关键技术研究包括三个方面：① 新机理、新材料、多参量传感器的研究发展；② 能够精准、实时感知信息的组网技术应用；③ 实现传感器取能技术的突破。

2.3.1 MEMS 传感器技术

微机电系统（MEMS）技术是将以硅基结构为主的微传感器、微处理器、微执行器等装置集于一体的微电子机械系统的统称。发展、制造和应用 MEMS 的有关科学技术都可统称为 MEMS 技术。MEMS 的特点是体积小、重量轻、性能稳定。以 LIGA 技术（即深度 X 射线刻蚀、电铸成型、塑料铸模等技术）为代表的集成电路设计技术，可实现批量化、低成本的生产，且能保证产品性能的一致性。MEMS 具有功耗低、谐振频率高、响应时间短、综合集成度高的优点，具有将力、热、声、磁及化学能、生物能等多种能量进行转化、传输等功能。

1990 年瑞士科学家通过微电子平面工艺制作了世界上第一个微型磁通门传感器，该磁通门将磁芯和感应线圈集成到一个芯片上，构成磁通门系统。在 MEMS 领域，基于电磁效应人们已研究了电磁型微电机、发电机、微泵、微光电开关、微继电器、微型镊子、磁通门、磁阻器件等微操作器或传感器。

近年来，MEMS 传感器在电气设备领域发展迅速，基于 MEMS 的电场传感、电流传感、振动传感研究不断深入。目前存在的主要问题包括传感器尺寸较大、特征传感功能较少、传感器耗能较高等。

MEMS 电场传感器在解决高压电缆工作人员安全、工业设备过程控制等问题方面有重要应用。传统用于测量电场强度的设备均包含带电部件，在测量时会显著影响被测电场，在测量接地情况下偏差被进一步放大。MEMS 传感器材料性质与器件结构能够实现准确测量，它采用硅材料制造，包括一个微型弹簧，以及固定在该弹簧上用于测量微米量级移动的微型网格状硅结构。当传感器置于一个电场中时，网状硅结构间在静电力作用下产生相对位移，LED

（Light-emitting diode，发光二极管）光能从缝隙中穿过到达下方的光电探测器上。通过测量进光量与校准器件比较能得出准确的电场强度。

MEMS 电流传感器发展迅速，具有集成度高、成本低、易于批量生产等优点，是电流传感器的主要发展方向。传统的电磁式互感器测量范围较小，测量较大的电流时易出现磁芯磁饱和现象。此外，此类互感器体积大、质量重、安装结构复杂、成本高，不满足未来智能电网全景信息感知需求。在未来全景信息感知中，需要广泛采集配电网电流信息，为实现电流传感器在配电网中的覆盖使用，电流传感器将向小型化、低成本、性能可靠和易安装维护方向发展，基于三维感应线圈的新型 MEMS 电流传感器应运而生。当传输导线中有交变电流信号通过时，由于交变磁场的存在，三维感应线圈两端会产生感应电动势。MEMS 电流传感器通过检测三维感应线圈两端的感应电动势，反推出传输导线中的电流大小。

MEMS 振动传感器广泛应用于电力设备机械故障诊断，其微型化、易安装的特点对实现电力设备智能监测具有重要意义。其中，MEMS 加速度传感器是在线监测领域常用的传感器，能够分析发动机等电力设备的振动，其稳定的工作性能获得业内的广泛认可。MEMS 加速度传感器根据其工作原理可细分为 MEMS 压阻式加速度传感器、MEMS 电容式加速度传感器、MEMS 压电式加速度传感器等几大类，其中，MEMS 压电式加速度传感器在业内应用最为广泛。利用压电效应进行振动感知，即特定电介质材料在外力作用下会产生极化现象，通过测量压电材料两级的电势差即可间接求得加速度的变化。

2.3.2 光纤传感器技术

光纤传感器是一种将被测对象的状态转变为可测光信号的传感器，具有绝缘性能好、可以分布式测量、抗电磁干扰能力强等诸多优点，特别适合在电气装备内部进行信息感知。

根据光纤传感方式的原理不同，光纤传感器主要分为三类：① 基于背向瑞利散射的光纤分布式传感技术；② 基于拉曼散射的光纤分布式传感技术；③ 基于布里渊散射的分布式光纤传感技术。基于背向瑞利散射的传感技术在 20 世纪 80 年代初期得到很大发展，但目前对这方面的研究主要局限于光纤损耗和光纤断点检测方面。基于拉曼散射的分布式温度传感技术是分布式光纤传感技术研究中较为成熟的一种，目前该类传感器的一些产品已出现，其空间分辨率和温度分辨率已分别达到 1 m 和 1 ℃，测量范围 4～8 km，如图 2.23 所示。基于布里渊散射的分布式光纤传感技术，虽然起步较晚，但最近几年发展很快。其优势在于理论上可以实现长距离的传感，进而满足输油管道、电力电缆等长距离检测，所以对提高传感系统的传感距离的研究具有重大意义。

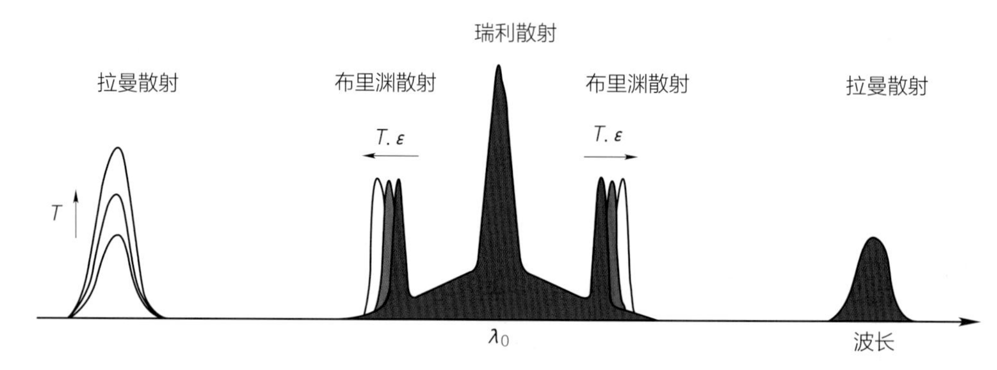

图 2.23　分布式光纤传感器的原理图

现阶段，研究人员已开展了光纤电场感知、光纤磁场感知、光纤局部放电感知、光纤气体感知、光纤分布式温度感知、光纤分布式应变感知、多光谱感知等方面的基础理论及关键技术问题研究。

光纤电压/电流传感技术是新型电压电流传感技术，在传统的电磁测量基础上，基于物理量耦合与转换规律发展而来。该技术将电学物理量（电压、电场、电流、磁场）转换为光学物理量（光强、相位），通过对转换后的物理量进行测量和反演，实现对原电学物理量的传感与量测。基于此技术的传感器具有如下优点：① 容易安装，不用断开导线，仅将细长、柔软的绝缘光纤卷绕在导体上就可检测，能实现传感装置轻量化；② 无电磁噪声干扰，抗电磁特性强；③ 计测范围广，没有铁芯磁饱和制约，具有从低频到高频广阔测量范围；④ 波形畸变小，传输损耗小，可实现长距离信号传输。

光纤电功率传感技术在电力系统中有重要应用。与光纤电压、电流传感器相比，光纤电功率传感器的主要特点是：传感头的结构相对复杂，需要同时考虑电光、磁光效应，使用两种传感介质或多功能介质作为敏感元件；光传感信号中有时同时包含电压、电流信号，信号检测与处理方法比较复杂。

分布式光纤温度传感技术被应用于电缆测温，基于 OTDR 的布里渊分布式光纤传感器是重要发展方向。电缆光纤分布式测温技术的核心问题是提高测温精度，而温度测量精度需要考虑入射光强度、系统噪声、拉曼散射系数、叠加次数与温度分辨率等因素。另外，光纤的安装方式对温度测量的精度也有直接影响。光纤安装方法通常有表贴式和内绞合式两种。安装在电缆内部的内绞合光纤能够对负载的变化作出更快响应，而绑缚在电缆表面的表贴式光纤由于受到电缆外界环境以及电缆本身绝缘屏蔽层的影响，几乎无法真实地跟踪负载的实时变化情况，仅能反映电缆周围环境的温度变化情况。因而，在理想情况下，光纤应被置于尽可能靠近电缆缆芯的位置，以更精确地测量电缆的实际温度。对于直埋动力电缆来说，表贴式光纤虽然不能准确地反映电缆负载的变化，但是对电缆埋设处土壤热阻率的变化比较敏感，而且能够减少光纤的安装成本。

2.3.3 传感器组网技术

电网信息全景感知需要多个传感器组成的阵列，传感器布置方式与组网技术是未来发展的重要方向之一。

MEMS 传感器通常采用无线传感器网络（Wireless Sensor Network，WSN）方式。WSN 具有低功耗、快速自组织和优越的协同性，在智能配电网电力设备数据信息通信领域有着广泛的应用前景。目前，无线传感器网络关键技术主要包括支撑技术、网络通信协议和系统应用开发三个方面，如图 2.24 所示。

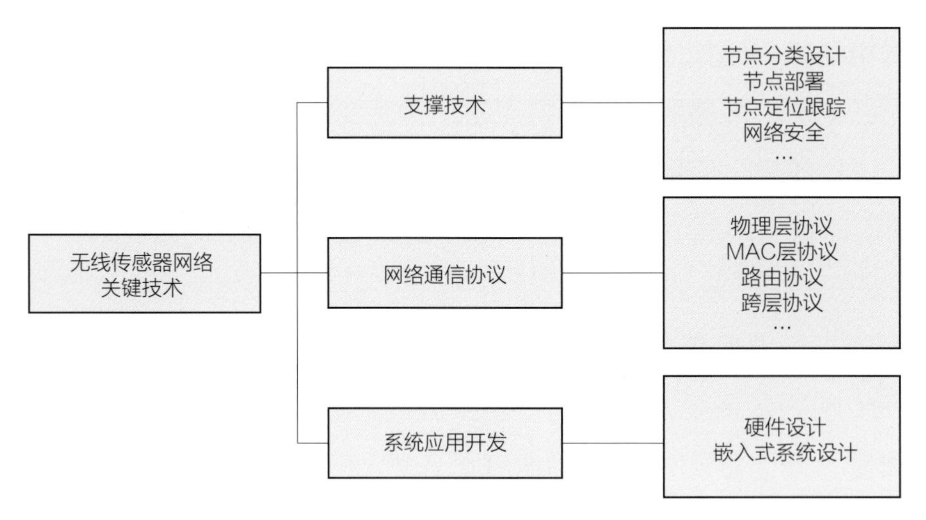

图 2.24　无线传感器网络关键技术

无线传感器网络与传统无线自组网技术有相似之处，但同时也存在很大的区别。与传统无线自组网相比，WSN 集成了检测、控制及无线通信，节点数目更为庞大，节点分布更为密集，由于环境影响和能量损耗，节点更容易出现故障，电力系统恶劣的电磁环境和节点故障容易造成网络拓扑结构变化；另外，传感器节点的能量、处理能力、存储能力和通信能力等十分有限。传统无线网络的首要设计目标是提供服务质量和高效带宽利用，其次才考虑节约能源；而 WSN 的首要设计目标是能源的高效利用，低功耗传感器网络构建是需要解决的首要问题。其测量原理如图 2.25 所示。

对于光纤传感器，分布式光纤传感方法是实现多传感器复用的重要途径。分布式光纤传感技术采用光纤作为传感介质和传输信号介质，通过测量光纤中特定散射光的信号来反映光纤自身或所处环境的应变与温度变化。光纤具有尺寸小、重量轻、耐腐蚀、抗辐射抗电磁干扰、方便布设等特点，一根光纤可实现成百上千传感点的分布式传感测量。另外，通过传感器的设计，分布式光纤传感中可以获得沿光纤传输路径上被测场的时空演变规律。目前行业内所关注的问题主要有如何扩充分布式传感的传感器规模及其信号检测频带。

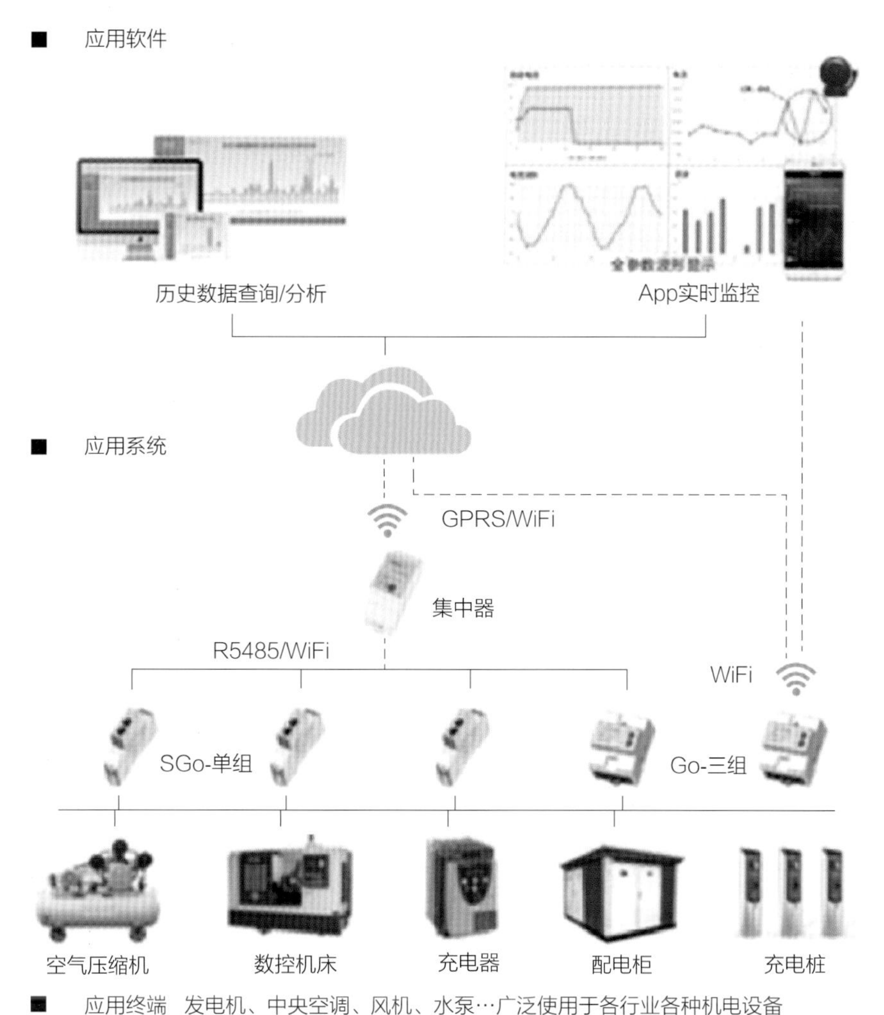

图 2.25 多节点传感器组网检测原理图

2.3.4 自取能技术

随着微能量收集技术的发展及传感器功耗的降低，通过收集环境能量实现传感器的自供电已成为一种可行的供电解决方案。电力应用情景广泛存在着风、光、电场、磁场、振动和温差等环境能量，传感器自取能技术对于传感器的小型化、微型化至关重要。

传统自取能方法主要是磁场取能与电场感应取能。磁场取能技术按照取能模块的部署方式，可分为侵入式和非侵入式。侵入式取能方法耦合效果好、取能功率较高，但可操作性差且后期维护成本较高。非侵入式取能耦合系数低于侵入式取能，取能功率较低，但取能装置不会对原有系统造成破坏，维护成本低。目前侵入式磁场取能技术较为成熟，可实现 5A 及以上线路负荷下的磁场取能，输出功率可达瓦级，应用案例包括输电线路温度传感器、配电线路故障指示器、中低压用电安全数据采集系统、用电监测系统等。

电场取能主要基于高压侧与大地或低压侧之间产生的恒定电场，利用电容分压法进行取能。根据分压电容所处位置不同，可分为低压侧电场取电和高压侧电场取电。目前，电力系统内应用的电场取电技术主要为高压侧电场取电，换流阀内部控制器及保护装置的供电单元主要就是基于电容分压法进行的高压侧电场取电。电场能量是电力系统普遍存在的环境能量，因此电场取能一直是各研究机构关注的重点，如图 2.26 所示。

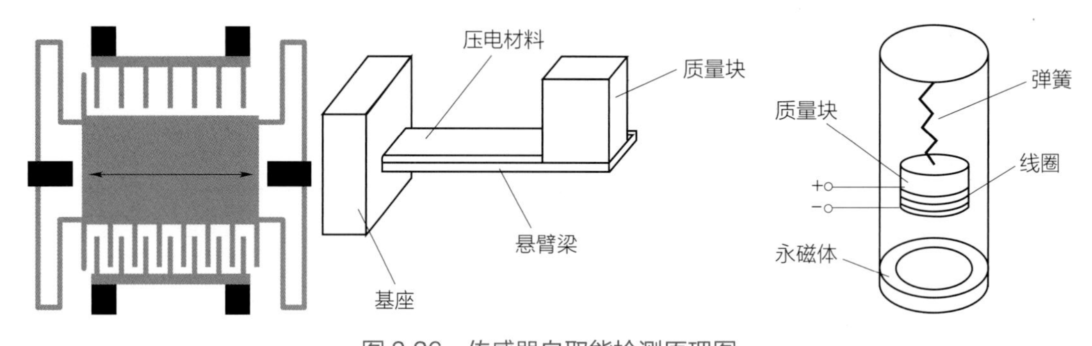

图 2.26　传感器自取能检测原理图

另外，电力领域中新型能量收集技术主要包括温差、振动和微型风能收集的能量转换技术。

温差取能主要利用基于塞贝克效应的半导体温差发电片实现。温差发电片一般由两种不同的热电材料组成，发电片内部位于高温端的空穴和电子在温度差作用下，向低温端扩散，形成电势差，从而产生电流。目前，温差发电仍存在能量转换效率较低、启动温差较高、可靠性不足等缺点。

振动取能是将振动的动能转换为电能的机电转换过程，根据机电转换机理的不同，可分为静电式、压电式、电磁式和摩擦式。目前振动取能主要应用于智能工控、汽车电子等领域。

风能取能是基于风致振动的新型技术，受到各研究机构的关注，在小型化方面具有一定的优势。风致振动能量收集包括流固耦合和机电耦合两个过程，目前研究主要通过理论分析、软件仿真和样机测试进行实验性验证，也出现了部分样机成果，但在结构强度、小型化、全风向和宽风速能量收集等方面难以兼顾，实用性仍然不足。

2.4 研发方向

高可靠性先进传感（测量）仪器是数字智能电力系统构建的信息获取基础。当前传感（测量）仪器在物理尺寸、感知能力、供电方式、电磁防护等方面仍存在局限，需要发展低成本集成化、抗干扰内置化、多节点自组网、低耗能的新型传感技术，实现电力传感器升级。

2.4.1 低成本集成化

MEMS 传感技术是实现低成本集成化的主要技术手段。目前已经开展了电、磁、机械、声、热、微量气体等参量 MEMS 感知技术的基础性研究、结构设计及传感器封装测试，并取得了一定成果。例如，基于巨磁阻效应及隧穿磁阻效应的磁场传感器初步实现宽频、宽量程的磁场测量，并实现对电流的测量。

MEMS 传感器将向小型化、集成化、多参量融合、智能化、嵌入式方向发展。未来电气工程领域将重点探索高精度与高可靠性的电压测量、电流测量、磁场传感、输电线路状态传感、电气设备振动传感、可听噪声、环境传感等特征参量的传感研究。受限于绝缘性能、供能方式及信号传输，目前 MEMS 传感还主要在集中在弱电磁环境下进行。对于变压器，气体绝缘开关等关键电力能源装备内部强电磁环境下的传感研究较少，多参量融合、嵌入式传感是 MEMS

传感器后续的发展重点。

2.4.2 抗干扰内置化

结合电力系统现场实际的需求，抗干扰、内置化的分布式光纤传感技术是重要发展方向。光纤传感器具备抗电磁干扰能力强、绝缘性能好、可分布式非接触测量等诸多优点，近年来电网状态信息光学感知方法发展较快，利用光纤传感技术感知电网设备运行状态等研究已取得了初步的科研进展。例如采用荧光光纤技术感知 GIS、变压器及高压开关柜内的局部放电，该方法克服了传统传感器易受电磁干扰、不易布设的缺点，具有较强的实时性，可及时作出安全预警。

考虑到电力现场需求，光纤传感器技术仍有许多需要完善的方面。与传统电力领域应用传感器相比，光纤传感器的灵敏度相对较低；面对信号传输距离较长的线路，光纤内部的信号衰减也比较严重；如何将光纤传感器有效安装于电力设备内部，实现电力设备在线监测，仍需理论和试验指导。

光纤电压测量、电流测量、光纤磁场感知、光纤局部放电感知、光纤气体感知、光纤分布式温度感知、光纤分布式应变感知、多光谱感知等方面的基础理论及关键技术是未来研究重点。探索变压器、气体绝缘开关等关键电力能源装备内部光学状态检测方法，完善输电线路、电缆等运行不良工况的分布式检测手段。目前，在检测信噪比、检测系统稳定性、电力能源装备内部传感器安装方法等方面尚不能满足智能感知需求，还需要进一步开展研究工作。

2.4.3 多节点自组网

多节点传感器自组网技术对电力能源装备信息分布式实时监测网络研究至关重要。目前已实现利用无线通信携带的信息自动生成多级网状网络，并按能量优先的原则自动生成数据的传输路径。由于无线通信的双向性，不仅被动显示各个传感器节点的信息，还可主动对每个传感器节点进行远程控制。

传感器自组网技术虽然取得了初步进展，但还不能满足电力现场实测需求。对于电力能源装备内部缺陷，由于可测信号从内部传到外部发生显著衰减，通过设备外表电气参量，很难了解设备内部相关参量分布信息，其实时性、有效性、准确性都受到极大制约。后续将进一步开展内部传感测量，由于目前内部传感组网方面存在问题较多，亟待开展内部组网方式研究及壳体内外信号传输方法研究等。

发展不同状态检测传感器间的互联网络，提高缺陷检测准确度。在电力能源装备内部缺陷信息特征研究方面，研究人员通过实验室小尺寸模型试验探寻了微小缺陷发生、发展过程，并利用传感系统采集了特高频信号、超声信号、光信号及脉冲电流信号等多维度缺陷表征状态信息。但由于上述监测方法缺乏联系，单一因素诊断结果误差大，因此未来需要探寻多种不同类型传感器间的组网方法，实现对缺陷信息的多维诊断。同时，未来还需研究基于数据挖掘方法实现多维信息融合，探寻状态参量与故障类型、部件、严重程度和发展趋势的关联关系。

2.4.4 自取能低能耗

面对电力现场复杂的运行环境，传感器如何实现高效取能并保持低功耗运行成为近期研究的热点，且此项研究已取得初步成效。随着能源互联网的发展建设，电力传感器的应用领域与应用规模也将扩大。以电力变压器振动监测为例，用于采集变压器箱体表面振动信号的加速度传感器已初步实现通过变压器箱体振动获取自身工作所需电能，减小了现场测量布置的复杂度。

现有的光、电场和磁场取能技术难以覆盖复杂多变的电力应用场景。目前服役的电力传感器未能满足低功耗、免维护和易部署等多维度需求，且面向电力传感器应用的环境取能技术也未能实现取能方式多样化、取能器件小型化、取能传感一体化等要求，因此亟待完善取能装置与传感器的低功耗、免维护和易部署能力。

实现电力传感器自取能与低功耗运行将是未来发展的重点研究方向。未来传感器低功耗的发展将侧重于芯片化微型传感器件的融合集成及边缘智能实现，例如微型传感器件与数据处理、通信等功能模块的芯片化融合集成技术；融合芯片化传感器的低功耗实现技术；微型传感器件的低时延通信传输及高精度时间同步技术；微型传感器自配置（即插即用）、自评估、自校准以及云边协同的边缘智能技术。同时，未来传感器自取能方式的技术发展方向需结合应用场景环境能量特点，开展多样化的取能方式研究及应用，有针对性的解决特定场景、特定传感器的能量供给问题。如开展基于风能收集为风电场风速传感器供电、基于振动能量收集为变压器或输电线路加速度传感器供电、基于温差能量收集为发热点的温度传感器进行供电。

2.5 小结

传感（测量）技术的广泛深入应用是电力系统可观测、可分析、可预测、可控制的前提，可以精确测量电流、电压等传统电气量，并能实现其他电气量、状态量、环境量的广泛感知。电力系统发电、输电、变电、配电、用电各环节都需要采用电压/电流互感器实现基本的电压与电流测量；在发电环节，光照传感、风力风速传感等新能源发电状态感知方法得到应用；在输电环节，输电线路状态感知是研究热点；在变电环节，变压器、高压开关柜等设备局部放电、温度等信息能够通过传感技术实现在线监测；在用电环节，先进传感技术是智能电能表等设备实现多种功能的基础，保障用能的安全、可靠、稳定。

关键传感技术包括三个方面，分别是 MEMS 传感器、光纤传感器等基于新型传感器的研究、实时精准感知信息的组网技术应用、传感器取能技术。具体来看，电力领域中 MEMS 电流、电压、振动等多种传感器有待进一步推广；光纤传感器具有绝缘性好、可分布式测量、抗电磁干扰强等优点，适合在电气装备内部实现信息感知；在组网技术方面，MEMS 传感器通常采用无线传感器网络的方式实现组网，光纤传感器通过采用分布式光纤传感的方式实现多传感器的复用；在传感器取能技术方面，亟待提高取能装置与传感器的低功耗、免维护和易部署能力。

为促进电力系统、电力行业乃至全产业链的数字智能转型，传感（测量）技术未来需要向低成本集成化、抗干扰内置化、多节点自组网、低功耗等方向发展，实现电力传感器的升级。传感技术的研发方向包括多参量融合 MEMS 传感技术、嵌入式 MEMS 传感器、分布式光纤感知中多方面的基础理论研究、电力能源装备内部光学状态检测方法、电力能源装备内部缺陷信息特征研究、基于温差等环境能量收集为传感器供电的传感器自取能技术等。

3 通信技术

通信是人类传递语言、图像、文字、符号、数据等信息的过程。通信技术发展至今，形成以电话网、数据网、计算机网、移动通信网为代表的现代通信网络，成为社会经济发展的重要条件和保障。

3.1 技术现状

通信技术可以实现数据、信息、指令的快速传输，为社会发展提供可靠保障。现代通信技术经历电报、电缆、电话、卫星通信、移动通信等发展历程。对于电力行业而言，通信技术为电力调度、生产、经营与管理提供了不可或缺的服务。

3.1.1 发展历程

在有线通信方面，1837 年塞缪尔·莫尔斯（Samuel Morse）发明了电报，给人类社会带来翻天覆地的变化。1850 年英国和法国之间铺设了世界第一条海底通信电缆，成为跨海信息输送的里程碑。1876 年亚历山大·贝尔（Alexander Graham Bell）发明电话并创建贝尔电话公司。至 20 世纪，世界电话网络已覆盖各大洲，电信行业从此快速发展。

进入 20 世纪后半叶，随着计算机和互联网产业的发展，更大容量、更远距离的信息交流需求越来越迫切。原有通信网络在通信距离、速率及质量上限制较大，有待发展更高效、更优质的信息传输方式。在此背景下，光纤通信的诞生成为通信史上的又一次重要革命。1966 年，高锟和霍克哈姆发表论文提出了光纤概念；1970 年，美国康宁公司首次研制成功损耗为 20dB/km 的光纤；1980 年，英国敷设世界第一条实验性海底光缆。1988 年，美国与英国、法国之间建设了世界第一条跨洋海底光缆系统；如今海底光缆已经成为全世界最主要的远距离数据传输方式，如图 3.1 所示。

图 3.1　有线通信发展历程

在移动通信方面，1896 年意大利人马可尼第一次用电磁波进行了长距离通信实验，从此世界进入无线电通信新时代。现代移动通信以 1986 年第一代通信技术（即 1G）发明为标志，经过三十多年的爆发式增长，发展到现在的 5G 通信技术；移动通信从模拟方式到数字方式、从小容量到大容量、从单电台对讲到网络化，终端设备日趋智能化、小型化，成为推动社会发展的重要动力之一[1]，如图 3.2 所示。

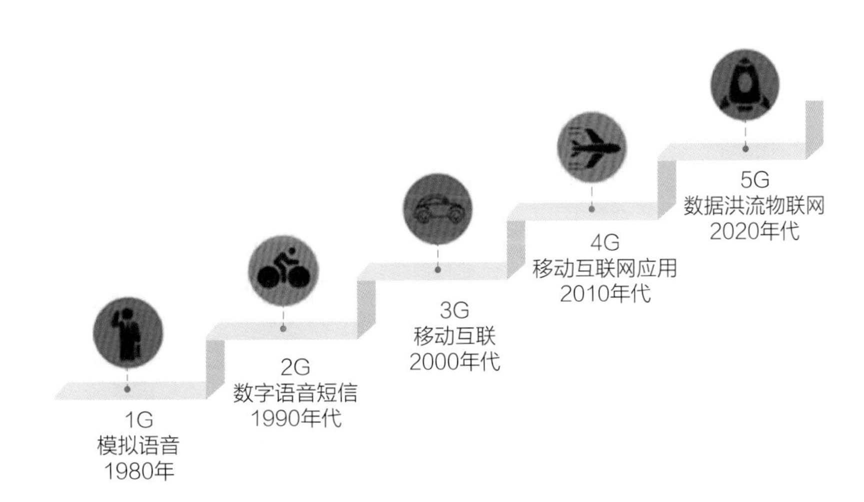

图 3.2　无线通信发展历程

[1] 樊昌信，曹丽娜. 通信原理. 7 版［M］. 北京：国防工业出版社，2012。

电力通信伴随电力系统的发展应运而生。早期电力系统规模较小，电缆、电力线载波等方式能够满足调度指挥和事故处理的需要；随着电力负荷增长、电力技术革新，广泛分散的电力系统逐渐互联，仅靠通话指挥已不能满足其对安全稳定的需求。20 世纪中期，特高频、微波、同轴电缆多路载波等通信方式得到应用，同时网络规模和通道容量不断扩大。

电力通信在中国快速发展，展现了通信技术在电力行业中的融合应用与迭代升级。20 世纪 70 年代初，电厂和城市间小区域电网初步形成规模，但仍未形成电力专用通信通道，小区域电网调度主要采用架空明线，音质差、不可靠。

随着电力线载波技术的发展，电力线载波通信方式在质量、可靠性及可调度电话数量等方面均超过架空明线。至 20 世纪 70 年代末，中国省级电网迅速发展，以电力线载波为主的通信方式不能满足电网通信需求。此时，数字微波技术进入人们的视野。

1978 年，北京至武汉数字微波电路批准建设，成为当时亚洲最长的数字微波通信电路，开启电力专用通信网建设的序幕。20 世纪 80 年代，电力数字微波机大范围建设应用，实现电力系统通信全面联网。20 世纪 90 年代中期起，区域电网迅速发展，跨区域超高压电力线路起步建设，对长距离通信提出了更高要求，微波传输带宽阻碍了电力通信系统整体发展。至 20 世纪末，光纤通信技术日益成熟，具有容量大、抗干扰、衰减小的特点，适合远距离传输大量信息，成为电力通信的重要发展方向。目前电力特殊光缆制造及工程设计已经成熟，特别是 OPGW（Optical Fiber Composite Overhead Ground Wire，光纤复合架空地线）和 ADSS（All Dielectric Self-Supporting Optical Fiber Cable，全介质自承式光缆）技术，在电力特殊光缆领域已经开始大规模应用[1]，如图 3.3 所示。

---

[1] 陈希.电力特种光缆的发展与展望［J］. 电力系统通信，2009，30（1）：16-25。

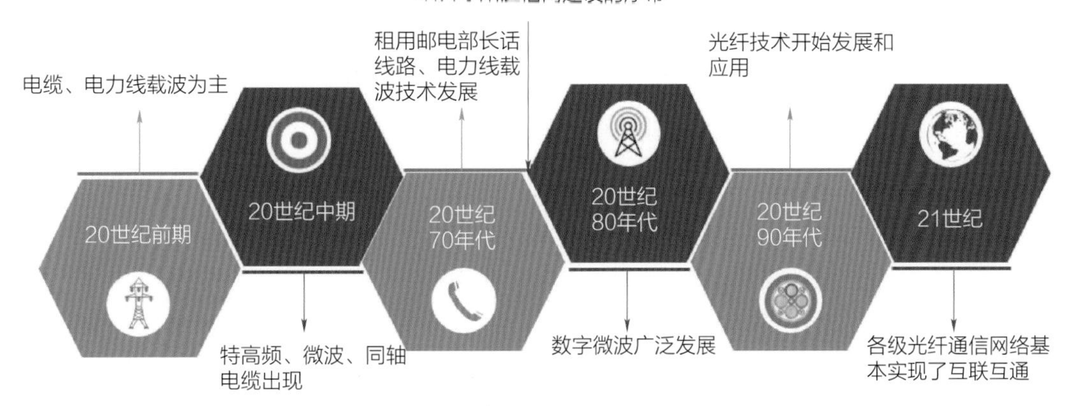

图 3.3　中国电力通信网发展历程

3.1.2　应用现状

通信技术的发展大大加速了信息流动，缩短了空间距离，提高了社会经济的运行效率，从而创造巨大的社会效益。在有线通信方面，光纤通信经历由低速到高速、由传输到交换、由电层到光层、由可管到可控、由人工到智能的不同阶段，走过从准同步数字系列（Plesiochronous Digital Hierarchy，PDH），到同步数字系列（Synchronous Digital Hierarchy，SDH），再到光传送网（Optical Transport Network，OTN）的演进之路。目前，光纤通信向单信道速率 1Tbit/s 演进，单纤容量向 100Tbit/s 发展，已接近普通商用单模光纤传输系统的极限。在移动通信方面，5G 与 4G 相比具有更高网速、低时延高可靠、低功率海量连接的特点。5G 速率最高可以达到 4G 的 100 倍，实现 10Gbit/秒的峰值速率，能够用手机很流畅地看 4K、8K 高清视频，急速畅玩 360 度全景 VR 游戏等。5G 的空口时延可以低到 1ms，仅相当于 4G 的十分之一，远高于人体的应激反应，可以广泛地应用于自动控制领域。5G 每平方千米可以有 100 万连接数，与 4G 相比用户容量可以大大增加，除手机终端的连接之外，还可以广泛地应用于物联网。

电力通信网是专门服务于电力系统运行、维护和管理的通信专网，由发电厂、变电站、控制中心等部门相互连接的信息传输系统以及设在这些部门的交换系统或终端设备构成，是电网二次系统的重要组成部分。电力通信对通信网络的实时性、可靠性、电磁兼容性要求高，另外具有通信容量与业务颗粒相对较小、通信站距长的特点。因此，电力通信网无法由公网通信系统替代，全球各国大型电力公司一般均会建设电力专用通信网络。

以中国为例，目前电力通信网络形成以光纤通信为主，微波通信、载波通信、无线通信、卫星通信等多种通信方式并存的多层级通信网络，形成覆盖全国大部分电力集团电网和省电力公司电网的主干网架，包括全国性电话自动交换网、全国电力电话会议网、中国电力信息网、数字数据网和分组交换网在内的立体交叉通信网，承载业务涉及保护、安控、自动化、语音、数据、视频等多领域。

3.2 主要应用

通信技术贯穿于电力系统的发展，在保障电力系统安全高效运行的过程中发挥了重大作用。从空间上划分，可将主要应用范围分为发电厂内通信、电力通信网和用户侧通信三个部分。

3.2.1 发电厂内通信

发电厂通信系统是发电厂的重要组成部分，承担了电力调度通信、远动自动化信息和继电保护信号的传输，同时也承担着电厂生产调度通信与厂内行政管理通信的任务。以火力发电厂为例，经过多年的发展，厂级管理信息系统（Management Information System，MIS）、监控信息系统（Supervisory Information System，SIS）和机组级分散控制系统（Distributed Control System，DCS）、可编程逻辑控制器已全部数字化，并形成信息共享的数字网络[1]。

发电厂系统输入/输出（I/O）测量点多，现场装置多且密集，设备立体布置，厂域高度集中，对运行可靠性要求高。电厂主机 DCS 系统、脱硫 DCS 系统以及主要辅机程控系统的可靠性、实时性要求高，监控设备和对象多而复杂。特别是主机 DCS 系统，涉及数百台压力和差压变送器，数百台电动或启动执行机构，数百个温度测点，系统要进行复杂的闭环控制、串级控制、三冲量控制、比率控制，设备要进行设备连封控制、复杂的锅炉燃烧管理、机炉协调控制、汽轮机控制、时间顺序控制（SOE），要求毫秒级响应速度[2]。

随着 DCS 和现场总线控制系统（Fieldbus Control System，FCS）的发展，两种系统在技术上已进行了充分的融合，火电厂现场总线通信应用示意如图 3.4 所示。DCS 系统数字通信功能延伸至现场智能设备，使得 DCS 可以通过现场总线采集现场智能设备中启动次数、寿命计算、故障报警等更多数据。与传统 DCS 系统相比，融合两种技术优点的 DCS 系统为火电厂自动化系统提

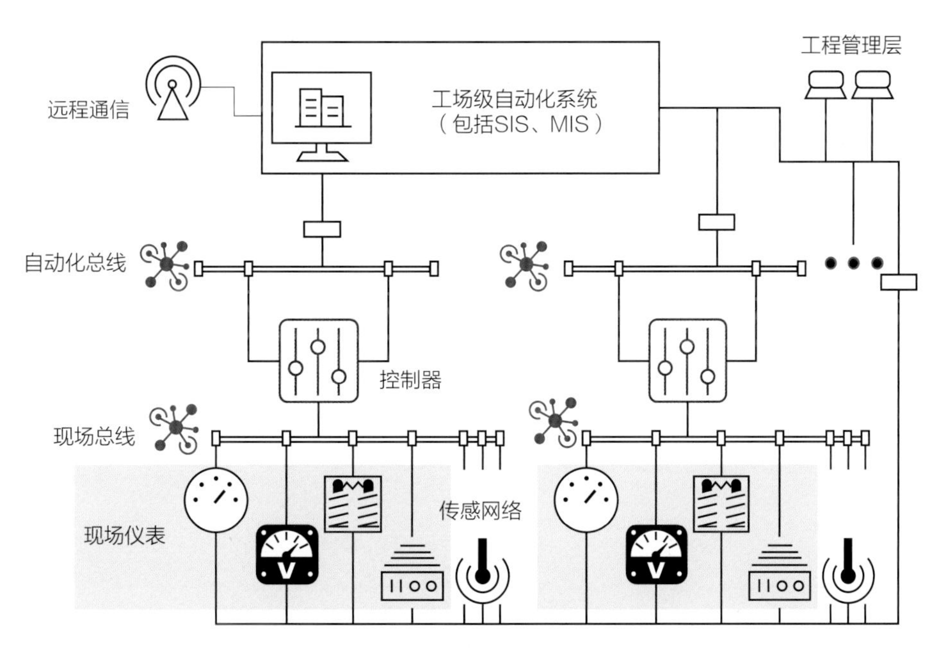

图 3.4　火电厂现场总线通信示意图

[1] 李子连. 现场总线技术在电厂应用综论［M］. 北京：中国电力出版社，2002。

[2] 赵芳. 现场总线技术的现状与发展趋势［J］. 电器工业，2007（11）：22-25。

供了更好的选择。在技术层面上，DCS 系统采用现场总线，大大提高了系统整体可靠性和系统精度，使手工作业的螺钉端子数量大幅减少，提高了系统的整体安全性。在运行层面上，由于采用现场总线系统，系统的监控范围从传统的系统端子排扩展到全厂，能够对现场设备进行远程编程和维护，实现全厂数据的集中管理。在投资层面上，采用现场总线大幅减少控制柜、电缆与电缆桥架的数量，节约工程费用与维护成本，降低项目综合投资成本。

3.2.2 电力通信网

电力通信网是为所辖电力系统提供生产、控制和管理等通信业务的专用通信网。作为电力系统的支撑和保障系统，电力通信网不仅承担着电力系统的生产指挥和调度，同时也为行政管理和自动化信息传输提供服务。从对应的功能划分，电力通信网分为传输网、业务网和支撑网，终端通信接入网主要通过传输网实现[1]。电力通信网的体系结构如图 3.5 所示。

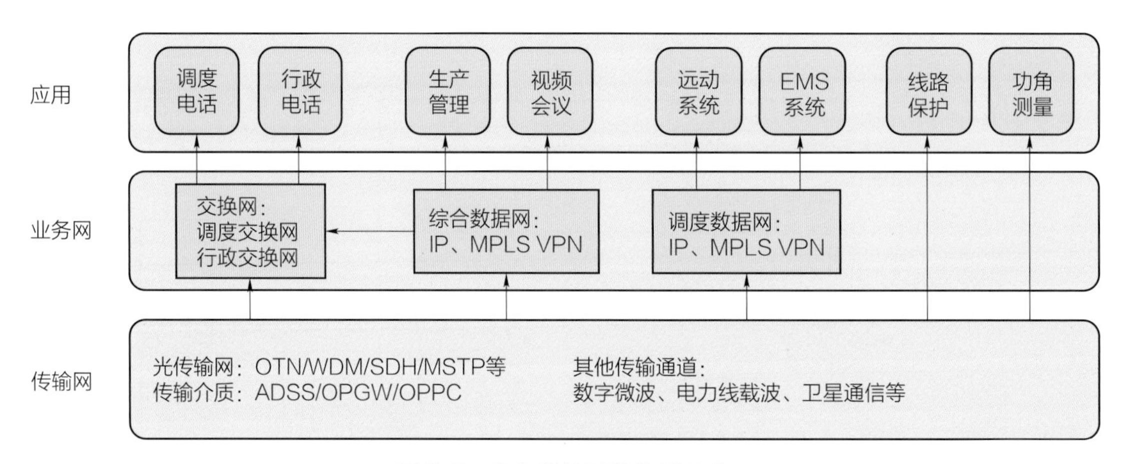

图 3.5 电力通信网的体系结构

1. 传输网

传输网是电力通信的基础网络，由传输介质和传输设备组成。电力通信网

[1] 唐良瑞，吴润泽，孙毅，李彬. 智能电网通信技术［M］. 北京：中国电力出版社，2015。

传输介质主要包括光缆、无线电和输电线路，分别对应光纤通信、微波通信、卫星通信、电力线载波等通信方式。

传输网承载能力和可靠性是安全控制、调度自动化等生产类业务通道的安全保障，为交换网、综合数据网、电视电话会议系统等业务应用系统的发展铺平了道路。

现阶段电力传输网已发展成为以光纤通信为主，微波、载波、卫星通信作为应急备用，多种传输技术并存的传输网络。如图 3.6 所示。

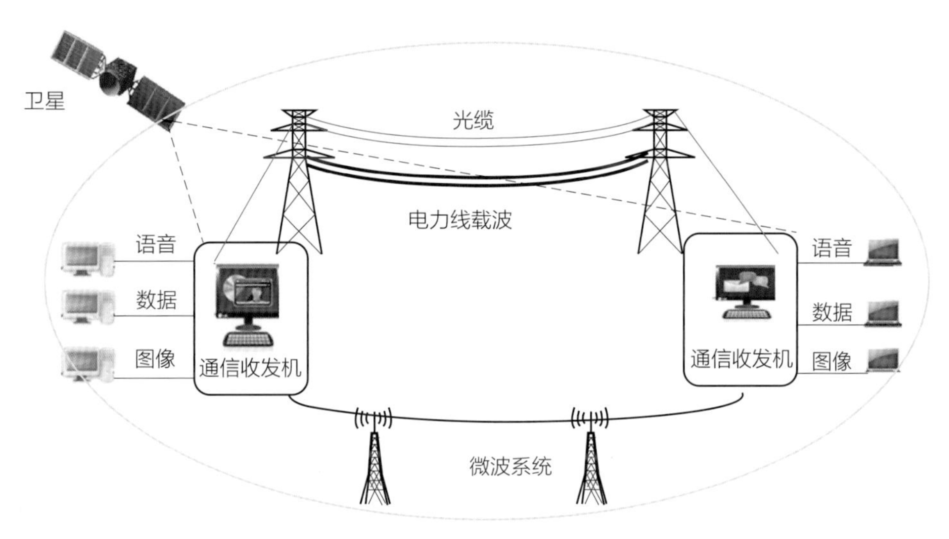

图 3.6 电力系统通信方式

2. 业务网

业务网是现代电力通信网的主要组成部分，在传输网基础上满足不同电网管理业务需求。目前业务网主要包括调度生产业务、电话交换网、综合数据通信网、电视电话会议系统等。

电力系统在通信传输平台上开展多种业务。各种业务均通过不同的独立网络实现，如话音业务通过电力交换网、数据业务通过综合数据网等。下面将分类介绍其中几个重要的业务子网。

综合数据网主要承载非调度数据专网的数据业务，包括以管理信息系统、通信网管系统、OA（Office Automation，办公自动化）系统、营销 MIS（Management Information System，管理信息系统）系统等数据业务以及其他多媒体所组成的生产管理系统业务。

综合数据网按照各节点重要性、所处地理位置以及对应其他节点之间的业务关系、流量，将整个网络分为三层：核心层、骨干层和接入层。不同安全级别的综合业务需逻辑隔离，因此采用基于多协议标签交换（Multi-Protocol Label Switching，MPLS）技术，主要由路由交换设备构成，能够实现数据、图像多种业务承载和服务的网络，不同业务通过不同 MPLS 虚拟专用网络（Virtual Private Network，VPN）承载。在业务接入节点，用虚拟局域网（VLAN）技术实现逻辑隔离和各种业务的隔离，为每一种业务建立单一的 VPN，在 VPN 内根据各业务不同要求及重要性实现 QoS（Quality of Service，服务质量）服务保障。

按照网络功能，电力交换网可分为**调度交换网**和**行政交换网**。两者具有相同的实现技术，但业务的重要程度存在差异。相比之下，调度电话业务具有较高级别的安全性和可靠性。

调度交换网是电网安全稳定运行的重要指挥系统，是电网的中枢神经，电力调度必须依靠技术先进、性能稳定、网络畅通的调度交换网来正确下达电力调度指令。各级电网调度机构之间、调度机构与调度用户之间都是通过调度交换网进行通信和指令下达的。调度交换网承载的业务主要是调度电话语音业务，它是电网运行的组织、指挥、指导和协调机构，主要完成电网运行设备常规检修、事故处理、电网频率调整、电网电压调整、发电厂出力调整等操作指令。调度电话的业务性质决定了调度交换网的高效性、即时性、安全性和唯一性，因此调度交换网的建设在关注新技术发展的同时，必须注重技术的成熟性和相关标准的有效性。

行政交换网是电力交换网的主体，它是实现管理中心与企业内部各单位之间、企业内部与公用电话交换网（Public Switched Telephone Network，PSTN）或其他专网之间连接的交换网络，也是调度交换网的支撑和备用电路。行政交换机在组网能力方面一般要求具备信令的基本功能，支持主流的信令方式。

电力调度数据网覆盖各级调度中心和直调发电厂、变电站，实现与系统内公用电力信息系统的通信，包括 SCADA/EMS（Supervisory Control And Data Acquisition/Energy Management System，电力数据采集系统/能量管理系统）调度自动化系统、电能量计费系统（电能量采集装置）、继电保护管理信息系统、动态预警监测系统（功角测量装置）和安全自动装置信息等，从而满足电力生产、电网调度、继电保护等信息传输需要，协调电力系统发电、输电、变电、配电、用电等环节的联合运转，保证电网安全、经济、稳定、可靠运行。

以中国为例，为了确保不同安全级别业务接入运行与管理的逻辑隔离，电力调度数据网主要采用基于 BGP/MPLS（Border Gateway Protocol/Multi-Protocol Label Switching，边界网关协议/多协议标记交换）VPN 的技术体制形式，划分不同 VPN，分别承载不同安全级别的业务，实现各级调度中心之间以及调度中心与相关发电厂、变电站之间的互联。

3.2.3 用户侧通信

用户侧通信是电力系统通信的重要组成部分。在传统电力系统中，用户侧通信完成用电信息采集等单向通信任务。在配电网双向交互的发展趋势下，用户侧有大量分布式电源和电动汽车接入，需要更强大的通信网络实现“源—网—荷—储”各环节协调互动。用户侧通信也将承载更多业务，如电动汽车智能充换电服务、用户自助购电、需求侧响应等[1]。

电力系统用户侧通信网络的一般组成包括智能电能表、家庭局域网（Home Automation Network，HAN）、邻域网（Nearby Area Work，NAN）、广域网（Wide Area Network，WAN）等，其基本结构如图 3.7 所示。

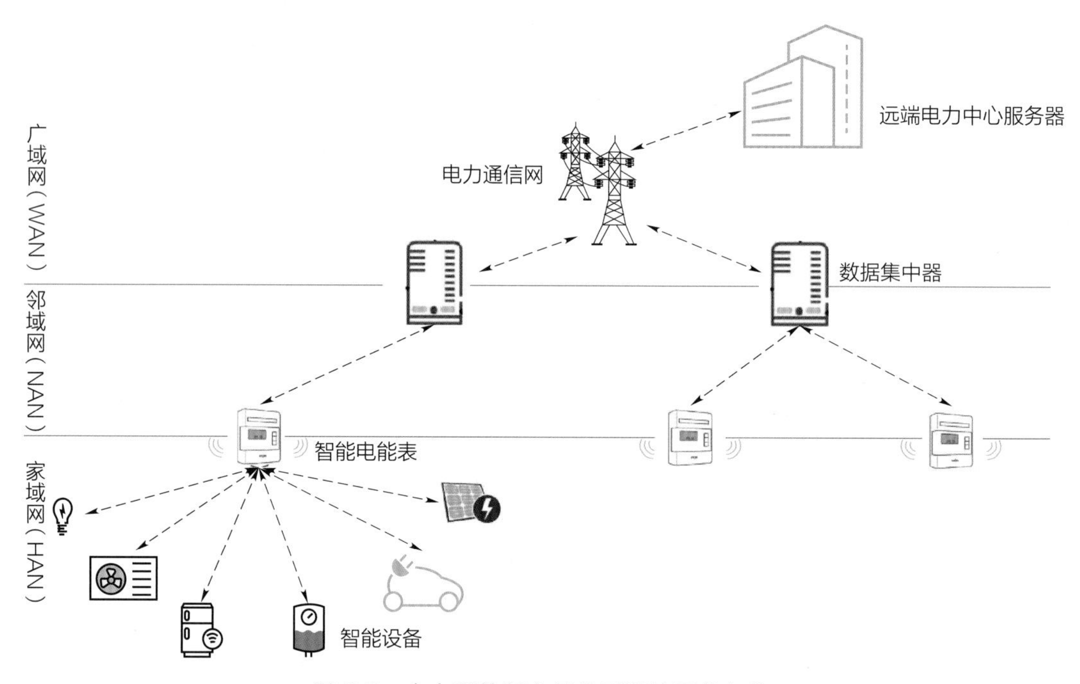

图 3.7　电力系统用户侧典型通信网络架构

智能电能表是用户侧通信网络的基本组成单元，是配电网的智能终端。智能电能表在传统电能表计量功能的基础上，还具备多模式传输数据的双向数据通信功能、用户终端控制功能与双向多费率计量功能。一方面通过智能电能表记录用户详细用电信息、负荷信息、电压电流等数据并上传，另一方面可以向用户显示分时电价或实时电价，优化用户的用电决策。智能电能表可以作为电力公司与用户之间的通信网关，当电力系统需要进行需求侧响应或者紧急修复状态时，可以通过智能电能表进行负荷控制[2]。

[1] 袁晶晶. 能源互联网用户能源管理业务建模及通信网络研究［D］. 华北电力大学，2017。

[2] 张泰民. 面向智能电网无线终端的安全通信和抗干扰关键技术研究［D］. 浙江大学，2020。

家域网（HAN）是由家用电器设备组成的信息通信网络，用于支持智能量测、用户侧能源管理等分布式应用。智能电能表充当家域网中的通信网关，通常采用 WiFi、ZigBee 等无线通信方式与智能设备进行通信。

邻域网（NAN）的功能主要是汇聚来自多个家庭局域网数据，并将这些数据传送到相应的数据集中器，即一个 NAN 与多个 HAN 相连接。如图 3.7 所示，NAN 负责完成家域网和广域网之间的通信，即 NAN 采集家域网中的用户用能信息，并通过广域网将信息传送给电力公司。同时，NAN 从电力控制中心接收动态电价信息，并转发给家域网。数据集中器与智能电能表之间的通信距离在数百米范围，通常采用无线通信公网（3G/4G/5G）或电力线载波通信实现。

广域网（WAN）是负责将计量数据传送到控制中心的数据传输网络；用户侧网关主要用于收集或测量家庭局域网单元的用电信息，并将这些数据发送给相应的数据接收者。在图 3.7 中智能电能表的数据通过 WAN 分别接入电力公司和配电控制系统（DCS），电力公司主要负责计费服务、服务管理等；DCS 负责需求侧响应、整合可再生能源等。数据集中器与电力公司间的通信通常通过电力通信专网，利用光纤信道等方式实现。用户侧网络的通信需求见表 3.1。

表 3.1 用户侧网络的通信需求[1]

网络类型	覆盖规模	数据速率需求	主要采用技术
HAN	数十米	取决于应用类型，控制信息比特速率一般较低	短距无线（WiFi，ZigBee）等
NAN	数百米	依赖于网络节点密度	中短距无线、电力线载波等
WAN	数万米	高速路由器/交换机等高容量设备（100M ~ 10Gbit）	光纤通信等

[1] 周静，胡紫巍，孙媛媛，马桤. 智能电网用户侧通信网络及技术挑战分析 [J]. 中国电力，2016，49（3）：115-118。

3.3 关键技术

电力通信是电网调度自动化、网络运营市场化的基础。随着通信技术的发展，关键技术从单一电缆、电力线载波向微波、卫星通信、光纤、5G 等方式转变。

3.3.1 载波通信

电力线载波通信（Power Line Communication，PLC）是指利用电力线本身（高压电力线、中压电力线或低压电力线）作为传输介质实现数据传输的一种通信方式，用于电力系统的调度通信、远动、保护、生产指挥、行政业务通信及各种信息传输。该技术出现于 20 世纪 20 年代初，最早应用于电话语音信号的传输。电力线载波通信以其成本低、见效快、与电网建设同步等优点得到了广泛应用。该技术利用已铺设好的电力线网络等基础设施，省去了新建通信网络所需的高额费用，因此在智能电网高速发展的今天依然占据着重要地位。

20 世纪 50 年代末，模拟电力线载波机研制成功，如 T-5 电子管双边带载波机，ZDD-1 电子管单边带复用载波机，之后在滤波、信噪比方面进行改进与提升，研制出改进型的 ZDD-2 型电力线载波机。到了八九十年代，随着电力系统的发展，电网规模增大，多种通信技术不断涌现，特别是 DSP 技术的发展及其在实际应用中的推广，推动了全数字化载波机的诞生，这种载波机采用 DSP 编码、调制及增益控制等技术，完全采用数字方式，与老式的 LC 滤波器相比，不仅生产程序简单、生产周期短而且成本比较低，从而大大提高了载波机的整体性能[1]。

在 PLC 技术的应用方面，早期 PLC 技术研究主要用于低压电力线抄表系统，对数据传输速度要求不高。随着对 PLC 理论、工程和实际应用等方面的深

---

[1] 汤效军.改革开放 30 年电力线载波通信的回顾与展望［J］. 电力系统通信，2009，30（1）：26-32。

入研究，已自主研制出了高速 PLC 实用装置，使通信速度大为提高。由此也带来了 PLC 综合业务能力的进一步发展，由过去的单独电话调度业务扩展到开放电话、远动、保护、计算机信息等综合业务。

电力线载波通信系统主要由电力载波机、电力线和耦合设备构成，如图 3.8 所示。其中耦合装置包括线路阻波器、耦合电容器、结合滤波器（又称结合设备）和高频电缆，与电力线一起组成电力线高频通道。

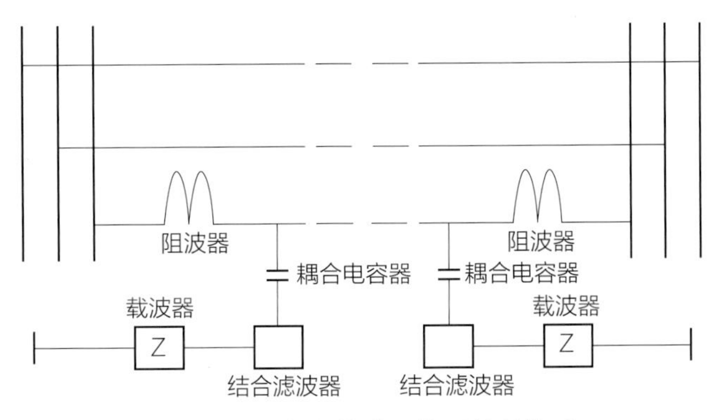

图 3.8　电力线载波通信系统的构成

电力线载波机是电力线载波通信系统的主要组成部分，主要实现调制和解调的功能，其性能好坏直接影响电力线载波通信系统的质量。电力线载波机主要分为：基于频分复用的模拟电力线载波机，运用数字信号处理和网络编码调制技术的准数字电力线载波机，采用语音压缩、多电平调制、回波抵消技术的数字电力线载波机。耦合电容和结合滤波器组成一个带通滤波器，其作用是通过高频载波信号，并阻止电力线上的工频高压和工频电流进入载波设备，确保人身安全和设备安全。输电线既传输电能，又传输高频信号。耦合装置连接载波机与输电线，它包括高频电缆，作用是提供高频信号通路。线路阻波器串接在电力线路和母线之间，是对电力系统一次设备的“加工”，故又称“加工设备”，其作用是通过工频电流、阻止高频载波信号漏到变压器和电力线分支线路等设备中，以减小变电站和分支线路对高频信号的介入损耗及同一母线不同电力线路上的高频通道[1]。

[1] 殷小贡，刘涤尘. 电力系统通信工程［M］. 武汉：武汉水利电力大学出版社，2000。

电力线载波通信的主要优点包括四个方面：① 投资小，只需要两端加上阻波器等少量设备即可实现通信、远传等功能，工程投资远低于分别铺设电力与通信的投资之和；② 即插即用，无须专门布置通信线路，在电力线上可以实现以太网高速连接。③ 应用范围广，电力是现代社会生产生活不可或缺的重要能源，依托广泛覆盖的电力网络和电力载波通信技术，电力通信服务可轻松渗透到每个家庭和企业。④ 信号稳定，由于电力载波通信依托的是电力线路，信号强度不会受到墙体阻挡而出现严重衰减的情况。

电力线载波通信的主要缺点包括三个方面：① 传输距离受限，配电变压器对电力载波信号有阻隔作用，电力载波信号只能在一个配电变压器区域范围内传送；② 信道环境差，电力线的设计本身是为了传输电能而非高频通信信号，因此作为通信信道时，不仅存在工频及高次谐波带来的强噪声，信道本身还存在强衰落、时变等特性，对高频通信信号来说信道环境较差；③ 只能在单相电力线上传输，三相电力线间有 10～30dB 的信号损失，在通信距离很近时，不同相间可能会收到干扰信号。

早期电力线载波通信主要用于 110kV 及以上输电线路，目前由于需求的变化和技术的发展，电力线载波出现多种通信方式。按照电力线电压等级划分，电力线载波通信可分为高压、中压、低压电力线载波通信。

高压电力线载波指应用于 35kV 及以上电压等级的载波通信设备。载波线路状况良好，主要传输调度电话、远动、高频保护及其他监控系统的信息，用于特高压线路的电力线载波通信设备亦属于此类。

中压电力线载波指应用于 10kV 电压等级的电力线载波通信设备。载波线路状况较差，主要传输配电网自动化，小水电和大用户抄表信息。

低压电力线载波指应用于 380V 及以下电压等级的电力线载波通信设

备。载波线路状况极差，主要传输电力线上网、用户抄表及家庭自动化的信息和数据。

电力线载波通信技术在高、中压侧由于光纤通信技术的不断发展，应用呈逐年减少的趋势，但由于主要承载继电保护业务，其在电网中的应用依然具有非常重要的地位。由于电力线载波通信与电网具有非常紧密关系，在电网灾后快速重建中仍发挥着重要作用。在低压侧，电力线载波能够支撑智能家居、远程抄表、能源管理等应用，伴随物联网兴起与技术进步，未来电力线载波技术将在用电侧发挥更大的作用。

3.3.2 光纤通信

光纤通信是以光波作为信息载体，以光纤作为传输媒介的一种通信方式。从原理上看，构成光纤通信的基本物质要素是光纤、光源和光检测器。早期的光纤通信系统均采用直接检测的接收方式，如图 3.9 是一种较简单的光纤通信方式，激光接收部分（PD）是一种平方律的检波器，只有光信号的强度可以被探测到，这种通信方式只可以在光强度上加载信息来进行传输。此方式的接收灵敏度取决于数据传输速率，而传输距离是由数据传输速率与接收机跨导放大器的热噪声共同决定的。这种直接检测的接收方式从 20 世纪 70 年代的第一代光纤通信技术一直延续到 20 世纪 90 年代初期，而对应具体的技术指标也由工作在 0.8μm 的砷化镓（GaAs）半导体激光器发射 45Mbit/s 信号无中继传输 10km，提升至工作在 1.5μm 的半导体激光器发射 2.5Gbit/s 信号无中继传输 100km。

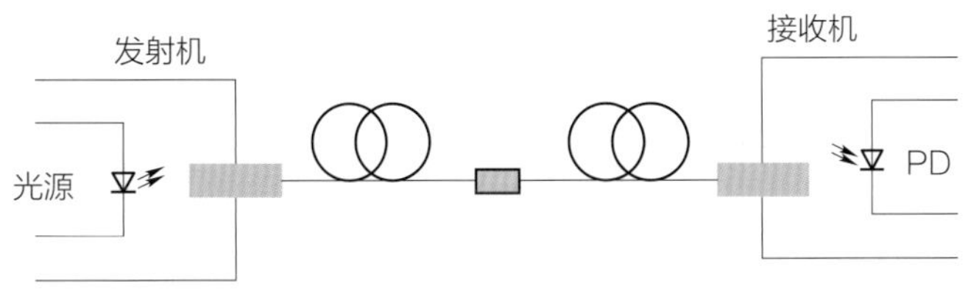

图 3.9　直接检测光纤通信系统示意图

20 世纪 90 年代以来，随着互联网技术的迅速发展，用户对互联网流量的需求日益增长，并随之带来对光纤通信容量的增长需求。起初，2.5Gbit/s 的光纤通信技术问世时，人们普遍认为其可以支撑好几代互联网的发展，但光纤通信容量的增长需求很快打破了这一情况。为提升光纤通信的容量，围绕发射机、光纤、接收机等部分，光放大器、相干检测、波分复用等技术不断被提出，推动着光纤通信传输速率、容量、距离的持续提升，传输容量呈现每 10 年 1000 倍的爆炸式增长。

光放大器是光纤通信技术史上重要的成果之一。采用光放大器的光纤链路，可以达到散弹噪声极限的探测灵敏度，同时可以去除所有的电中继，使得光纤通信技术可以实现长距离传输。光放大概念在最早的激光器专利中就有所建议，1987 年，该项技术最终被南安普顿大学和贝尔实验室首次实现。进入 20 世纪 90 年代以来，光纤通信技术中的相干检测技术逐渐成为研究热点[1]。初期的相干检测的示意如图 3.10 所示，这也是第一代的相干检测系统。通过使用相干检测，可实现最优探测灵敏度。通过引入相干检测技术，接收机的灵敏度得到了极大提升。

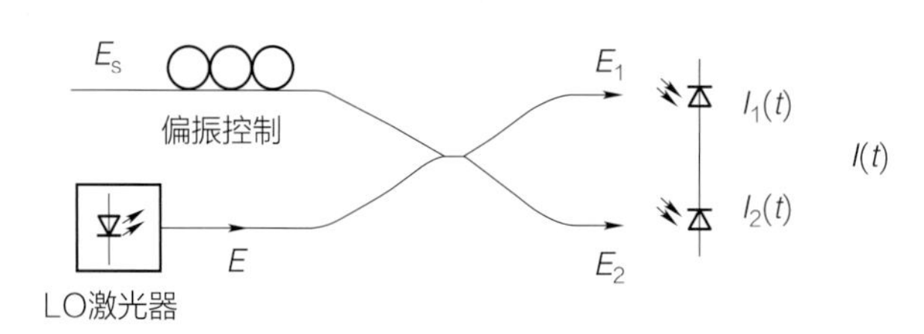

图 3.10　相干检测示意图

波分复用（Wavelength Division Multiplexing，WDM）是将两种或多种不同波长的光载波信号（携带各种信息）在发送端经复用器汇合在一起，并耦合到光线路的同一根光纤中进行传输的技术；在接收端，经光波分解复用器将各种波长的光载波分离，然后由光接收机作进一步处理以恢复原信号。这种在

---

[1] Kikuchi K. Fundamentals of coherent optical fiber communications ［J］. Journal of Lightwave Technology，2015，34（1）：157-179。

同一根光纤中同时传输两个或众多不同波长光信号的技术，称为波分复用[1]。图 3.11 为 WDM 光纤通信系统示意图。

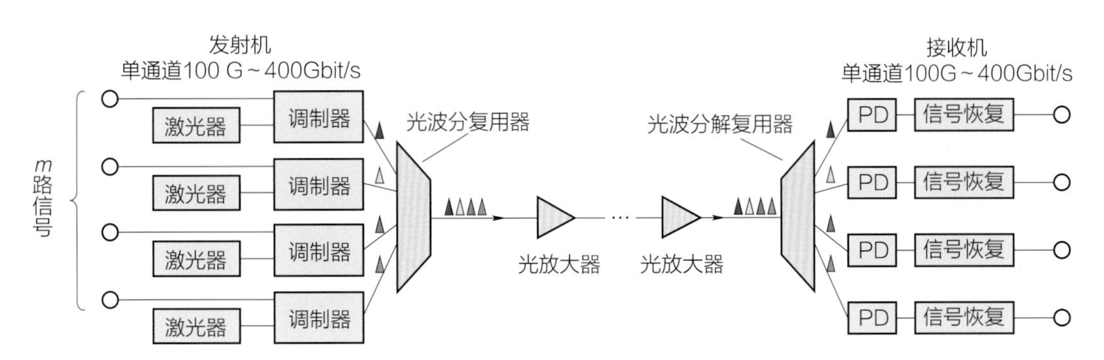

图 3.11　WDM 光纤通信系统示意图

光纤通信的主要优点有：① 容量大，光纤工作频率比电缆使用的工作频率高出 8~9 个数量级；② 衰减小，光纤每千米衰减比同轴电缆低一个数量级以上；③ 体积小，重量轻，每千米光纤重约 100g，而每千米同轴电缆约需 1t 铜；④ 防干扰性能好，光纤不受强电干扰、电气化铁道干扰和雷电干扰，同时不干扰其他电气或通信系统；⑤ 保密性好，传输的信号可以进行数字加密，并且光信号不会像电信号一样产生电磁泄漏；⑥ 成本低。各种电缆金属材料价格不断上涨，而光纤材料来源广泛、价格低，为光纤通信的迅速发展创造了重要条件。

因此，目前光纤通信奠定了网络信息传输的基石，可以连接至各类通信网络，构成信息传输过程中的大动脉，承载全球 90%以上的数据流，在信息传输中发挥重要作用。现代通信网络架构主要包括：核心网、城域网、接入网、蜂窝网、局域网、数据中心网络与卫星网络等，如图 3.12 所示。不同网络之间的连接都可由光纤通信技术完成，如在移动蜂窝网中，基站连接到城域网、核心网的部分也都是由光纤通信构成的。而在数据中心网络中，光互联是当前最广泛应用的一种方式，即采用光纤通信的方式实现数据中心内与数据中心间的信息传递。由此可见，光纤通信技术在现在的通信网络系统中不仅发挥着主干道

[1] 顾畹仪.波分复用系统的发展和应用［J］. 电信科学，2001（3）：24-27。

的作用，还充当了诸多关键的支线道路作用，由光纤通信技术构筑的光纤传送网是其他业务网络的基础承载网络[1]。

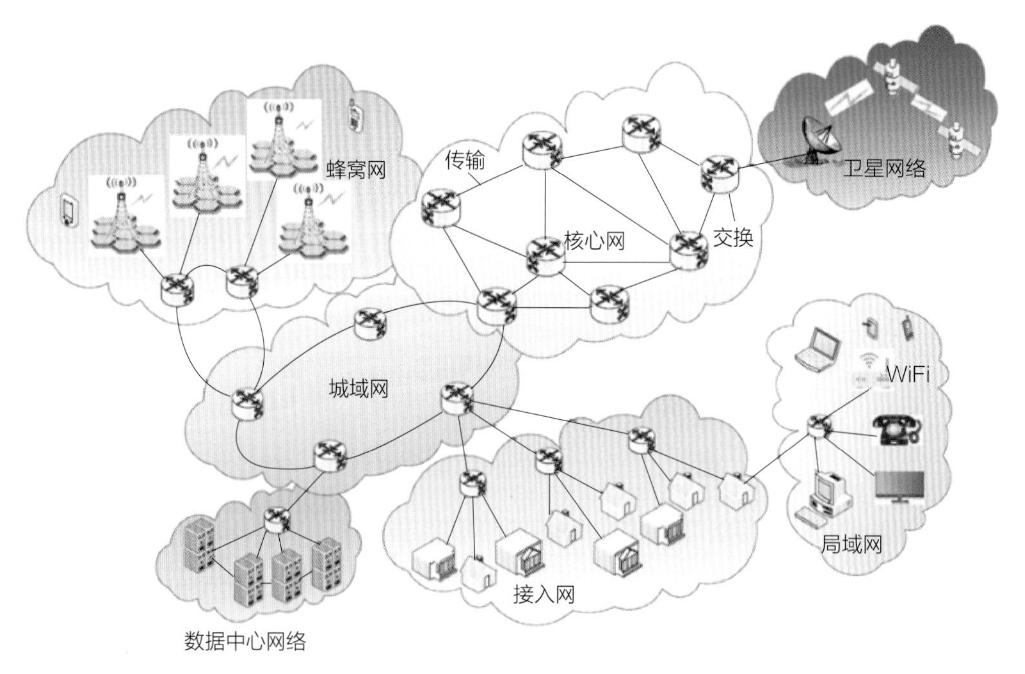

图 3.12　现代通信网络架构

与电力载波通信直接采用电力线路作为传输媒介不同，电力光纤是在线路中加入光纤，可远距离传输信息，常用来组建通信骨干网。目前电力光纤网络使用的光缆主要有：光纤复合架空地线（Optical Fiber Composite Orerhead Wire，OPGW）、全介质自承式光缆（All Dielectric Self-Supporting，ADSS）等。

OPGW 是指将光纤放置在架空高压输电线的地线中，用以构成输电线路上的光纤通信网，具有普通架空地线和通信光缆的双重功能。OPGW 光缆具有较高的可靠性、优越的机械性能、无电磁感应、免维护、成本也较低等显著特点。这种技术在新敷设或更换现有地线时尤其合适和经济，因此在 110kV 以上线路普遍采用。电力系统常用的 OPGW 光缆典型结构如图 3.13 所示。

---

[1] 谈仲纬，吕超.光纤通信技术发展现状与展望［J］. 中国工程科学，2020，22（3）：100-107。

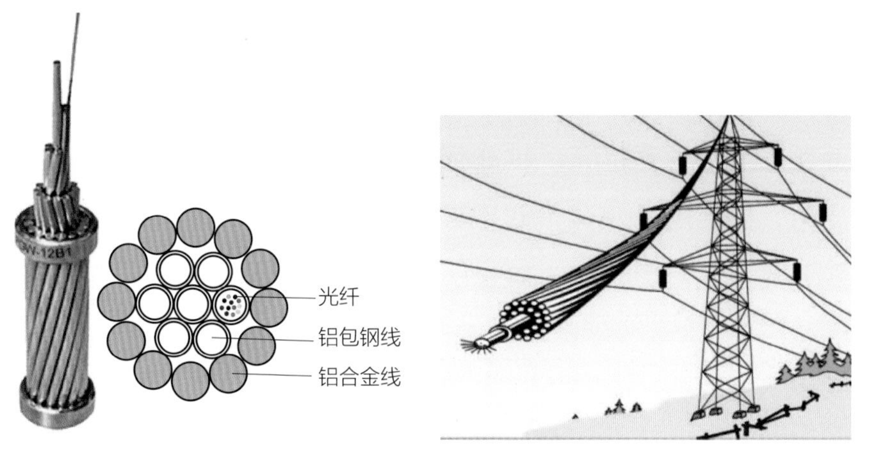

图 3.13 OPGW 结构示意图

ADSS 由介质材料组成、自身包含必要的支撑系统、可直接悬挂于电力杆塔上的非金属光缆，主要用于架空高压输电系统的通信线路。全介质表示光缆使用的是全介质材料，自承式是指光缆自身加强构件能够承受自重以及外界负荷。采用全介质材料是因为光缆处于高压、强电环境中，必须能够耐受住强电的影响；自承式光缆要求有一定的机械强度。但由于与电力线同杆架设存在电腐蚀问题，主要在 35kV 以下线路使用。电力系统中常用的 ADSS 光缆典型结构如图 3.14 所示。

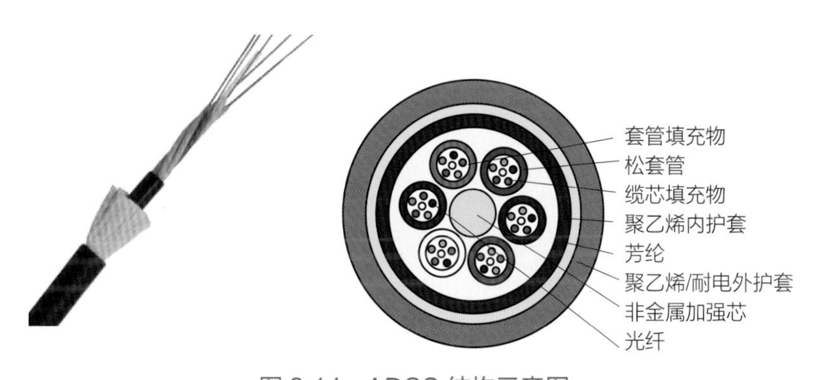

图 3.14 ADSS 结构示意图

3.3.3 微波通信

微波通信是 20 世纪 50 年代开始实际应用的一种通信技术，它不需要固体介质，当两点间直线距离内无障碍时就可以使用微波传送。从无线电频谱的划分来看，频率为 0.3G～300GHz 的射频称为微波频率。目前使用范围只有 1G～40GHz，工作频率越高，越能获得较宽通频带和较大通信容量。但是，当频率较高时，雨、雾及水蒸气对电波的散射或吸收衰耗增加，造成电波衰落和收信电平下降。这些影响对 12GHz 以上的频段尤为明显，并且随频率的增加而急剧增加[1]。

微波通信系统主要由室内单元（IDU）、室外单元（ODU）、网管系统、同轴电缆和天线组成，其系统示意如图 3.15 所示。

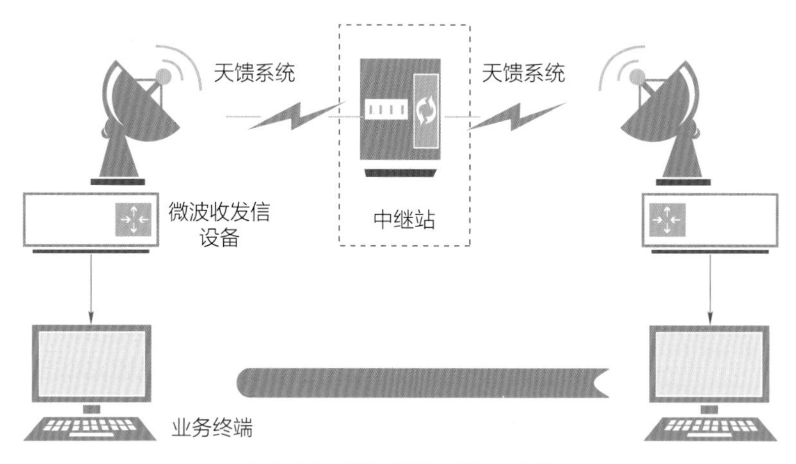

图 3.15　微波通信系统示意图

微波通信的优点是通信容量较大、建设速度快、维护方便、费用相对较低、易于跨越复杂地形，拓扑不受一次线路变动影响。其缺点是易受大气、地形因素影响，尤其是高带宽传输的情况下。

基于光纤通信技术不断发展，已有的微波线路不断退出运行。同时随城镇化加速，微波通信经常被阻挡，限制了其在电网中的应用。目前，微波通信在电力通信中主要用作备用通道使用。

---

[1] 姚冬苹，黄清，赵红礼. 数字微波通信［M］. 北京：清华大学出版社，2004。

3.3.4 卫星通信

卫星通信是利用人造地球卫星作为中继站来转发或反射无线电信号，在两个或多个地面站之间进行通信。卫星通信系统的实质是微波通信，它以卫星作为中继站转发微波信号，在多个地面站之间通信。卫星通信的主要目的是实现对地面的“无缝隙”覆盖，由于卫星工作于遥远地球卫星轨道上，因此覆盖范围远大于一般的移动通信系统[1]。1982 年中国建成以北京为中心，连接南宁、广州、成都等地面站的卫星通信系统，成为电力通信系统的重要组成部分，在解决边远地区电力调度通信、数据传输等方面发挥了重要作用。

卫星通信系统一般由空间卫星、网络控制中心站、地面关口站和移动终端站四部分组成，可以划分为空间段和地面段，如图 3.16 所示。其中卫星空间段是整个通信系统的核心组成部分，主要包括空间轨道中运行的通信卫星，以及对卫星进行跟踪、遥测及指令的地面测控和监测系统；卫星地面段则以用户主站为主体，包括用户终端、用户终端与用户主站连接的“陆地链路”以及用户主站与“陆地链路”相匹配的接口。

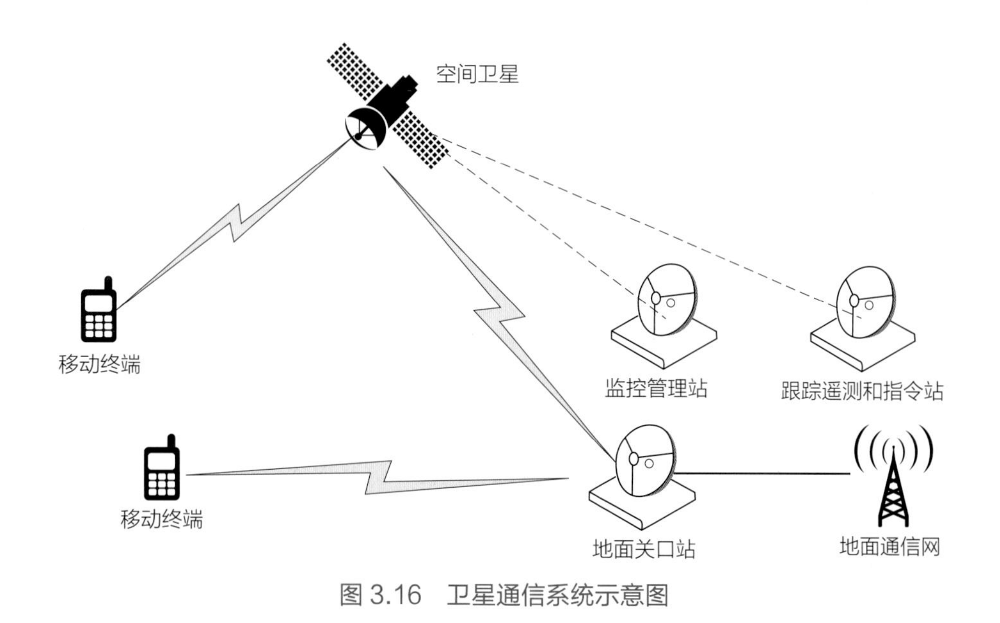

图 3.16 卫星通信系统示意图

[1] 郭庆，王振永，顾学迈. 卫星通信系统［M］. 北京：电子工业出版社，2010。

卫星通信的主要优点包括：① 覆盖范围广，对地面的情况如高山海洋等不敏感，适用于在业务量比较稀少的地区提供大范围覆盖，在覆盖区内的任意点均可以进行通信，而且成本与距离无关；② 工作频带宽，可用频段从 150M～30GHz；③ 通信质量好，卫星通信中电磁波主要在大气层以外传播，电波传播非常稳定；④ 网络建设速度快、成本低，除建地面站外，无须地面施工，运行维护费用低。

卫星通信的主要缺点为：① 信号传输时延大，高轨道卫星的双向传输时延达到秒级，用于话音业务时会有非常明显的中断；② 控制复杂，由于卫星通信系统中所有链路均是无线链路，而且卫星的位置处于不断变化中，因此控制系统也较为复杂。

随着地面通信网络趋于发达以及应用业务对带宽、速度的不断增长，卫星通信作为常规业务的传输载体已不能适应发展的需求。但在应急通信领域，通过对电力卫星通信应用的重新定位与技术改造，先进卫星通信技术将展现出巨大潜力。

3.3.5 总线通信

现场总线是 20 世纪 80 年代中期发展而来的通信技术。随微处理器与计算机功能的不断增强和价格下降，计算机与计算机网络系统得到迅速发展，而处于生产过程底层的测控自动化系统难以实现设备之间以及系统与外界之间的信息交换，成为“信息孤岛”。

安装在制造和过程区域的现场装置与控制室内的自动装置之间的数字式、串行、多点通信的数据总线称现场总线。以现场总线为基础的全数字控制系统是现场总线控制系统（Fieldbus Control System，FCS）。现场总线是用于构建工业环境下运行的、性能可靠、造价低廉通信系统的技术，使现场自动化设备之间形成多点数字通信，满足自动化设备之间、系统与外界的信息交换需求。

现场总线的关键技术是通信协议，由于现场总线技术适应了工业控制系统向分散化、网络化、智能化发展的方向，它一经产生便成为全球工业自动化技术的热点，受到全世界的普遍关注。在不同行业陆续产生一些有影响的总线标准。它们大多在自己公司标准基础上逐步形成，并得到其他公司、厂商、用户以至于国际组织的支持。

现场总线技术打破了传统控制系统的结构形式，采用数字信号替代模拟信号，从传统模拟控制系统采用一对一的控制回路物理连接，转变为一对电缆上传输多个信号，包括多个运行参数值、多个设备状态、故障信号等，同时又为多个设备提供电源。现场总线技术的特点包括：① 具有高开放性、互操作性与互换性；② 全数字化，具有高分散性和可靠性；③ 故障诊断水平高；④ 投资和安装费用低。

未来，随着对现场总线技术的积极研究应用以及工程实践的稳步开展，现场总线技术的优势一定能在数字化发电厂中不断体现，为解决现场监控设备的现代化管理问题，建设真正意义上数字化发电厂迈出关键一步。

3.4 研发方向

自现代通信诞生以来，更大容量、更广覆盖、更低时延、更高安全性就成为通信领域矢志不渝的追求，也是电力通信未来的发展方向。

3.4.1 更大容量

光纤通信自出现以来就发展迅猛，传输带宽基本上按照容量10年1000倍增长趋势进行。以中国光纤通信为例，1982年连接武汉三镇的8Mbit/s工程是第一个光纤通信系统工程，到2017年单波商用系统已达到100Gbit/s，容量增长了1.25万倍。如果算上WDM，商用系统传输容量至少已达到 100×100Gbit/s，过去三十五年增长了 125 万倍[1]。

根据库伯定律，在指定无线电频谱中传输的信息量约每两年半就翻一番。从无线网扩容来看，为满足用户体验速率提高百倍和数据流量提高千倍的目标，需要大幅提高核心网链路容量、无线接入网络吞吐量，通过采用新型多载波、大规模密集天线、新型多址接入和高阶编码调制等技术，不断提高无线传输技术的频谱利用率。通过密集小区部署提升空间复用率、提高频谱利用率和增加频谱带宽，不断提高无线接入容量。

在电力领域，随着通信技术、无线传感计量技术的发展，电力生产、运行、管理、经营等大规模全过程的监测、控制、分析、计算逐步向动态化、在线化、智能化、全过程化转化，将在电力系统各个环节部署更多的信息采集与监测点，网络覆盖面积变大，电力系统核心业务节点数量及业务流量将不断上升。为适应电网发展新需求，数字化是未来发展的必然趋势，包括电网数字化、企业数字化、服务数字化、能源生态字化。数字化要求通信网能够安全、稳定、实时、有效地传递各类信息，这使得电力通信网络数据带宽需求大大增加，如何对电力通信网进行扩容以应对海量的信息处理要求迫在眉睫。另外，IP（Internet Protocol，互联网协议）数据类大颗粒业务直线上升，例如疫情影响下，视频会议业务的大量增加，网络带宽需求的“恒不足”，使得超高速率、超大容量传输成为通信领域矢志不渝的发展目标。大容量骨干光通信网（Optical Communication Network，OTN）建设、宽带无线专网建设也将成为未来电力通信最重要的发展方向。

3.4.2 更广覆盖

5G 时代到来后，数据传输性能已经不再是人们所关注的主要目标，通信领域的发展将向空天地海外太空、全维度感知世界和网络空间不断延伸，为人类

---

[1] 余少华.网络通信七个技术墙及后续趋势初探［J］. 光通信研究，2018（5）：1-7，24。

提供无处不在、无时不在、无人不在和无事不在的信息基础设施。地面移动通信、卫星通信和微波通信等技术相互融合成为未来通信网络发展的趋势之一，以更广的覆盖深度，充分共享毫米波、太赫兹和光波等超高频无线频谱资源，形成一个具备万物群体协作、数据智能感知、安全实时评估和天地协同覆盖的一体化网络。

随着电力系统规模的扩大，建设覆盖发电、输电、变电、调电、配电、用电全程全网的电力通信网络，增大通信网络延伸，是支撑电力系统建设，实现各环节智能化的战略需求。为实现更广的覆盖，电力通信网未来将会是骨干通信以光纤为主，终端接入多种通信方式融合的空天一体化网络，如图 3.17 所示。

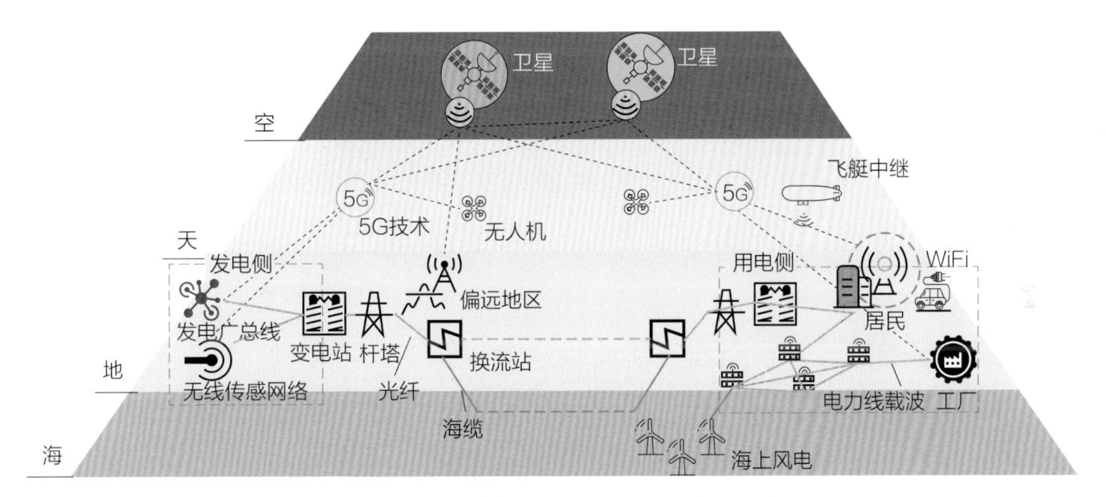

图 3.17 空天地海一体化通信网络示意图

1. 超长站距

随着全球能源互联网战略的实施，作为全球能源互联网骨架的特高压电网以及神经网的智能电网建设需要大容量传输技术的有效支撑。由于特高压输电的特性，交流特高压电网的站距一般在 300～400km 之间，直流特高压联网工程的站距更是高达 1000km 以上，不断发展的电力通信网对无中继光传输系统提出了更高的要求。为了实现大容量的信息传输和更少的中继站建设，需要通过研究新技术来进一步提高系统传输容量、延长无中继传输距离，从而为电力系统的安全、可靠和经济运行提供保障。大容量超长距无中继光传输线路中的无中继设备提高了系统的稳定性和可靠性，特别适用于海底和地理环境比较恶劣的长距离通信场合。因此，研究实用化的无中继超长站距光传输技术，对特高压工程的建设和发展具有非常重要的现实研究意义。

2. 极端环境

此外，随着特高压输电线路在极端气候地区的延伸，OPGW 作为电力系统通信的主要通信载体，需要攻克极寒等诸多难题。在西伯利亚地区测到的历史最低温度为-70℃，而普通 OPGW 仅能保证在-40℃以上温度稳定运行。目前，中国运行温度最低的架空输电线路是 2011 年建成的青藏联网格尔木—拉萨±400kV 直流输电工程，其中沱沱河—安多段地区历史最低温达到-52℃。因此，研究耐极寒的光缆及其配套金具附件也是未来电力通信的发展方向之一。

3. 复杂地貌

虽然目前从传输的稳定性和成本上看，短期光纤通信仍将是电力通信骨干网的主要传输方式，但无线通信也拥有其独有的优势：在地貌非常复杂的情况下，如在河流不断交叉的山区架设电力设备，光纤接入难度和成本将远高于无线通信。此外，输电线路在线监测系统对输电线路通道、微气象、杆塔倾斜、覆冰、导线温度、弧垂等线路情况进行监测，在地貌复杂的区域采用直升机加无人机的巡视手段，利用 5G 网络将高清视频实时回传，结合云端三维建模、全景监视、智能诊断技术和边侧融合终端相关技术可支撑电力远程精细化自主巡检、AI 实时缺陷识别、精准预测事故隐患等输电线路巡检应用需求，提升搜集信息的范围和效率。

3.4.3 更低时延

4K/8K 高清视频、无人驾驶、工业物联网监测与控制、虚拟现实和增强现实等时间敏感业务的出现和发展不仅对通信网络的带宽提出了更高的需求，也对通信系统中的传送时延提出更加严格的要求。低时延已经成为多种通信业务共同要求和通信网络的共同追求。

计算机网络体系采用分层架构，网络功能被解耦并分配在不同层，每一层按照不同的协议实现各自的功能，共同完成数据传输过程。然而，每层协议或功能的完成可能会使应用的时延增加，比如在 TCP（Transmission Control Protocol）中通过重传机制来保证可靠传输，但是这可能会增加数据分组的传输时延，因此低时延的实现需要每一层的努力。通过归纳各协议层次内的主要时延不确定性来源，时延控制可主要划分为光传送层、IP 层和 TCP 层[1]，如图 3.18 所示。

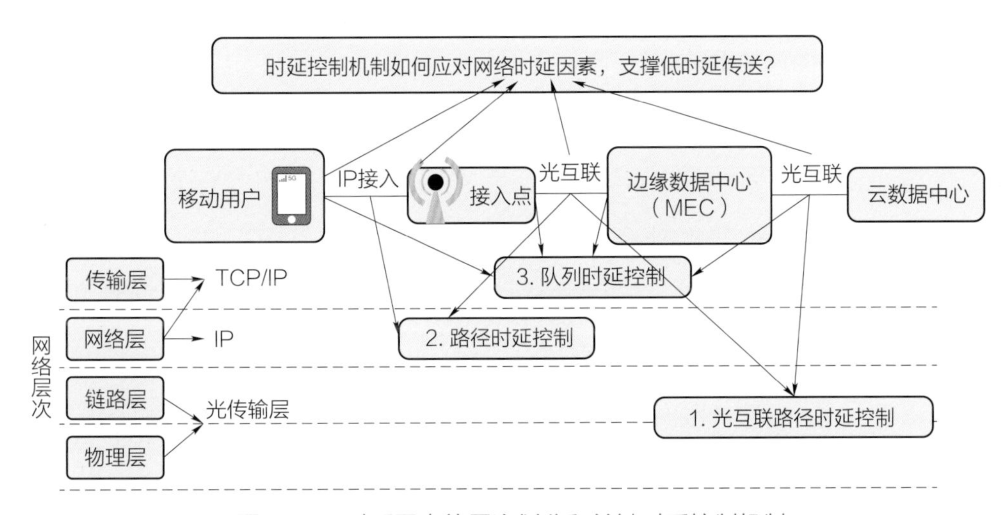

图 3.18 时延因素的层次划分和关键时延控制机制

在光传送层，光网络作为基础设施对时延、能量、频谱效率等多个方面都具有严苛的要求，满足能量、频谱效率等多个性能约束条件下，可计算的时延

[1] 戴正昱．低时延高移动性自组织网络路由技术研究［D］．电子科技大学，2018。

优化是光互联时延的关键控制机制。在 IP 层，业务在网络中受到复杂的路径状态影响，给业务时延带来巨大不确定性，不完备的状态观测将导致不理想的路径选择。确保时间敏感业务的在低时延路径上传送是 IP 层时延控制的关键机制。在 IP 层以上，队列时延控制或者队列管理机制的设计同样面临复杂的环境不确定性问题，时延控制问题产生于 TCP 行为不确定性。结合业务分布并克服 TCP 行为不确定性，成为网络队列时延的关键控制机制。

随着清洁能源发电、新能源汽车、储能技术的不断应用，对电力系统通信提出更高的可靠性和实时性要求。未来针对低时延（或确定性时延）关键技术的研究，可有效降低采集和控制类业务的通信时延，增强电网量测感知能力、提升故障定位与处理效率，拓展面向电力的高可靠低时延控制类业务应用，对配电网故障快速定位处理与保护配合、配电网高级量测、配电网格化实时管控等业务具有重要意义。

3.4.4 更高安全性

随着通信技术的快速发展，与之相伴的信息安全事件也呈现频发之势，深度应用各种信息技术的电力系统将不可避免地遭受信息安全问题的困扰。特别是在当今复杂的网络环境中，电力系统是网络恐怖袭击的潜在攻击目标，有可能造成重大经济损失和恶劣社会影响。在多种电力业务模式中，用户将通过各类公开或通用的信息通信交互方式与电力系统进行交互。同时，恶意攻击者也可以利用更为多样的手段和途径对电力系统进行攻击，造成波及范围更大、后果更为严重的危害。电力系统主要面临以下三大信息安全风险：

1. 控制安全

控制安全的重点是防范对电网计算机监控系统及调度数据网络的攻击侵害以及由此引起的电力系统事故，抵御病毒、黑客等通过各种形式对系统发起的恶意破坏和攻击，防止通过外部边界发起的攻击和侵入，尤其是防止由攻击导致的一次系统的控制事故，保障电力一次、二次系统的安全、稳定运行。控制安全问题是电力系统信息安全防护的首要问题。

2. 信息安全

信息安全的重点是防止未授权用户访问系统或非法获取电网运行和调度敏感信息以及各种破坏性行为，保障电网调度数据信息的安全性、完整性。特别是电力市场系统、电网调度信息披露的数据安全问题，防止非法访问和盗用，确保信息不受破坏和丢失。

3. 应用安全

应用系统的安全是指保证各重要业务系统能不间断提供生产服务，适应电力生产和服务 7×24h 不间断可靠运行特点的要求。应用系统安全的重点是保障电网运行、调度和管理所需的各种关键计算机应用系统 7×24h 不间断稳定、正常运行，防止发生单点故障。应用系统安全主要通过建立系统备份和防病毒系统来实现，这里“应用系统”不但指通常意义的调度自动化系统，还包括电力生产管理系统、营销管理系统以及这些系统长期积累的历史信息等数据库资源系统。

未来，配用电领域新业务的出现使大量智能终端、无线传感器网络的应用给黑客提供了机会，能通过软件操纵和关闭某些信息，而且各种智能逻辑控制设备越来越多，通信层面容易出现漏洞使电网受到攻击，影响通信网的信息安全。因此，未来要充分考虑并采取有效手段保证网络通信的安全性。

3.5 小结

通信技术是电网调度自动化、网络运营市场化的基础，其应用贯穿电力系统各个环节，重点包括发电厂内通信、电力通信网络、用户侧通信三部分。经过多年的发展，发电厂内通信厂级管理信息系统（MIS）、监控信息系统（SIS）和机组级分散控制系统（DCS）、可编程逻辑控制器已全部实现数字化，形成信息共享的数字化网络；电力通信网不仅承担着电力系统的生产指挥和调度，同时也为行政管理和自动化信息传输提供服务，现已形成以光纤通信为骨干、多种通信方式并存的一体化通信网络；用户侧通信完成用电信息采集等单向通信任务，未来随着用户侧分布式电源和电动汽车的接入将承载更多的双向通信功能。

随着通信技术的持续发展，电力通信的关键技术从单一电缆、电力线载波，向微波、卫星通信、光纤、5G 移动通信等领域转变。现代社会的通信网络将向更大容量、更广覆盖、更低时延、更高安全性等方向发展，而先进通信技术的进步也将有力支撑电力通信系统的升级改造。通信技术的具体研发与应用发展方向包括大容量骨干光通信网建设、宽带无线专网建设、空天地海一体化通信网络构建、无中继超长站距光传输技术、确定性时延关键技术研究等。

4 控制（保护）技术

控制科学广泛应用于生产、管理、生活等诸多方面，用以处理单个动态系统，或带有不确定性条件的复杂动态系统[1]。控制技术主要以定量方式描绘复杂系统的结构和性质，并通过控制信号对其产生影响，使其运动状态达到或接近设定的目标。电力系统作为规模最大的复杂动力系统之一，是控制技术的典型应用场景。电力系统保护技术是在电力系统发生故障和不正常运行情况时，用于快速切除故障、消除不正常状况的一种重要的自动化控制技术。电力系统控制和保护为保证电力系统安全稳定运行提供强有力支撑。

4.1 技术现状

控制技术与人类社会发展密切相关，其理论研究和应用已经有将近 150 年历史，大致上可分为三个阶段[2]，即经典控制理论、现代控制理论和智能控制理论。此外，电力系统保护技术也随控制技术进步而不断发展。

4.1.1 经典控制理论[3]阶段

自动控制中一个最基本的概念是反馈，人类对反馈控制的应用由来已久。但直到工业革命时期，英国人詹姆斯·瓦特（James Watt）发明蒸汽机离心飞锤式调速器，解决了在负载变化条件下保持蒸汽机基本恒速的问题，自动控制才逐渐理论化。100 多年以来，随着社会生产力的发展和需要，自动控制理论和技术也得到了不断的发展和提高。20 世纪 30—40 年代，奈奎斯特（Nyquist）于 1932 年提出稳定性的频率判据，伯德（Bode）于 1940 年在频率法中引入对数坐标系并于 1945 年写了《网络分析和反馈

---

❶ 刘豹，唐万生. 现代控制理论. 3 版［M］. 北京：机械工业出版社，2006。

❷ 黄琳. 控制理论发展过程的启发［J］. 系统工程理论与实践，1990，10（6）：17-23。

❸ 王庆林. 经典控制理论的发展过程［J］. 自动化博览，1996（5）：22-25。

放大器设计》一书，哈里斯（Harris）于 1942 年引入传递函数概念，伊文思（Evans）于 1948 年提出根轨迹法，维纳（Wienner）于 1949 年出版《控制——关于在动物和机器中控制和通讯的科学》一书。他们卓越的工作奠定了经典控制理论的基础。到 20 世纪 50 年代，经典控制理论已趋于成熟。

经典控制理论主要用于解决反馈控制系统中控制器的分析与设计的问题。图 4.1 为反馈控制系统的简化原理框图。

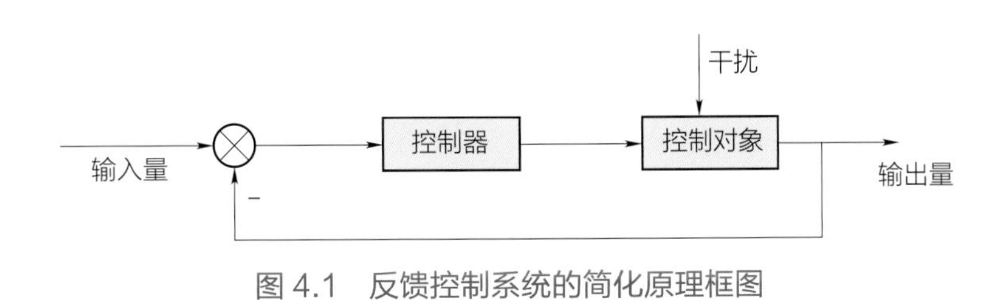

图 4.1 反馈控制系统的简化原理框图

经典控制理论在复数域中对控制系统进行研究和设计，它以拉普拉斯（Laplace）变换和传递函数进行控制建模和分析，并以劳斯（Routh）判据为判稳依据，以 Nyquist 判据、Bode 图和根轨迹法为设计方法。经典控制理论中广泛使用的频率法和根轨迹法建立在传递函数基础上，传递函数只描述了系统的输入、输出关系，没有内部变量的表示。线性定常系统的传递函数是在零初始条件下系统输出量的 Laplace 变换与输入量的 Laplace 变换之比，是描述系统的频域模型。经典控制理论的特点是以传递函数为数学工具，本质上是频域方法，主要研究“单输入—单输出”线性定常控制系统的分析与设计，已经形成相当成熟的理论。典型二阶系统的伯德图如图 4.2 所示。

经典控制理论虽然具有很大的实用价值，但也有着明显的局限性。其局限性表现在如下两个方面：第一，经典控制理论建立在传递函数和频率特性的基础上，而传递函数和频率特性均属于系统的外部描述（只描述输入量和输出量之间的关系），不能充分反映系统内部的状态；第二，经典控制理论原则上只适宜于解决“单输入—单输出”线性定常系统的问题，对“多输入—多输出”系统不宜用经典控制理论解决，特别是对非线性、时变系统更是无能为力。

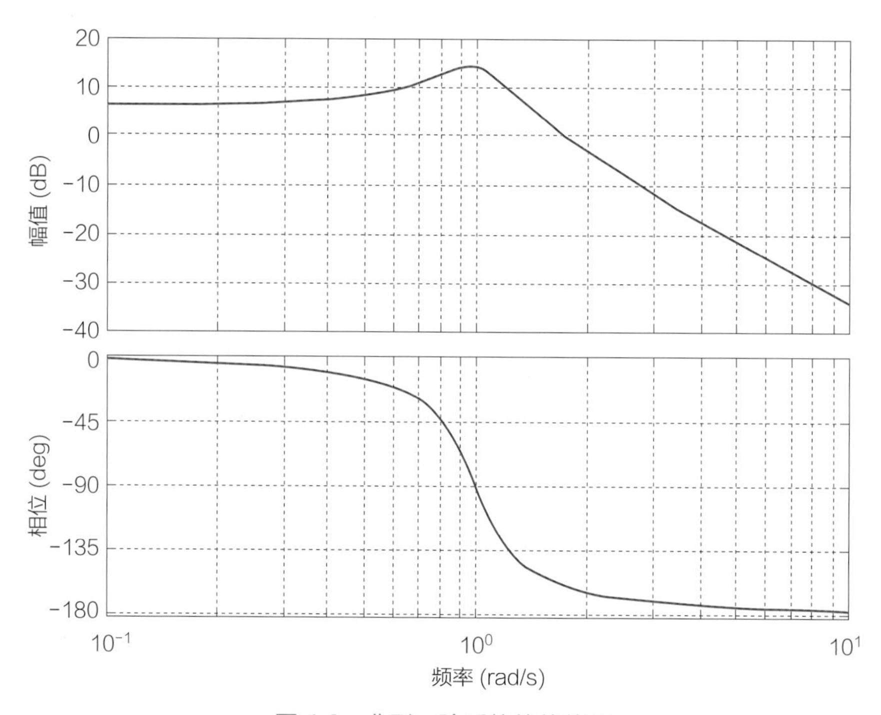

图 4.2　典型二阶系统的伯德图

经典控制理论对电力系统单一输入和单一输出的元件控制十分有效。20 世纪 70 年代以前，经典控制是电力系统控制的主流。

4.1.2　现代控制理论[1]阶段

随着工程控制系统规模以及复杂程度的增大以及对控制精确程度和系统动态品质要求的不断提升，经典控制理论的局限性逐渐显露出来。以电力系统为例，随着电网发展和单机容量增大，经典控制技术不能良好地解决大规模复杂电力系统抑制振荡以及稳态电压精准调节等方面问题。

[1] 王积伟. 现代控制理论与工程［M］. 北京：高等教育出版社，2003。

20 世纪 60 年代以来，电子计算机技术得到迅猛发展，为复杂大规模数值分析提供了技术条件，促进了控制理论朝着更为复杂、更为严密的方向发展。在 Kalman 提出的可控性和可观测性概念以及前苏联学者 Л.С.庞特里亚金（Лев Семёнович Понтрягин）提出的极大值理论基础上，出现了以状态空间分析（应用线性代数）为基础的现代控制理论。现代控制理论最主要的特征是状态空间建模理论与线性代数的数学方法相结合。现代控制理论中引入“状态”这个概念，用“状态变量”（系统内部变量）及“状态方程”描述系统，因而更能反映出系统的内在本质与特性。从数学观点看，现代控制理论中的状态变量法，简单地说就是将描述系统运动的高阶微分方程，改写成一阶联立微分方程组的形式，或者将系统的运动直接用一阶微分方程组表示。这个一阶微分方程组就叫作状态方程。采用状态方程后，最主要的优点是系统的运动方程采用向乘、矩阵形式表示，因此形式简单、概念清晰、运算方便，尤其是对于多变量、时变系统更是明显。对于一个输入为 u，输出为 y，状态为 x 的线性系统，可以用以下的状态空间表示法来表示，即

$$\begin{aligned}\dot{x}&=Ax+Bu\\y&=Cx+Du\end{aligned}\tag{4-1}$$

其中 A，B，C，D 分别为状态矩阵、输入矩阵、输出矩阵和前馈矩阵。该线性系统的状态空间可以用图 4.3 的系统方块图来表示。

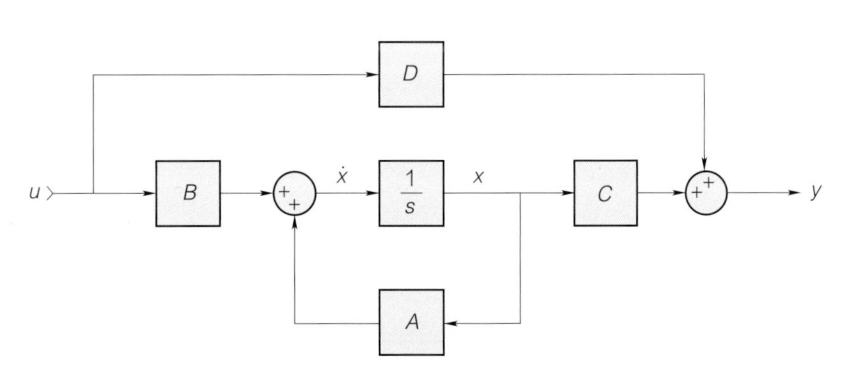

图 4.3　使用状态变量的系统方块图

现代控制理论也称为线性多变量系统控制理论，本质上是一种“时域法”，其研究内容非常广泛，主要包括三方面基本内容：多变量线性系统理论、最优控制理论及最优估计、系统辨识理论。现代控制理论解决了系统的可控性、可观测性、稳定性以及许多复杂系统的控制问题。值得一提的是，现代控制理论体系中的线性最优控制理论得到了快速发展并获得广泛应用。通过给定优化目标，求泛函极值来实现控制性能的优化，并进行泰勒展开取其一次项来在工作点处进行线性化。最优控制依赖确定的数学模型，但环境和被控对象参数不可避免的变化将导致实际系统模型发生变化。因此，在线辨识系统数学模型，并按当前模型修改最优控制律的自适应控制及系统辨识理论也是现代控制理论的研究范畴。

近 30 年来，微分几何与微分对策方法同非线性控制系统的设计问题相结合，形成了非线性控制的新理论体系[1]。意大利罗马大学 A.Isidori 教授曾指出：正如 Laplace 变换、传递函数以及线性代数方法给控制理论在线性系统方面所带来的重大成就那样，微分几何方法引入非线性控制系统，给控制理论带来了突破性的进展。

在非线性最优控制理论中，非线性系统状态反馈精确线性化发展最为迅速且在工程中得到了普遍应用。R.W.Brockett 是精确线性化理论的开创人之一；B.Jakubczyk 等人提出了多输入非线性系统局部精确线性化的充分必要条件；R.Su 等简化了这个充分必要条件。1988 年，程代展在《非线性系统几何理论》一书中进一步系统地总结了精确线性化的条件与算法。在精确线性化理论的应用方面，美国 G.Meyer 将其应用于直升机的自动控制方面；谈自忠等将其应用于机械手控制系统中。中国科学院卢强院士开拓了电力系统非线性最优控制的新领域。根据该理论设计的汽轮发电机汽门开度非线性最优控制律，不仅可以显著改善电力系统小干扰和大干扰稳定性，而且对电力系统发电机失步后的再同步也有明显的控制效果。根据该理论设计的交直流联合输电系统和

[1] 卢强，梅生伟，孙元章. 电力系统非线性控制 [M]. 北京：清华大学出版社，2008。

含静止无功补偿器系统的非线性最优控制律，可显著提高交直流联合输电系统的稳定性。

现代控制理论在实际应用中也遇到不少难题，影响了实际应用效果。其主要原因有：① 这些控制系统的设计和分析都建立在精确的数学模型的基础上，而实际系统存在不确定性、不完全性、模糊性、时变性、非线性等因素，一般很难获得精确的数学模型；② 研究这些系统时，人们必须提出一些比较苛刻的假设，而这些假设在应用中往往与实际不符；③ 为了提高控制性能，整个控制系统变得极为复杂，这不仅增加了设备投资，也降低了系统的可靠性。因此，控制技术需要寻求新的理论方法。

4.1.3 智能控制理论[1]阶段

“智能控制”这一概念于 20 世纪 70 年代初由美国普渡大学电气工程系美籍华人傅京孙教授提出，即将人工智能领域中的启发式规则应用于控制系统。智能控制是在经典控制理论和现代控制理论实际应用中面临着严峻挑战时提出来的自动控制科学新方向，它是人工智能、运筹学、信息论等学科和自动控制交叉的产物。智能控制理论并非代替而只是继承和扩展了以往的控制理论，在面临当代工程系统严峻挑战的同时，也面临着又一个创新发展的良好机遇。

智能控制指驱动智能机器自主地实现其目标的过程，无须人直接干预就能独立实现对目标的自动控制。智能控制理论及系统具有下面几个鲜明的特点：第一，在分析和设计智能控制系统时，重点不在于传统控制器的分析和设计上，而在于智能机模型，不把重点放在对数学公式的描述、计算和处理上（实际上，一些复杂大系统可能根本无法用精确的数学模型进行描述），而是把重点放在对非数学模型的描述、符号和环境的识别、知识

[1] 薛荣辉. 智能控制理论及应用综述［J］. 现代信息科技，2019（22）。

库和推理机设计和开发等上面来。第二，智能控制的核心是高层控制，其任务在于对实际环境或过程进行组织，即决策和规划，实现广义问题求解。第三，智能控制是一门边缘交叉学科，傅京孙教授于 1971 年首先提出了智能控制的二元交集理论（即人工智能和自动控制的交叉）[1]，美国的 G.N.Saridis 于 1977 年把傅京孙的二元结构扩展为三元结构（即人工智能、自动控制和运筹学的交叉），后来中南工业大学的蔡自兴教授又将三元结构扩展为四元结构（即人工智能、自动控制、运筹学和信息论的交叉），从而进一步完善了智能控制的结构理论[2]。第四，智能控制是一个新兴的研究和应用领域，有着良好的发展前景。

自从“智能控制”概念的提出到现在，自动控制和人工智能专家学者已经提出了各种智能控制理论，有些已经在实际生产生活中发挥了重要作用。

4.1.4 保护技术发展历程

电力系统的控制与保护密不可分，电力系统的发展也带动了继电保护技术的进步。自 20 世纪初期到 90 年代末，电力系统继电保护技术的发展经历了电磁式继电保护、晶体管式继电保护、集成电路的继电保护、微机继电保护四个发展阶段。

20 世纪初期，随着电力系统结构日趋复杂、规模持续增大、短路容量不断提升，电磁型继电器开始在电力系统保护中应用，这个时期是继电保护装置技术发展的开端。20 世纪 50 年代，随着晶体管与其他的固态元器件的发展，晶体管式静态继电器开始大量生产和推广。静态继电器具有灵敏度较高、维护简单、速度快、寿命长、消耗功率小、体积小等优点，但也存在容易受外界干扰的问题。

---

[1] 涂象初. 关于智能控制的几个问题 [J]. 科学通报，1991，36（7）：481。

[2] 张钟俊，蔡自兴. 智能控制与智能控制系统 [J]. 信息与控制，1989（5）。

20 世纪后半叶，大规模集成电路技术飞速发展，微型计算机和微处理器普遍应用，极大地推动了集成电路和微机数字式继电保护技术的研发。应用计算机研发的数字式继电保护最早出现于 1956 年，并在之后的几十年得到了快速的发展。当前主要应用的微机保护技术拥有强大的逻辑处理能力、计算能力和记忆能力等，且在传统保护技术基础上增加了故障测距和故障录波的功能，有力支撑了电力系统的安全稳定运行。

4.2 主要应用

电力系统自动化是自动控制技术在电力领域的一种应用形式。电力系统采用各种具有自动检测和控制功能的装置，通过这些装置来保证电力系统安全、可靠、经济运行，提供质量合格的电能。控制技术在电力系统发电、输电、用电各个环节中均有广泛应用。

4.2.1 发电厂控制系统

电力生产是一个复杂的过程。随着科技发展和微机保护技术的进步，电厂电气监控逐步发展为以交流采样、数字通信为主要特点的综合自动化系统。综合自动化系统与电厂内其他生产和管理系统一起实现电厂全面自动化控制，主要包括自动检测、自动保护、顺序控制和自动控制等。其中自动控制系统又称为自动调节，当生产过程不在规定工况下进行时，系统会自动进行调整。火电厂自动控制系统复杂，要对主机和辅助设备同步实现自动控制，工艺不同采用的控制方法也有区别，控制系统的结构也有很大差别。对控制系统分块分区域进行分析研究，可以实现复杂庞大系统的逐个自动控制。

发电机励磁控制（Automatic Voltage Regulator，AVR）是经典控制理论和现代控制理论中的线性最优控制技术及非线性最优控制技术在电力系统中的典型应用。早期电力系统规模较小，设备之间的耦合较少，发电机励磁控制的输入和输出关系对应性好，主要应用经典控制理论实现单变量反馈的控制方式，即采用发电机端电压偏差作为反馈量进行 PID 控制。20 世纪 60 年代末以来，随着电网规模日益扩大，大容量机组不断投运，以及快速、高放大倍数励磁系统的普遍使用，使得低频振荡现象在世界各国大型互联电网中时有发生，严重威胁电网安全。为解决此问题，美国通用电气[1]采用转速偏差作为附加反馈与 AVR 并联，发展出 PSS+AVR（电力系统稳定器+发电机励磁控制）的励磁控制方式，并推出了工业产品。

在实际的电力系统中，励磁系统特别是电压调节器种类繁多，各不相同，故一般系统分析程序中均有多种典型的励磁系统模型供选用。这里仅以一种典型的可控硅励磁调节器的励磁系统为例，介绍励磁系统的总体模型，其系统结构如图 4.4（a）所示。

发电机机端电压 U_t经量测环节后与给定的参考电压 U_{ref}作比较，其偏差进入电压调节器进行放大后，输出电压 U_R作为励磁机励磁电压，以控制励磁机的输出电压，即发电机励磁电压 E_f。为了励磁系统的稳定运行及改善其动态品质，引入励磁系统负反馈环节，即励磁系统稳定器，一般为一个软反馈环节，又称速度反馈。励磁附加控制信号往往是通过 PSS 输出。

各个环节的典型传递函数见图 4.4（b）。量测环节可表示为一个时间常数为 T_R的惯性环节，由于 T_R极小，常予忽略。电压调节器通常可用一个超前滞后环节和一个惯性放大环节表示。超前滞后环节反映了调节器的相位特性，由于 T_B和 T_C一般很小，可予以忽略。惯性放大环节放大倍数为 K_A，时间常数为 T_A。可控硅励磁调节器中，K_A标幺值可达几百，时间常数 T_A约为几十毫秒。励磁机传递函数为一阶饱和作用的惯性环节，对于他励交流励磁机及他励直流励磁机 K_L=l。对于静止励磁系统，则无励磁机环节。励磁负反馈环节放大倍数为 K_F时间常数为 T_F，稳态时 U_F=0，即不影响励磁系统静特性。对于静止励磁系统通常不设置励磁负反馈环节。在实际可控硅电压调节器传递函数中还应考虑

[1] DeMello F P，Concordia C. Concept of synchronous machine stability as affected by excitation control［J］. IEEE Trans on Power Apparatus and Systems，1969，88（4）：316-329。

可控硅元件，输出电压的限幅特性，需补入限幅环节，图 4.4（b）中用 $U_{R,max}$、$U_{R,min}$表示。对于图 4.4（b），当忽略量测环节时间常数，或将之计入调节器总时间常数量，量测环节可简化掉，电压调节器的超前滞后环节一般也予以忽略，相应的传递函数如图 4.4（c）所示。

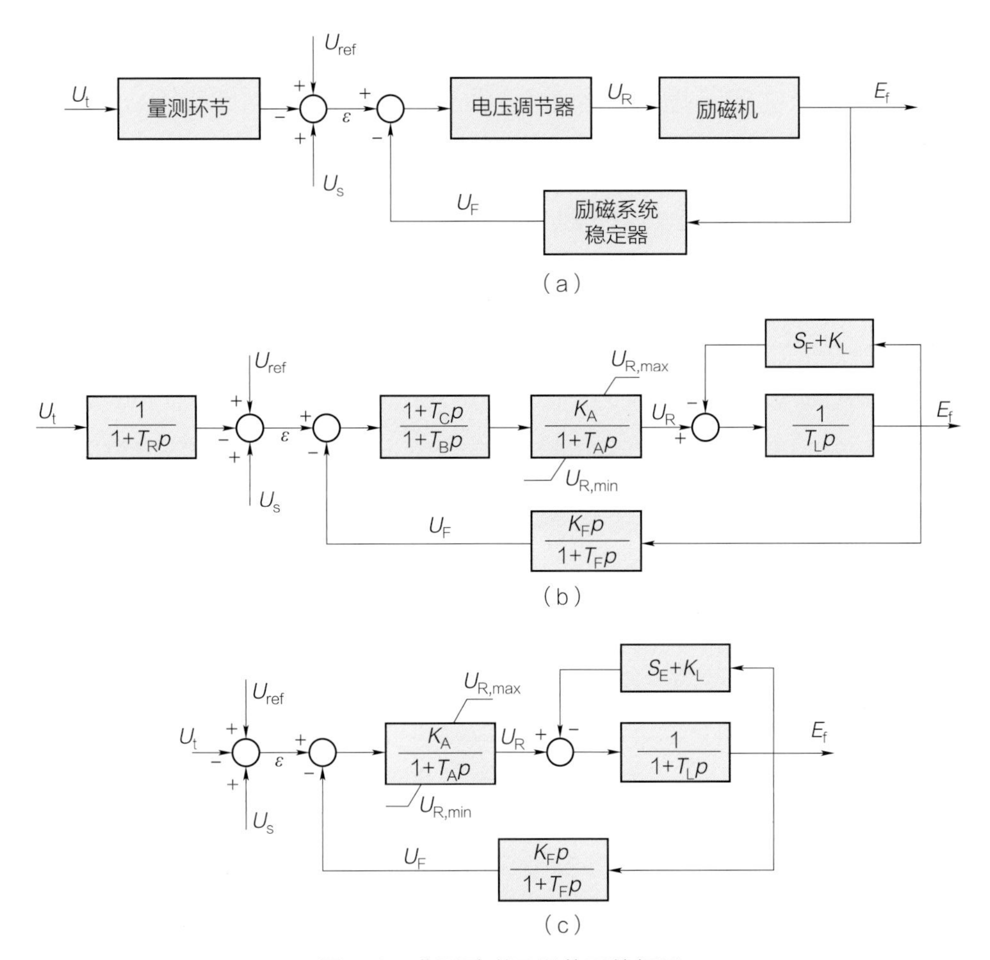

图 4.4　典型励磁及调节系统框图

20 世纪 70 年代开始，随着电力系统规模的不断扩大，采用经典控制技术的发电机励磁控制不能良好地解决大规模复杂电力系统抑制振荡以及稳态电压精准调节等方面的问题。加拿大余耀南教授[1]和中国卢强院士[2]先后提出了发电

---

[1] Yu Y N，Vongsuriya K，Wedman L N. Application of an optimal control theory to a power system［J］. IEEE Trans on Power Apparatus and Systems，1970，89（1）：55-62。

[2] 卢强. 输电系统最优控制［M］. 北京：科学出版社，1982。

机线性最优励磁控制方式（Linear Optimal Excitation Control，LOEC）。LOEC 励磁工业装置已在中国碧口、白山、红石/刘家峡和葛洲坝等水电厂得到推广应用，对提高电力系统的小干扰稳定性有显著的效果。例如 1986 年 9 月东北红石电厂外送 17.5 万 kW 有功即发生低频振荡，而在装设 LOEC 后，极限输送功率即可提高到 22 万 kW。

随着非线性最优控制理论的不断完善，基于微分几何方法的 GEC-I 型全数字式非线性最优励磁调节装置已投运于中国东北、华北电网等数十个发电厂，能够显著提高电力系统暂态稳定性，取得了巨大的经济和社会效益[1]。图 4.5 为 GEC-I 型全数字式非线性最优励磁调节装置原理框图。发电机 G1 的励磁电流由交流励磁机 G2 经过硅整流装置 D1 整流后通过滑环引入，交流励磁机的励磁电流则由交流副励磁机 G3 经可控硅整流装置 SCR 整流后供给。励磁控制器随发电机运行工况的变化而变化可控硅的控制角 α，以改变交流励磁机的励磁电流和端电压，从而起到调节发电机 G1 励磁电流的作用。

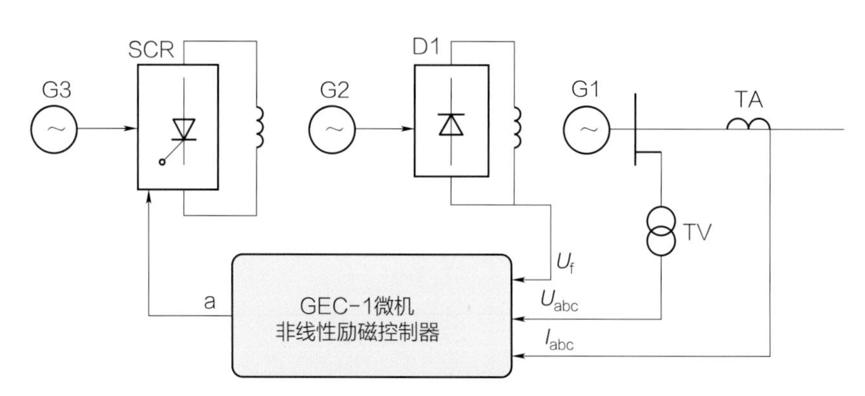

图 4.5　GEC-I 型全数字式非线性最优励磁调节装置原理框图

4.2.2　电网调度控制

电网调度自动化是电力系统运行的支柱之一，是确保电力系统安全、

[1] 卢强，孙元章，黎雄.全数字式非线性最优励磁控制器的原理及应用［J］. 电力自动化设备，1999（2）: 3-5。

优质、经济运行，提高调度运行管理水平的重要手段。在调度自动化功能不断发展过程中，逐渐形成了自动安全稳定控制（Active Stability Control，ASC）、自动发电控制（Automatic Generation Control，AGC）和自动电压控制（Automatic Voltage Control，AVC）三大控制系统为物质基础的电力系统调度自动化控制体系[1]。三大控制系统之间的关系是，ASC重点保障安全稳定，AGC 重点保障频率质量，AVC 重点保障电压质量。实际上，ASC 可认为是动态问题，而 AGC 和 AVC 则属于准稳态问题。ASC 从保障安全稳定角度为 AGC 和 AVC 提出了安全约束范围，AGC和 AVC 则在此范围内，进一步保障频率和电压的质量，在此基础上优化运行的经济性。

1. 自动安全稳定控制（ASC）

自动安全稳定控制系统基于经典控制理论，建立在 SCADA/EMS 之上，它利用 SCADA/EMS 包括遥测、遥控、遥调、遥信之内的软硬件资源开发了稳定控制主控程序，巧妙地将自动安全稳定控制系统嵌入SCADA/EMS 之中，实现了自动安全稳定控制系统与 SCADA/EMS 的一体化运行。

自动安全稳定控制是指以保持电力系统安全稳定运行为目标、同时考虑电能质量和经济代价而采取的控制，可以简称为稳定控制。安全稳定控制装置由五部分组成，分别为检测单元、判断单元、决策单元、执行单元、通信单元[2]。图 4.6 所示为安全稳定控制装置基本原理示意图。

---

[1] 鞠平. 现代电力系统控制与辨识［M］. 北京：清华大学出版社，2015。

[2] 林杰，温欢，李博浩，等. 浅谈电力系统自动化与自动装置［J］. 电气传动自动化，2018，40（6）：38-43。

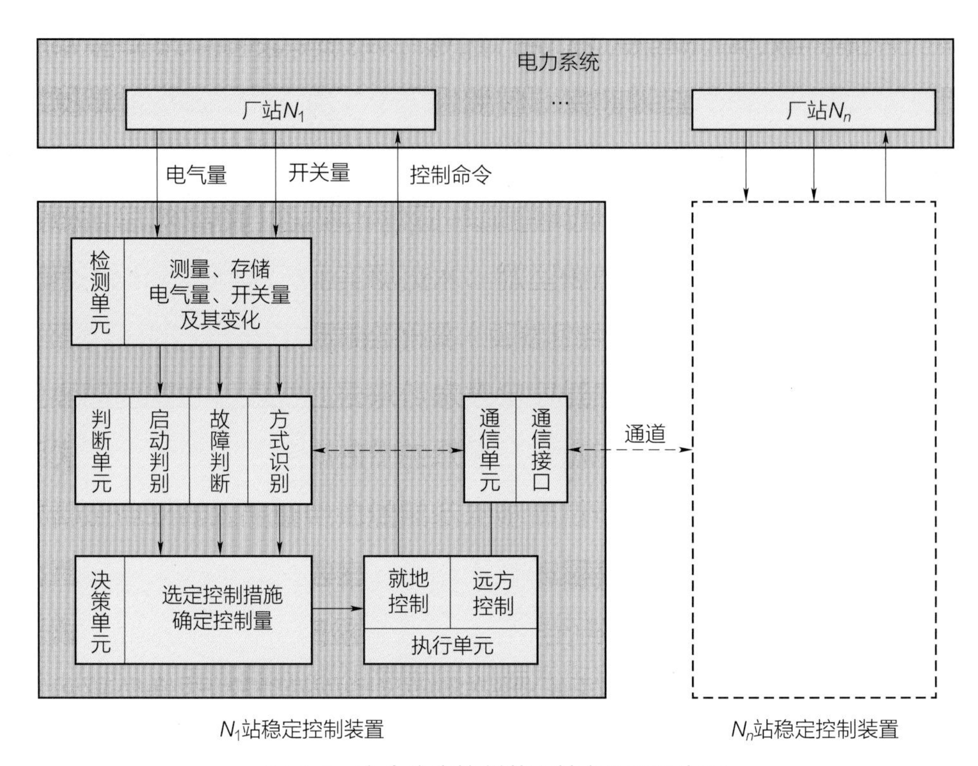

图 4.6　安全稳定控制装置基本原理示意图

在电力系统中使用的安全稳定控制装置，根据功能和控制范围可分为区域型、就地型和其他安全稳定控制装置。

2. 自动发电控制（AGC）

自动发电控制（AGC）是实现电网有功频率控制、维持系统频率质量以及互联电网之间联络线交换功率控制的一种重要技术手段[1]。调度控制中心利用联络线交换功率、系统频率 f 和机组实发功率 P_G 等信息，按照确定的控制策略计算和决定参与 AGC 机组的输出功率，以此来适应负荷波动，实现整个系统的电力供需平衡。自动发电控制是一种闭环反馈控制，属于负荷频率控

[1] 滕贤亮. 基于智能电网调度控制系统的 AGC 需求分析及关键技术［J］. 电力系统自动化，2015，39（1）：81。

制的范畴[1]。

自动发电控制通过一个包含 3 个主要控制环节的闭环控制系统实现，如图 4.7 所示。自动发电控制从 SCADA 获得实时测量数据，计算出各电厂或各机组的控制命令，再通过 SCADA 送到各电厂的电厂控制器。由电厂控制器调节机组功率，使之跟踪 AGC 的控制命令。

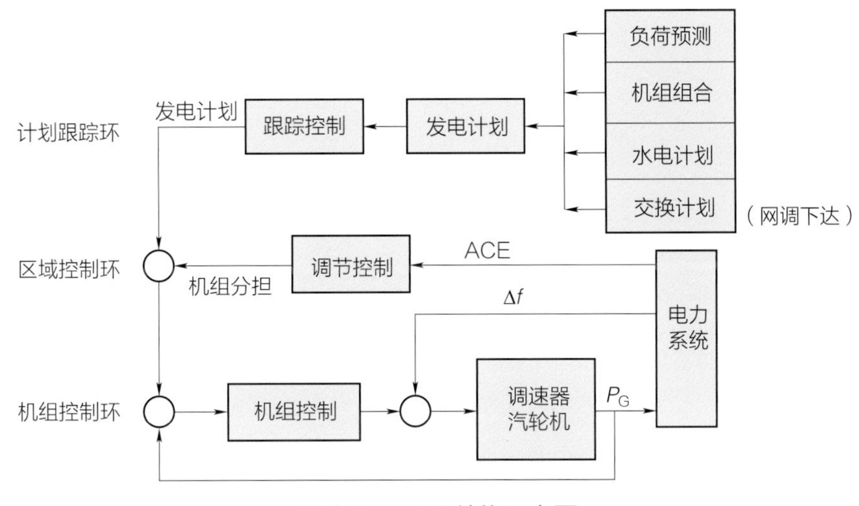

图 4.7 AGC 结构示意图

计划跟踪环位于调度控制中心（例如，中国一般为省级调度）EMS，区域控制环同样位于调度控制中心 EMS，机组控制环位于 AGC 电厂或机组。这 3 个环节是循环的，SCADA 从发电厂、变电站获取实时测量数据，EMS 计算出各电厂或机组的控制命令，再通过 SCADA 发送到各电厂或者直控机组的控制器，最终由控制器调节机组功率。如此循环往复，形成闭环控制，如图 4.8 所示。

AGC 在电网的成功应用，对于减轻调度员和发电厂运行人员的劳动强度，提高联络线交换功率的控制精度，提高电网频率质量等方面发挥了很好的作用，

[1] 颜伟，赵瑞锋，赵霞. 自动发电控制中控制策略的研究发展综述［J］. 电力系统保护与控制，2013（8）：149-155。

并带来良好的经济效益。AGC 已成为调度运行人员必不可少的技术工具，成为保障现代电网安全、优质、经济运行必备的技术手段。

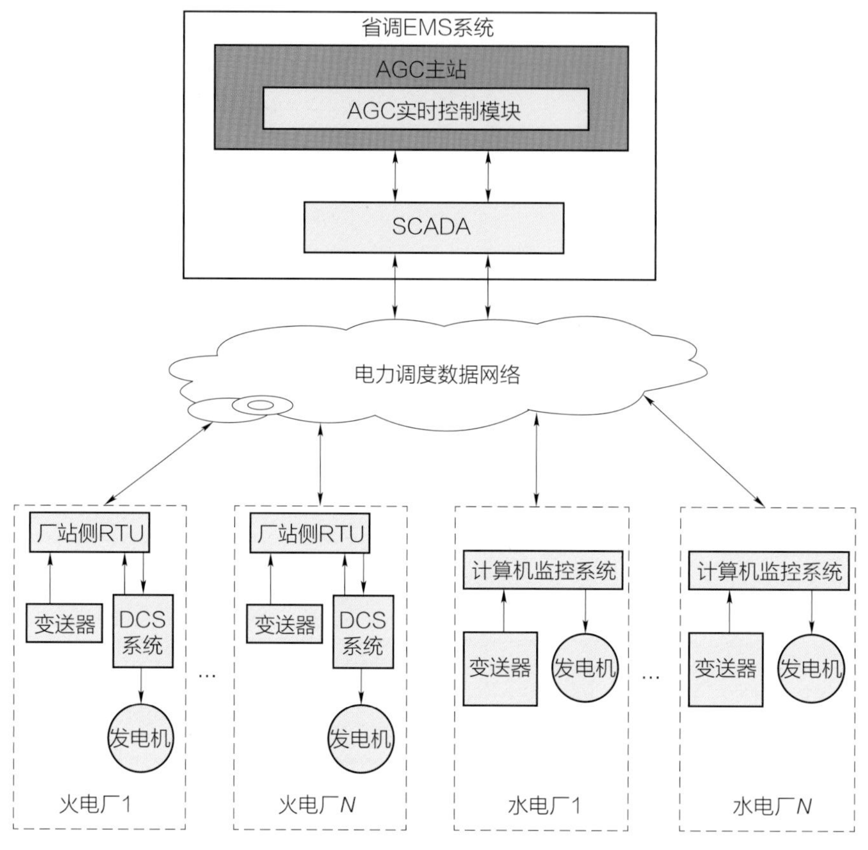

图 4.8　湖南电网 AGC 系统结构图

3. 自动电压控制（AVC）

自动电压控制（AVC）的建设最早在发电侧展开，主要是发电机组的无功调节可以间接作用于发电机励磁系统，易于控制且响应速度快。

在高压交流电网中，由于电抗远大于电阻（$X \gg R$），所以应当避免无功远距离传输，尤其应力求避免无功的过网传输。为此，无功—电压控制的基本要求是尽量就地平衡，在就地平衡无法解决问题时，再分级地实施地区或者系统控制。因此，AVC 通常采用分级控制体系。目前存在 2 种有代表性的控制模式[1]，即两级电压控制和三级电压控制。

两级电压控制模式：一级为基于状态估计，实时运行在 EMS 最高层上的最优潮流（OPF）模块，另一级为各个电厂的控制设备。OPF 用来实现以网损最小为目标的全局无功优化，计算结果直接发到电厂对机组进行控制。这种模式较为简单，投资小，但存在受局部的量测通道影响大、不够稳定，难以对电网安全性进行协调，计算时间长等缺点。

三级电压控制模型：一级电压控制处于最底层，由厂站自动控制装置组成，采用快速闭环控制，响应时间为秒级，其作用是通过保持输出变量尽可能地接近设定值来补偿电压的随机波动。二级电压控制处于中间层，由各分区的控制中心执行，响应时间为分钟级，其作用是按照预定的控制规律协调区域内各个一级控制器的行为，保证枢纽母线电压等于设定值。三级电压控制位于最高层，以 EMS 作为决策支持系统，对全系统进行电压稳定监视和优化控制，响应时间为几十分钟，其作用是协调各二级控制系统，通过优化计算确定各主导节点的电压幅值，以满足电网安全约束、使系统经济运行。AVC 三级控制体系示意如图 4.9 所示。

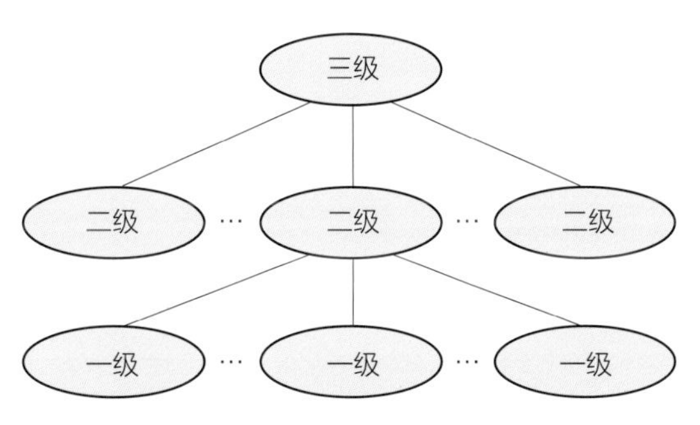

图 4.9　AVC 三级控制体系示意图

全网意义上的 AVC 起步于 1968 年日本 Kyushu 公司，法国 EDF 公司于 1972 年实施了电压分级控制，中国地区级 AVC 最早于 2000 年在泰州电网投

[1] 孙宏斌，郭庆来，张伯明. 大电网自动电压控制技术的研究与发展［J］. 电力科学与技术学报，2007，22（1）：7-12。

运，目前已经在中国 22 个省推广 180 多套[1]。

4.2.3 变电站综合自动化

1. 变电站综合控制

变电站控制系统是电网调度自动化系统的重要组成部分，通过变电站控制系统可以使电网调度中心及时获取厂站的运行信息；同时调度中心通过变电站控制系统把遥控、遥调命令传送到发电厂和变电站，实施电网的安全、优质、经济运行。

变电站控制系统结构基本包括分布式系统结构、集中式系统结构以及分层分布式系统结构。分布式系统结构是将分布式多台计算机单功能设备连接到能共享资源的网络上实现分布式处理。在实际的工程应用中，恶劣运行环境、电磁干扰等因素会威胁分布式系统的可靠性。集中式系统结构中系统的硬件装置、数据处理均集中配置。缺点在于前置管理机任务繁重、引线多，降低整个系统的可靠性；另外仍不能从工程设计角度上节约开支，仍需铺设电缆，并且扩展一些自动化需求的功能较难。

分层分布式系统结构是在结构上采用主从 CPU 协同工作方式，各功能模块之间采用网络技术或串行方式实现数据通信，多 CPU 系统提高了处理并行多发事件的能力、解决了集中式结构中独立 CPU 计算处理的瓶颈问题，局部故障不影响其他模块正常运行。站级系统大致包括站控系统（SCS）、站监视系统（SMS）、站工程师工作台（EWS）以及同调度中心的通信系统（RTU）。分层分布式系统在功能分配上，本着尽量下放的原则，即凡是可以在本间隔就地完成的功能决不依赖通信网，特殊功能例外，如分散式录波及小电流接地选线等功能的实现。

---

[1] 许杏桃，丁晓群. 泰州市城区电网实现无功电压优化运行 [J]. 华东电力，2000（8）：35-36。

2. 变电站保护

与传统变电站相比，智能变电站继电保护采用过程层网络为中心的架构，以 IEC 61850 为通信标准。智能变电站按照功能划分为三层，分别为站控层、间隔层和过程层，两两之间分别构成站控层网络和过程层网络，如图 4.10 所示。对继电保护而言，站控层网络传输整定值、录波文件等，过程层网络传输采样值、开关状态量、跳闸和闭锁信号等。实时性与可靠性是智能变电站继电保护关注的重要性能。

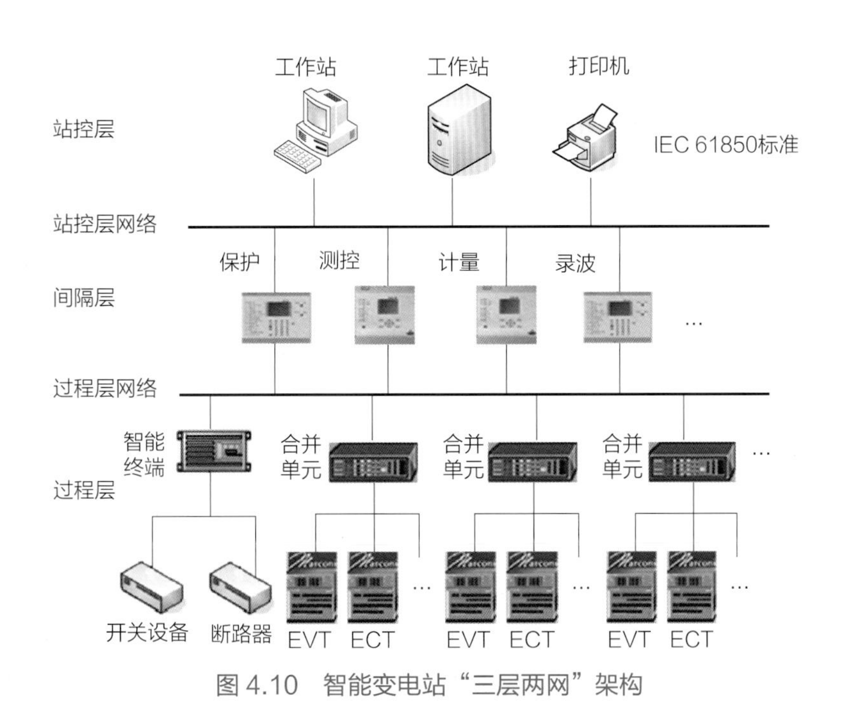

图 4.10 智能变电站“三层两网”架构

IEC 61850 标准是智能变电站继电保护网络与通信遵循的规则。在模型上，以传统继电保护装置功能为单位划分逻辑设备，一个实体设备可包含多个逻辑设备，以基本功能单元划分逻辑节点，如跳闸回路、保护算法、采样值处理等节点；在通信协议上，IEC 61850 按照通信服务的类型及性能要求映射特定通信协议；在数据上，IEC 61850 详细划分继电保护基本数据类，覆盖现有的继电保护使用数据，并提供了扩展数据类的方法。

变电站层继电保护配置和过程层继电保护配置是电网系统中智能变电站继

电保护的两个主要配置部分。变电站一次设备的实际情况是智能变电站过程层继电保护配置的主要依据。主保护配置过程层的快速跳闸是智能变电站过程层继电保护的主要方式，包括对过程层进行母线差动保护、变压器差动保护、线路纵联保护等。为了提高智能变电站继电保护的稳定性，可以简化整个智能变电站的继电保护，把过程层的后备保护功能转移到变电站层集中保护装置的系统之中。

4.2.4 用电需求控制

在用电需求控制方面，能源管理系统（EMS）能够监视、控制和优化发电或输电系统的性能，可以合理计划和利用能源，提高经济效益。

EMS 需要的基本技术涉及多方面，包括负责数据采集与监视控制系统（SCADA）系统、智能电网与智能电能表。另外，需求响应（Demand Response，DR）是需求侧管理的重要技术手段，指用户对价格或者激励信号作出响应，并改变正常电力消费模式，从而实现用电优化和系统资源的综合优化配置，其运行全过程如图 4.11 所示。智能电网的发展给需求响应提供了强有力的技术支持手段，需求响应的作用已扩展到扩大间歇性新能源的接入，提

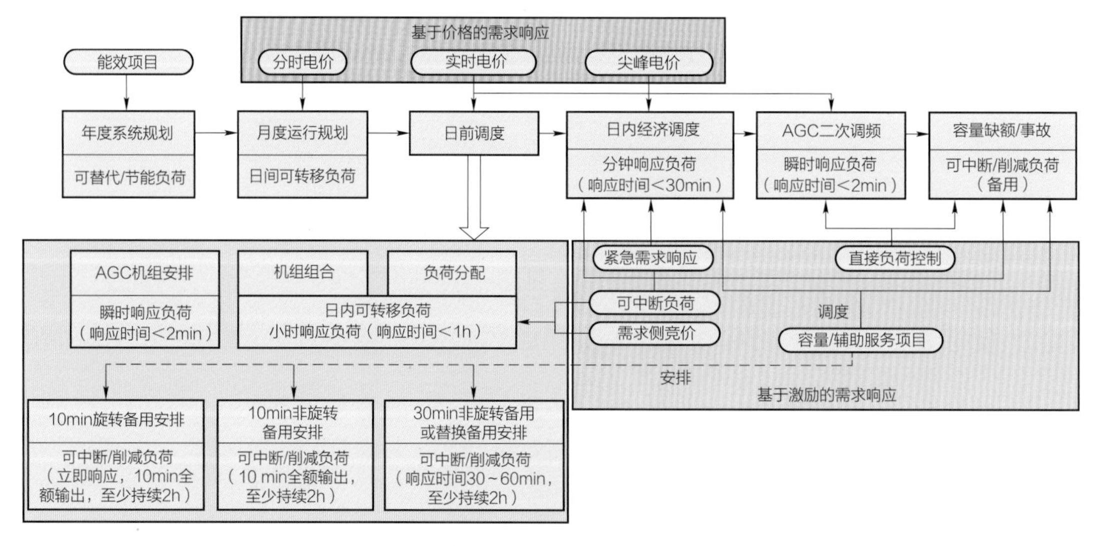

图 4.11 需求响应参与电力系统运行全过程

高系统调峰调频能力，将负荷侧资源纳入常态化的电力系统调度运行中，其物理架构如图 4.12 所示。全自动需求响应（Automated Demand Response，ADR）是通过接受外部信号触发用户侧需求响应程序，从而大大提高了需求响应的可靠性、再现性、鲁棒性和成本效益。

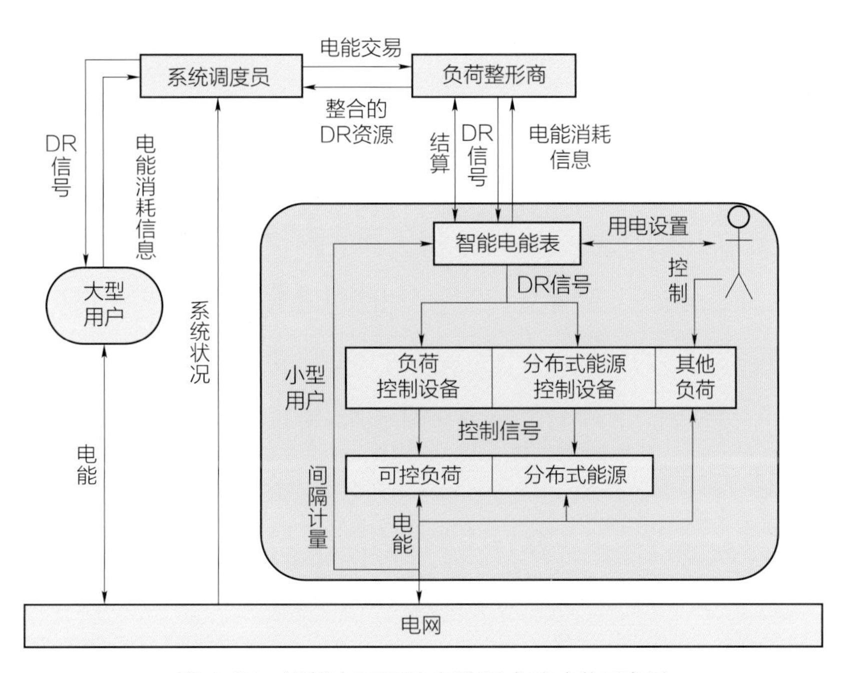

图 4.12　智能电网下的自动需求响应物理架构

ADR 不依赖于任何人工操作，可大大提高需求响应的时效性、可靠性、灵活性和成本效益，从而将需求响应的主要功能从优化电能配置拓展到向系统提供实时辅助服务，真正将需求响应纳入实时调度范畴，充分利用负荷的实时可调节潜力，极大提高系统的新能源接入能力和安全稳定运行能力。

4.3　关键技术

在控制理论发展的三个阶段中，关键技术的研发极大提升了电网运行的稳定性、安全性和经济性，保证了电能质量，对电力系统的发展有着深远的影响。其中，经典控制技术属于经典控制理论阶段；线性最优控制、非线性最优控制及系统辨识是现代控制理论的重要内容；模糊控制、神经网络控制、专家控制及遗传算法都属于智能控制理论发展阶段的技术成果。

4.3.1 经典控制

经典控制作为控制技术的基础，在电力系统自动化中广泛应用。经典控制技术是电力系统发电励磁控制、调度自动化三大控制、自动需求响应控制的基础，在电力系统发电、输电、用电各个环节中均有广泛应用。

经典控制是以 Laplace 变换为分析工具，探讨控制系统的特性及反馈对系统特性的影响。Laplace 变换是针对连续时间信号或系统的频域分析工具，不论系统是否稳定都可以使用。一个定义在 $t \geqslant 0$ 下的函数 $f(t)$，其 Laplace 变换是函数 $F(s)$，是以式（4-2）定义的单方向转换，即

$$F(s)=\int_0^{\infty} \mathrm{e}^{-st} f(t) \mathrm{d} t \tag{4-2}$$

控制理论中常见的目标是要控制特定系统（称为受控体），使其输出可以依照控制信号（称为参考信号，可能是定值或是变动量）。为了实现此目的，会设计控制器来监控输出，并且比较输出和参考信号。实际输出和参考信号的差（称为误差信号）会反馈到控制器中，再由控制器产生受控体的输入信号，使受控体的实际输出接近参考信号。

经典控制理论主要处理线性时不变的单一输入单一输出系统，可以计算系统输入信号及输出信号的 Laplace 变换，而系统的传递函数和输入信号及输出信号的 Laplace 变换有关。

经典控制典型框图如图 4.13 所示，u 为系统输入信号，y 为系统输出，r 为参考值，e 为输出与参考值之间的误差。若假设控制器 C、受控体 P、观测器 F 都是线性，而且是时不变系统（其传递函数 $C(s)$、$P(s)$、$F(s)$ 不会

随时间变化），上述的系统可以用 Laplace 变换来分析，可得

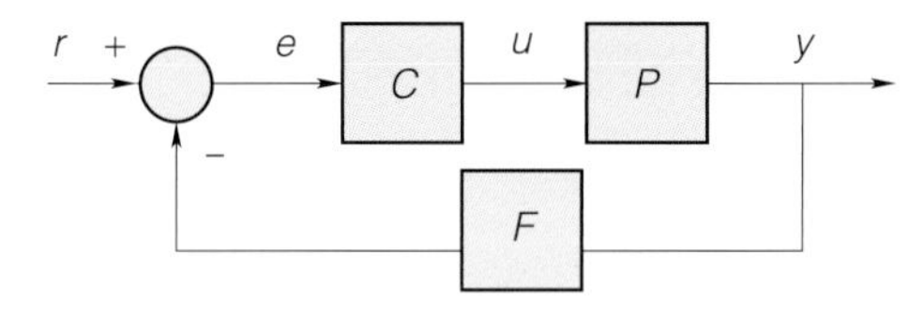

图 4.13 经典控制框图

$$\begin{aligned} Y(s) &= P(s)U(s) \\ U(s) &= C(s)E(s) \\ E(s) &= R(s) - F(s)Y(s) \end{aligned} \tag{4-3}$$

将 $Y(s)$ 以 $R(s)$ 来表示，可得

$$\begin{aligned} Y(s) &= H(s)R(s) \\ H(s) &= \frac{P(s)C(s)}{1+F(s)P(s)C(s)} \end{aligned} \tag{4-4}$$

$H(s)$ 就是系统的闭回路传递函数，其分子是从 r 到 y 的前向（开回路）增益，分母是 1 加上回授回路的增益（称为回路增益）。

4.3.2 线性系统控制

线性最优控制将状态量和控制量的平方和作为性能指标，通过求解黎卡梯方程获取该指标的极值，以实现最优控制。线性最优控制克服了经典控制的局限性，在发电机励磁控制中得到大量应用。

线性最优控制理论在给定的运行方式下，通过小信号分析得到系统状态空间模型，然后利用控制理论中的最优控制方法进行控制器设计。但是，线性最优控制需要精确的数学模型，实际系统中难以得到精确的模型参数，而且在改变运行方式条件下，不能保证控制效果。线性最优控制仍基于系统线性化模型来设计，对于强非线性的大干扰的控制效果不够理想。线性最优控制需要精确

的数学模型，当系统模型具有不确定性时，就不能保证控制器的鲁棒性和适应性。

线性系统的最优控制具有成熟的理论和方法[1,2]，这里简要介绍。对于线性系统有

$$\frac{\mathrm{d}X(t)}{\mathrm{d}t}=A(t)X(t)+B(t)U(t) \tag{4-5}$$

式中：X为 n维状态向量；U为 m维控制向量；$A(t)$，$B(t)$为系数矩阵。

为了衡量系统性能，建立二次型指标为

$$J=\frac{1}{2}\int_0^{\infty}[X^T(t)QX(t)+U^T(t)RU(t)]\,\mathrm{d}t \tag{4-6}$$

其中，Q，R为权系数矩阵，是正定的，而且是对称的。

线性最优控制的目标是，寻找控制规律使上述二次型性能指标最小化。为此，作辅助泛函

$$J^*=\int_0^{\infty}\left\{\frac{1}{2}\left[X^T(t)QX(t)+U^T(t)RU(t)\right]+\Lambda^T(t)\left[A(t)X(t)+B(t)U(t)-\frac{\mathrm{d}X(t)}{\mathrm{d}t}\right]\right\}\mathrm{d}t \tag{4-7}$$

据此写出哈密顿（Hamilton）函数

$$H(X,\Lambda,U)=\frac{1}{2}\left[X^T(t)QX(t)+U^T(t)RU(t)\right]+\Lambda^T(t)[A(t)X(t)+B(t)U(t)] \tag{4-8}$$

---

[1] 卢强．输电系统最优控制［M］．北京：科学出版社，1982。

[2] 王宏华．现代控制理论［M］．北京：电子工业出版社，2006。

建立极值条件

$$\frac{\partial H}{\partial U}=RU(t)+B^{T}(t)\Lambda(t)=0 \tag{4-9}$$

即可得

$$U(t)=-R^{-1}B^{T}(t)\Lambda(t) \tag{4-10}$$

建立正则方程

$$\begin{aligned}\frac{\partial H}{\partial X}&=QX(t)+A^{T}(t)\Lambda(t)=-\frac{\mathrm{d}\Lambda(t)}{\mathrm{d}t}\\ \frac{\partial H}{\partial \Lambda}&=[A(t)X(t)+B(t)U(t)]=\frac{\mathrm{d}X(t)}{\mathrm{d}t}\end{aligned} \tag{4-11}$$

此即为状态方程。

经过进一步推导可得

$$\Lambda(t)=P(t)X(t) \tag{4-12}$$

最终得到使指标泛函 J 为极小条件的控制规律，即线性最优控制

$$U^{*}(t)=-R^{-1}B^{T}(t)P(t)X(t) \tag{4-13}$$

令

$$K(t)=R^{-1}B^{T}(t)P(t) \tag{4-14}$$

则最优控制可写成

$$U^*(t) = -K(t)X(t) \quad (4-15)$$

这里 $K(t)$ 为最优反馈增益矩阵。其中，中间矩阵 $P(t)$ 满足

$$-\frac{dP(t)}{dt} = P(t)A(t) + A^T(t)P(t) - P(t)B(t)R^{-1}B^T(t)P(t) + Q \quad (4-16)$$

若系统是定常的线性系统，即系数矩阵均为常数矩阵，那么 P 和 K 也为常数矩阵，满足

$$PA + A^TP - PBR^{-1}B^TP + Q = 0 \quad (4-17)$$

上述方程称为黎卡蒂（Ricatti）方程。值得注意的是，对二次性能指标如何选择权阵 R、Q 是较困难的一项工作，如选择不同的 R、Q，那么最优控制则与该 R、Q 所确定的性能指标对应。因此，如何恰当地选择权阵 R、Q 是线性最优控制设计中需注意的问题。

在改善电力系统小干扰稳定性及动态品质方面，线性最优控制是目前诸多现代电力系统控制中应用最多、最成熟的一个分支，在远距离输电系统的发电机励磁控制、发电机组快速汽门控制、发电机组的综合控制、发电机制动电阻的最优时间控制等方面取得了一系列的研究成果[1]。另外，最优控制理论在水轮发电机制动电阻的最优时间控制方面也获得了成功的应用。

---

[1] 吴捷，刘永强，陈巍．现代控制技术在电力系统控制中的应用（一）[J]．中国电机工程学报，1998。

4.3.3 非线性系统控制

非线性最优控制借助直接反馈线性化和微分几何等方法，把系统中的非线性因素集中进行反馈补偿实现线性化，进而利用线性控制理论进行控制量的求解，然后得到非线性控制率。非线性最优控制在发电机励磁控制中得到应用并取得优秀的效果，GEC-I 型全数字式非线性最优励磁调节装置已投运于中国东北、华北电网等数十个发电厂，能够显著提高电力系统暂态稳定性。

非线性最优控制问题的数学描述为[1]

$$
\begin{gathered}
\min J=\int_{t=0}^{\infty} L(\boldsymbol{x},\boldsymbol{y},u)\mathrm{d}t \\
\text{s.t.}\ \dot{\boldsymbol{x}}=f(\boldsymbol{x})+g(\boldsymbol{x})u \\
y=h(\boldsymbol{x})
\end{gathered}
\tag{4-18}
$$

上述模型的物理含义是：构造状态反馈控制器 $u=u(\boldsymbol{x})$，使闭环系统 $\dot{\boldsymbol{x}}=f(\boldsymbol{x})+g(\boldsymbol{x})u$ 渐近稳定，同时使性能指标 J 达到最优。首先需要指出的是，性能指标 J 一般是根据工程需求提出的，对于设计一个最优控制系统具有决定性的意义。其次，非线性最优控制问题依赖于求解上述 HJB 方程（动态规划方程，由 Hamilton、Jacob、Bellman 三人提出），而此类偏微分方程在数学上是非常难于求解的。这一事实导致控制器设计时无法得出工程应用和实现所必需的状态或输出反馈律，也是长期以来非线性最优控制难以在理论和应用两方面取得突破的主要原因。

1. 基于微分几何的非线性最优控制

20 世纪 80 年代，微分几何方法与非线性控制系统设计问题相结合，形成

[1] 魏韡，梅生伟，张雪敏. 先进控制理论在电力系统中的应用综述及展望［J］. 电力系统保护与控制，2013（12）：143-153。

非线性控制系统几何结构理论体系，微分几何控制的核心问题是精确反馈线性化[1]，它通过局部微分同胚变换，在满足可控性、矢量场生成、对合性和凸性四个条件下，对仿射型非线性系统构造坐标变换 $z=\Phi(x)$ 以及预反馈 $v=\alpha(\boldsymbol{x})+\beta(\boldsymbol{x})u$，将非线性系统化为 Brunovsky 标准型，即

$$\dot{z}=Az+Bv \tag{4-19}$$

进一步按线性最优控制方法设计预反馈 v，再通过反变换即可得到原系统的非线性控制律。

微分几何方法诞生伊始就受到电力工作者的关注，电力系统固有的非线性特性是促成研究微分几何控制的主要原因，取得了许多有意义的成果。

应当指出微分几何控制理论也有其固有缺陷，在涉及系统的可逆性质和在动态反馈下的结构性质时呈现病态。

2. 基于微分博弈的非线性鲁棒控制

传统的 PID 控制（比例—积分—微分控制）、PSS 和线性最优控制的设计均基于额定工况下的近似线性化模型，因此它们原则上只适用于小干扰稳定问题。根据微分几何反馈线性化方法设计的非线性控制器虽然在改善大干扰稳定方面比线性方法优越，但其建模仍然基于固定的结构和参数，未考虑建模的不准确性和运行中不可避免的外界干扰。这些不确定因素难以用微分方程精确描述。为提高电力系统的鲁棒稳定性，20 世纪 90 年代末非线性鲁棒控制理论开始受到重视，非线性鲁棒控制问题的数学描述如公式（4-20）所示，即

---

[1] Cheng D ，Tarn T J ，Isidori A . Global external linearization of nonlinear systems via feedback [J]. IEEE Transactions on Automatic Control，1985，30（8）：808-811。

$$\min_{u\in L_2}\max_{w\in L_2}\left(\int_0^{\infty}\|z\|^2-\gamma^2\|w\|^2\right)\mathrm{d}t\leqslant 0$$
$$\text{s.t.}\begin{cases}\dot{x}=f(x)+g_1(x)w+g_2(x)u\\ z=h(x)+k(x)u\end{cases} \tag{4-20}$$

非线性鲁棒控制的目标是要构造状态反馈 $u=u(x)$，使得当 $w=0$ 时，闭环系统在平衡点 $x(0)=0$ 处渐近稳定；并且使得系统的干扰 w 与变量 z 之间的 L_2 增益 g_2 不大于给定的正数 γ，即

$$J(w,u)=\int_0^{\infty}\left(\|z\|^2-\gamma^2\|w\|^2\right)\mathrm{d}t\leqslant 0 \tag{4-21}$$

非线性鲁棒控制是微分几何和微分博弈理论的综合和发展，卢强院士[1]考虑了包含干扰的电力系统一般仿射非线性动态模型，进而利用微分几何方法并结合微分博弈理论，提出了反馈线性化 H∞ 设计方法，开发了非线性鲁棒控制器设计的工程实现算法。清华大学梅生伟教授[2]基于 Hamilton 系统理论，提出了电力系统模型的 Hamilton 实现，进一步结合耗散系统理论，给出电力系统镇定与干扰抑制问题的一般解。根据上述理论成果，多种电力系统关键设备工业控制装置应运而生。比如，清华大学根据 SDM 混合反馈方法研制了面向三峡电站的大型水轮发电机水门开度非线性鲁棒控制工业装置，并实现了工程应用[3]。

3. 基于 ADP 的非线性控制

不论是基于变分法和极大值原理的线性最优控制，还是基于微分几何原理

---

[1] 卢强，申铁龙. 非线性 H∞ 励磁控制器的递推设计［J］. 中国科学：E 辑，2000，30（1）：70-78。

[2] Mei S，Liu F，Chen Y. Co-ordinated H∞ control of excitation and governor of hydroturbo-generator sets：a Hamiltonian approach［J］. International Journal of Robust & Nonlinear Control，2004，14（9-10）：807-832。

[3] 桂小阳，胡伟，刘锋. 基于水轮发电机综合非线性模型的调速器控制［J］. 电力系统自动化，2005（15）：18-22。

的非线性最优控制，其分析和设计都建立在精确的系统模型基础之上。由于电力系统的复杂性和不确定性等因素，用于控制的精确模型通常很难获得，此时系统的优化控制则很难实现。鲁棒控制固然在建立数学模型和设计控制规律时积极地考虑了不确定性的影响，然而，鲁棒控制的主要目标是保证在不确定条件下的稳定性，而较少关注控制性能的优化，要取得对较大范围误差的鲁棒性可能会牺牲更精确的控制。这样鲁棒性和控制性能之间的折中就成为控制器设计的关键因素。而目前尚无一般性的解决方法。自适应动态规划（Adaptive Dynamic Programming，ADP）作为一种以 Bellman 最优化原理为基础的先进动态优化理论，和以 Pontryagin 极小值原理为基础的最优控制联系紧密。ADP 使用近似的方法来减小高维对计算所带来的影响，解决了动态规划（DP）面临的“维数灾”问题，从而使将其应用于大规模电力系统优化控制成为可能。ADP 的基本模型可描述为式（4-22）所示的递归优化问题，即

$$
\begin{aligned}
&J^{*}\left(\boldsymbol{x}^{t},t\right)=\min_{u(t)}\left\{r\left(\boldsymbol{x}^{t},u^{t},t\right)+\alpha J^{*}\left(\boldsymbol{x}^{t+1},t+1\right)\right\}\\
&\text{s.t. } \boldsymbol{x}^{t+1}=f\left(\boldsymbol{x}^{t},u^{t}\right)
\end{aligned}
\qquad (4\text{-}22)
$$

ADP 方法主要有如下几方面的优势：第一，ADP 方法在原理上对于被控系统模型没有过多限制，无须知道系统的具体模型，只需要知道系统的输入输出即可。因此，利用 ADP 方法，有可能在模型未知以及各种不确定因素的情况下实现优化控制，并通过在线学习不断调整参数，保证其鲁棒性和适应性。第二，在最优控制律的求解方面，ADP 可以通过近似计算代价函数并通过与系统相互作用实现最优（或近似最优）控制。第三，ADP 方法中控制策略的优化在奖励函数的指导下进行。随着广域测量系统（Wide Area Measurement System，WAMS）技术的发展，更多的广域实时数据可以获得，这使得获取全局意义下的奖励函数成为可能，而基于合理全局指标的多个控制器的控制策略必定是协调的。因此，ADP 方法有望解决现代电力系统优化控制面临的诸如不确定性、优化控制求解、控制协调等

一系列问题。

4.3.4 系统辨识

系统辨识是现代控制理论的重要组成部分。系统通常由表征系统输入输出关系的数学模型来描述，这个模型有其特定的结构和参数。因此，系统辨识就是识别一个系统，包含系统结构辨识和参数估计。系统辨识是控制技术应用的基础，在电力系统发电、调度、配电等环节均能发现系统辨识的过程。

从通俗易懂的角度来理解辨识，其实质就是从一组模型类中选择一个模型（包括模型方程和参数），按照某种准则，使之能最好地拟合实际过程的动态特性。辨识的基本过程如图 4.14（a）所示，即根据系统动态过程的实测数据，不断调整模型参数（甚至模型结构），使模型计算曲线尽量逼近实测曲线，如图 4.14（b）所示。

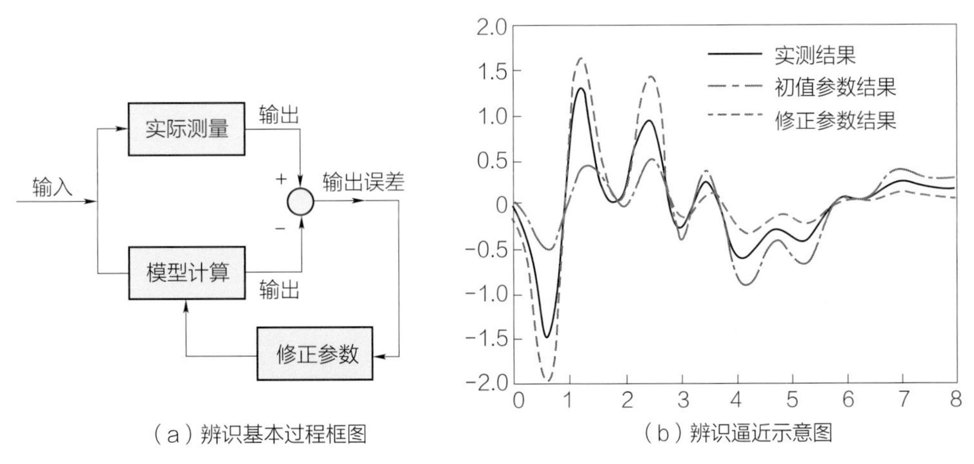

（a）辨识基本过程框图　（b）辨识逼近示意图

图 4.14　系统辨识参数调整原理图

辨识的基本步骤如图 4.15 所示，包括实验设计、数据采集、数据预处理、结构辨识（阶次辨识）、参数估计、模型验证等[1]。

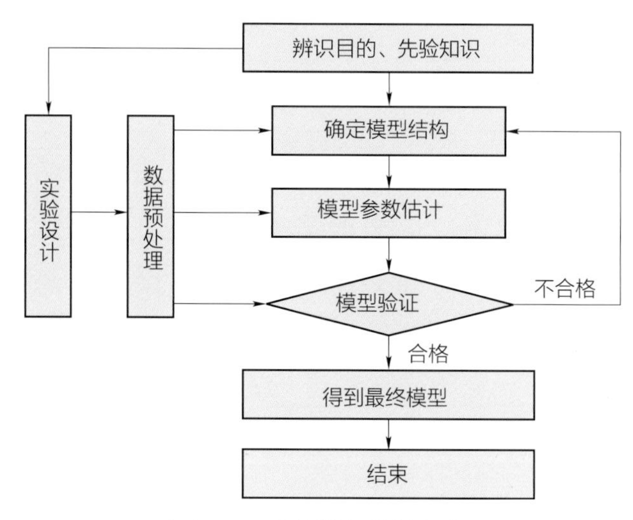

图 4.15　系统辨识的基本步骤

4.3.5　模糊控制

模糊逻辑控制是智能控制的重要组成部分，在智能电网的发展应用中起重要作用。

模糊理论由美国加利福尼亚大学的自动控制理论专家 L.A.Zadeh 教授最先提出，1965 年他在 *Information & Control* 杂志上发表了“Fuzzy Set”（模糊集）一文，首次提出模糊集合的概念，并很快被人们接受。1974 年，英国的 Mamdani 首先把模糊理论用于工业控制，取得了良好的效果。从此，模糊逻辑控制理论和模糊逻辑控制系统的应用发展迅速，展示了模糊理论在控制领域中有着很好的发展前景。模糊逻辑控制现已成为智能控制的重要组成部分。模糊控制利用将被控对象模糊化，与知识库信息模糊对比推理得到相关信息，再进行清晰化处理给控制对象提供控制信息。模糊控制框图如图 4.16 所示，模糊控制特点见表 4.1。

[1] 丁锋. 系统辨识新论［M］. 北京：科学出版社，2013。

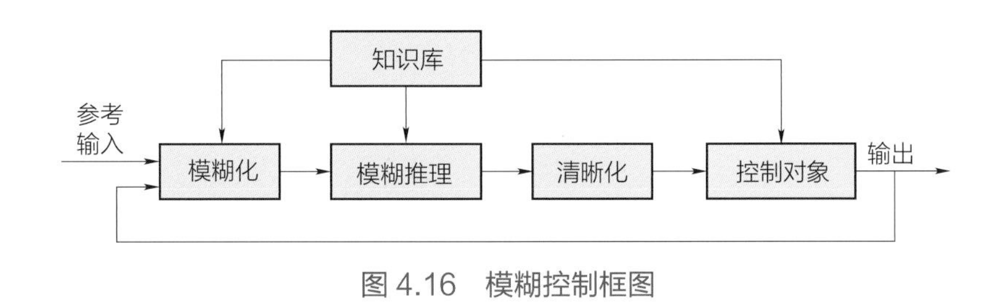

图 4.16　模糊控制框图

表 4.1　模 糊 控 制 特 点

优点	无须精确数学模型
	鲁棒性强
	运用语言变量
	处理过程模仿人的思维
	实时性强
难点	控制精度低
	动态品质差
	无法定义控制目标

4.3.6　神经网络控制

神经网络控制将人工智能引入电力系统中，将在未来智能电网中将发挥重要作用。

1943 年沃伦 • 麦卡洛克(Warren S.McCulloch)和沃尔特 • 皮茨(Walter H.Pitts) 提出一种叫作“似脑机器”(Mindlike Machine) 的思想。这种机器可由基于生物神经元特性的互联模型来制造，这就是最初的人工神经网络概念。随着人工神经网络应用研究的不断深入，新的神经网络模型不断推出，现有的神经网络模型已达近百种。在智能控制领域中，应用最多的是 BP (Back Propagation) 网络、Hopfield 网络、自组织神经网络、动态递归网络、联想记忆网络、Adaline 网络等。神经网络控制包括生物神经网络(Biological Neural Network) 和人工神经网络 (Artificial Neural Network)，人工神经网络是类似于人脑神经突触连接建立模型。神经网络结构如图 4.17 所示，神经网络控制策略特点见表 4.2。

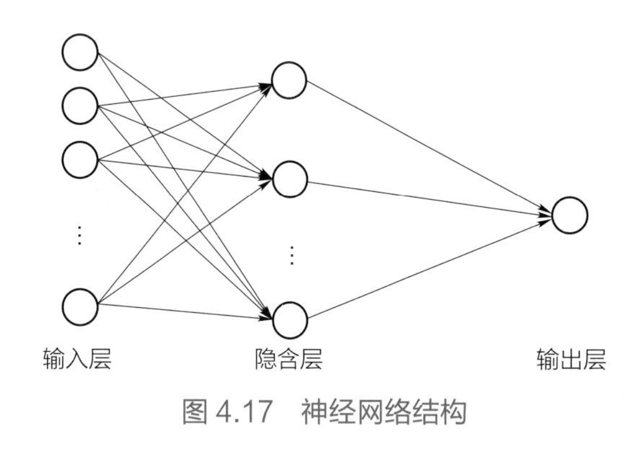

图 4.17　神经网络结构

表 4.2　神经网络控制特点

优点	可以逼近任意非线性函数
	容错能力和数据处理能力强
	具有学习和记忆能力
	适合于多变量系统
难点	系统稳定性
	结构选取难
	优化难
	收敛性问题
	实时性问题

4.3.7　专家控制

专家控制系统是美国费根鲍姆（E.A.Feigenbanm）开创的，将专家的理论和技术与控制理论结合，能够在未知环境下模拟专家智能，实现有效控制，相当于专家亲自到现场解决问题，节约了成本，也避免了专家资源的浪费，在美国智能电网中已经得到了应用。专家系统结构如图 4.18 所示，专家系统控制策略的特点见表 4.3。

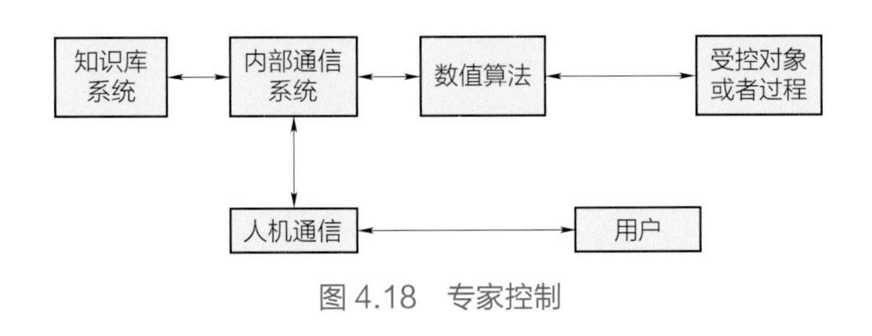

图 4.18　专家控制

表 4.3　专家系统控制特点

优点	启发性强、透明性强、灵活性强
	知识信息处理系统强
	智能逐级升高、精度逐级降低
难点	获得专家知识
	建造通用专家开发工具
	自动更新
	扩充知识
	实时控制
	快速、准确
	稳定性、可控性分析难

4.3.8　遗传算法

遗传算法（Genetic Algorithm）作为一种解决复杂问题的有效方法，最初是由美国密执安大学的约翰·霍兰德（John Holland）教授于 1975 年提出的。遗传算法的基本思想是基于达尔文的进化论和孟德尔的遗传学说。遗传算法通过将问题转换成由染色体组成的进化群体和对该群体进行操作的一组遗传算子（最基本的 3 个遗传算子是复制、交叉和突变），通过“适者生存，不适者淘汰”的进化机制，经过“生成—评价—选择—操作”的进化过程反复进行，直到搜索到最优解为止。遗传算法的特点见表 4.4。当前，遗传算法用于自动控制主要是进行系统参数辨识、控制参数在线优化、神经网络中的学习等，是智能电网建设中不可或缺的一部分。

表4.4 遗传算法特点

优点	只对参数的编码进行操作
	遗传算法从多个初始点开始操作，更有可能求得全局极值
	对问题的依赖性小
	搜索效率高
	不用限制待优化问题
	具有隐含并行性特点
	遗传算法更适合大规模、复杂、高度非线性问题的优化
难点	编码不规范及存在表示不准确性问题
	单一的遗传算法编码不能全面地将优化问题的约束表示出来
	效率比其他传统优化方法低
	容易过早收敛

在智能控制理论的应用方面，中国北京科技大学将智能控制理论中的专家控制、模糊控制及神经网络控制应用于电机调速系统，验证了智能控制能够解决传统 PID 控制器所不能解决的问题。河海大学将智能控制理论应用于水轮机调节系统，并提出智能控制技术作为水轮机调节系统的一种新型控制技术必将朝着综合化、集成化的方向发展。

4.3.9 广域保护

电力系统的发展对继电保护不断提出新要求，微处理技术的发展为新型微机型保护的开发和完善创造了良好条件。然而现有的微机型继电保护大部分仍采用离线整定方式，在目前电网结构日益复杂、运行方式灵活多变的背景下，无法保证定值性能始终处于最佳状态。

针对微机型继电保护存在的固有缺陷，加之光纤通信、广域同步测量以及新传感技术等的出现和发展，国内外学者相继开展了非就地继电保护原理和技术方案的研究工作，如：广域保护，系统保护，集中式保护等。其中，基于 WAMS 的广域后备保护理论得到快速发展，相继提出了基于电流差动原理的广域保护、基于纵联比较原理的广域保护和基于专家系统集中决策的广域保护等新方法。广域保护利用广域共享信息，实现对故障进行快速、可靠和精确的切除，同时能对切除故障后或经受大扰动的系统进行在线实时安全分析，必要时采用适当的措施防止系统发生大范围或全系统停电，使得继电保护得以突破传统保护的瓶颈，实现跨越性发展。与此同时，随着继电器平台信号处理能力的迅速增长，以及多种通信技术及方案的可利用性，针对智能变电站，衍生出站域保护的概念。站域保护的面向对象集中在站内变压器、母线等电气元件，而非面向于涵盖多个变电站及输电线路的电网区域，相对广域性质来说，所需的信息量比较有限，其动作处理及运行策略构建的复杂程度相对要低，更易于推动工程实用化进程。站域保护能够获得更多的信息，从全站的层面定位故障，简化保护在动作时间上的配合，并且提高保护的选择性和可靠性，有利于智能化的保护决策和稳定控制，有利于系统的管理和安全运行。

通信网络的建设是实现站内、站间及站域—广域信息交互的基础，为广域保护系统服务的电力通信系统需要满足广域保护信息传输的实时性和可靠性的要求，其动作时间能够做到比传统后备保护短，可能的范围在几十到上百毫秒之间。广域保护系统的通信过程十分复杂，并且在不同系统结构的广域保护系统中，通信模式一般不同。分布式结构中，单个保护 IED 需要采取一对多的通信模式，成百上千的保护 IED 间形成的是多对多的通信模式。广域集中式结构中，广域保护决策设备要采取一对多的模式与大量的保护 IED 交换实时信息。变电站集中式结构中，站级广域保护决策设备间是多对多的通信模式，变电站集中式结构对通信通道数量上的需求也相应减小。分层集中式结构比变电站集中式结构增加了变电站广域保护决策设备与区域广域保护决策设备间的通信过程，通信需求相应增加。

随着电网的发展，为了实现电力系统运行与控制信息的高度共享，电力系统通信网络有向信息综合化传输发展的趋势。因此，智能电网体系结构下的电力通信系统将具有以下特征：充分利用现有通信系统，将可以利用的微波、光纤、电力线载波等通信方式整合成统一的网络平台；使用统一开放的网络协议，不同通信方式网络上的通信遵从共同的标准；实现广域多维信息运行于同一电力信息专用网络平台。

4.4　研发方向

未来，控制技术在电力系统中应用面临的主要问题与挑战是电力系统的“双高”特性。

高效消纳、安全运行和机制体制变革是高比例清洁能源发展带来的三大挑战。同时，电力电子技术在发电、输电、变电、配电、用电等电力系统各环节大量应用，使得原本可控性较低的电网逐渐“柔性化”，推动电力系统进入灵活化、智能化、可控化时代。电力电子装置在电力系统中所占比重日益增加，将使得电网稳定形态更加复杂，除频率、电压问题更加严重外，还会产生各种宽范围频率的振荡问题，综合控制难度更大，对控制技术提出了更高要求。

4.4.1　随机最优控制

以风电和光伏发电为代表的新能源规模化开发、使电力系统的结构形态、运行特性与控制方式产生了重大变化，构建以新能源为主体的电力系统对电网的运行控制水平提出新的要求。风能和太阳能具有随机性、间歇性和反调峰特性，随着新能源渗透比例的不断提高，其随机特征越发明显，基于定参数的控制难以满足电网要求。某风电场中某风电机组在两不同时间的实测风速序列如图 4.19 所示。

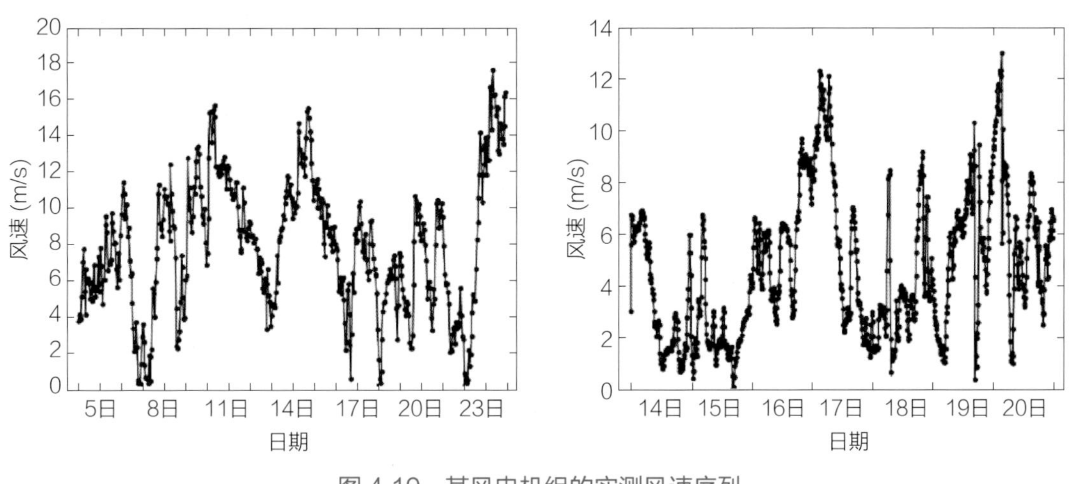

图 4.19 某风电机组的实测风速序列

随机最优控制（Stochastic Optimal Control）是指选择控制变量，使随机系统某个性能指标达到最优的控制，比如随机控制系统的某个性能指标泛函取极小值的控制。在新能源随机大幅度波动情况下，适应全工况下的随机最优控制将为随机波动环境下的电力系统安全稳定运行提供技术保障。以风电系统为例，可以采用叶尖速比和风能利用系数等指标来衡量随机最优控制的效果。若在随机风速变化情况下，风力发电系统的叶尖速比和风能利用系数能够持续保持在随机最优控制的最优值附近，则说明控制效果优秀，可以实现最大风能捕获。

4.4.2 测—辨—控技术

在大数据时代，从海量历史数据中挖掘有价值的知识与信息，通过智能算法对多变量系统进行模型辨识，即模型—数据双轮驱动已成为研究的热点。系统分块、数据分布处理、快速局部子系统辨识与慢速总系统协调辨识可能会对减少这类系统的辨识复杂性有帮助。

中国工程院院士李立浧在“2018 盐城绿色智慧能源大会”上提出的“透明电网”方向，通过信息技术、计算机技术、数据通信技术、传感器技术、电子控制技术、自动控制理论、运筹学、人工智能、互联网等技术的综合运用，使电网运行透明、可观可测。在“透明电网”中，电网的运行数据可以通过在电网中密集分布的传感器广泛收集，包括同步测量的电气量信息以及逻辑量信息，此为测；通过测量得到的海量实时数据，对系统模型或者系统态势进行实时辨识，此为辨；通过辨识得到的系统全模型或全状态，实现系统全局优化控制，以提升系统的整体安全性，此为控。

通过与先进深度传感设备、高速宽频带的通信系统以及大数据挖掘等技术的深度融合，充分挖掘一次设备的灵活、可控资源和二次控保设备的协同作战能力，电力系统控制技术必将摆脱局部性、非线性、时变性的桎梏，实现全系统、大范围、多目标的系统优化实时控制。

智能电网最为突出的功能是系统的自愈功能，这项功能的实现是把智能控制理论（如模糊控制、专家系统、神经网络控制、遗传算法等）与先进的自动化系统和设备相结合，对电网中各组成元件以及网络自动地采集、检测、分析、决策和操作，使电网像一个免疫系统一样运行，保证电网正常、安全、稳定地运行。

4.4.3 广域控制技术

电力系统在本质上是一个广域系统，其稳定运行问题实际上是系统在当前运行状态下的稳定运行问题，需要不断获得的实时数据实时制定保护控制策略。广域控制利用广域测量系统（WAMS）获取的广域数据，在线分析电力系统安全稳定性，通过优化控制决策，并通过可靠的通信系统将控制命令传送到分层分散的控制装置加以执行。

近年来，WAMS 日益完善，为电力系统安全稳定控制技术的发展带来了新的契机。WAMS 是新一代电力系统的测量系统，可提供大量的同步相量数据，为电力系统的监测与控制带来了新发展。WAMS 的概念在 20 世纪 90 年代初由美国的 Phadke 教授等提出，最早应用于美国西部电网，在 1996 年大停电过程的重现和分析中发挥了重要作用[1]。中国应用最广，其 500kV 及以上主网节点、部分重要 220kV 节点及重要的发电厂都已安装了 PMU（Phasor Measurement Unit，同步相量测量装置）。但至今，大多限于显示同步的动态数据、仿真校核和监测低频振荡。探索性的应用只限于参与状态估计（西班牙电网）、识别扰动、解列电网并减负荷（法国 EDF），广域电力系统稳定器的研究（加拿大魁北克水电），尚未在电网在线动态分析和控制中充分发挥效果[2]。

作为 WAMS 的重要应用之一，广域控制系统（Wide Area Controlling System，WACS）的设计及其应用是近年来的研究热点[3]。广域闭环控制系统的主要特征有两点：一是“广域”，其反馈信号由 WAMS 提供，来自于其他区域，由电力系统通信网络经过长距离（通常为几百甚至上千千米）传输而来；二是“闭环”，其控制指令是由反馈信号计算得出的连续控制信号，控制信号直接下达至 WACS 的执行器，执行器将控制信号输出至电力系统的控制器（如励磁控制器等）实现闭环控制。

WACS 系统是由美国 BPA 公司、Ciber Inc.以及华盛顿州立大学共同研制开发的，目前已经进入离线运行阶段。WACS 系统有 Vmag 与 VmagQ 两套算法。其中：Vmag 通过由 PMU 采集到的系统中 7 座变电站中的 12 个电压值经过加权平均得到电网的运行电压，然后根据得到的值确定相应的切机、切负荷、串/并联电容无功补偿投切等控制方法来改善系统的功角稳定性及系统阻尼；VmagQ 在 Vmag 的基础上增加了 15 个发电机的无功功率值，同样加权平均后根据得到的值确定相应的控制策略。

---

[1] Phadke，A. G . Synchronized phasor measurements in power systems [J]. IEEE Computer Application in Power System，1993，6（2）：10-15。

[2] 张放，程林，黎雄. 广域闭环控制系统时延的测量及建模（一）：通信时延及操作时延 [J]. 中国电机工程学报，2015，35（22）：5768-5777。

[3] 交直流并联大电网广域阻尼控制技术理论与实践 [J]. 南方电网技术（4）：13-17。

WACS 的实现分为集中式和分布式两种，分布式控制器安装在各控制点[1]，集中式控制器安装在调度控制中心。集中式广域闭环控制及信息流如图 4.20 所示，其中的主要设备有 PMU、广域网络控制服务器（Wide Network Control System，WNCS）和网络控制单元（Network Control Unite，NCU），分别对应控制系统中的传感器、控制器和执行器。

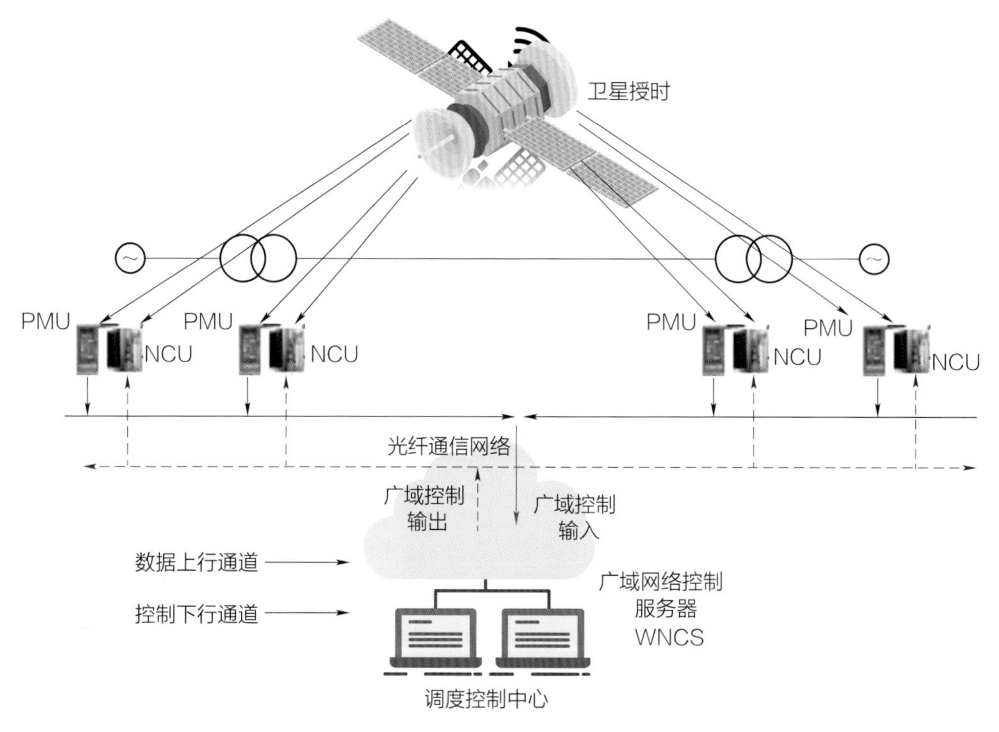

图 4.20　WACS 架构及信息流

除上述主要设备外，高速通信网络也是广域闭环控制系统的重要组成部分。PMU 至 WNCS 的数据上行通道和 WNCS 至 NCU 的控制下行通道均以 SPDnet 为载体，数据上行通道即为已有的 WAMS，控制下行通道则需要通信网络将其作为新任务开通相应服务。目前中国电力调度数据通信网大多采用统一的 IP 协议，以屏蔽各种物理网络技术（如以太网、ATM 及 SDH 等）的差异，实现异种网络互联[2]。

---

❶ 江全元，张鹏翔，曹一家. 计及反馈信号时滞影响的广域 FACTS 阻尼控制［J］. 中国电机工程学报，2006（7）：82-88。

❷ 辛耀中，卢长燕. 电力系统数据网络技术体制分析［J］. 电力系统自动化，2000，24（21）：1-6。

WACS 的实质是基于响应信息的安全稳定控制，通过跟踪故障发生后故障演化的响应信息，以捕捉系统关键动态特征并对系统稳定情况进行判定，当判定系统发生暂态失稳后实施响应控制。与传统预案式控制相比，基于响应的安全稳定控制无须预设运行方式及故障集合，并减少了对系统模型结构和参数的依赖，是更加理想的控制模式。

在世界范围内，WAMS 技术引起越来越多的关注，当从 PMU 数据中挖掘深层次信息、知识和智慧的核心技术取得突破后，广域测量系统（WAMS）、广域预警系统（WAAS）和广域控制系统（WACS）的应用将突飞猛进。其中，WAAS 在 WAMS 基础上实现安全分析、态势预测和风险预警功能；WACS 在 WAMS 和 WAAS 的基础上实现设备保护、系统保护和其他自动控制的功能[1]。

4.4.4 保护控制协同技术

随着电网复杂度的增加，其故障形态也更加多样化，不可预测。电力系统控制的本质是应对系统扰动，而故障是电力系统中常见的扰动形式。高比例电力电子装备接入电网对保护控制的快速性和协同提出更高的要求，单点单信息的保护和控制已难满足可靠性和灵敏性的要求。因此，发展保护和控制之间的协同技术是保证电网安全的必要举措。

站域以及区域保护控制信息成为控保协同技术的先决信息条件。区域保护控制协同技术的主要特点是区域电网信息的交互与共享，控制保护功能的集成与协调，电网事故的快速处理与自愈控制，涉及信息通信、电气自动化、继电保护与自动控制等多个学科及专业，包含信息交互、快速后备保护与自愈控制等关键技术。区域保护控制协同系统并非简单将现有控制、保护功能进行集成，而是站在电力系统的角度，对保护判据、控制策略进行分析和评估，改善保护性能，优化控制策略，分层分步地实现电力系统扰动状态下的快速处理与自愈。

[1] 薛禹胜，徐伟，万秋兰. 关于广域测量系统及广域控制保护系统的评述［J］. 电力系统自动化，2007，31（15）：1-5。

未来，站域分布式保护主保护可以达到毫秒级，近后备保护达到全线速动，远后备保护动作时间将缩短至 0.5s 以内。

4.4.5 系统保护

随着风电和光伏等新能源并网容量持续增长，全球主要国家和地区的电网格局与电源结构发生重大改变，电网运行特性将发生深刻变化[1]。基于传统交流系统形成的认识方法、防御理念、控制技术已滞后于特高压交直流电网运行实践，保障电网安全的防控技术与电网运行新的特征已不相适应。为此，中国国家电网有限公司研究了高可靠性、高安全性的保护控制技术，构建了大电网安全综合防御体系，即“系统保护”，综合利用全网各种可控资源，减小大功率冲击下的系统频率、电压波动，阻断连锁故障路径，降低稳定破坏风险，保障电网安全运行。

系统保护实现了电力系统三道防线的体系重构和升级[2]。系统保护通过解列、切机和切负荷等措施来提高系统在故障后的稳定性。系统保护与传统三道防线的关系如图 4.21 所示[3]。

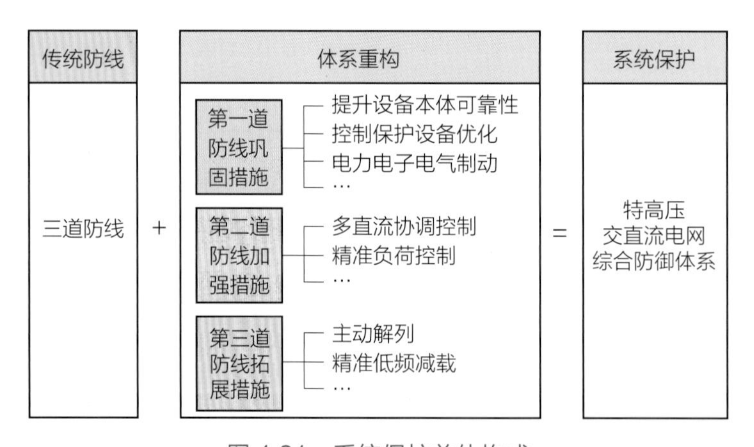

图 4.21 系统保护总体构成

❶ 罗亚洲，陈得治，李轶群，等. 华北多特高压交直流强耦合大受端电网系统保护方案设计［J］. 电力系统自动化，2018，42（22）：11-19，68。

❷ 薛禹胜，雷兴，薛峰，文福拴，G.Ledwich.关于电力系统广域保护的评述［J］. 高电压技术，2012，38（3）：513-520。

❸ 陈国平，李明节，许涛. 特高压交直流电网系统保护及其关键技术［J］. 电力系统自动化，2018，42（22）：2-10。

未来，随着电网侧一体化、源荷侧不确定性、电力电子设备广泛接入等特征的持续深化，以大电网安全稳定运行为中心的系统保护思维和举措需要不断深入研究并落实，力求实现实时分析系统保护动作行为和控制效果、对系统保护动作行为进行超前评估、对系统保护进行动作后评价、在线整定系统保护定值等功能。

4.5 小结

控制技术的理论研究和应用已有近 150 年的历史，经历经典控制理论、现代控制理论和智能控制理论 3 个阶段。控制（保护）技术在电力系统发电、输电、变电、配电、用电各个环节中均有广泛应用，具体包括发电厂控制、电网调度控制、变电站控制、用电需求控制、智能电网、智能变电站继电保护等。随着“双碳”目标的提出，以新能源为主体的新型电力系统对控制（保护）提出更高要求，低惯性逆变型电源、故障承载能力有限的电力电子设备的广泛应用，使得系统动态时间尺短大大缩短，控制和保护之间的耦合更加紧密。

电力系统安全稳定运行需要运用多种控制和保护技术。经典控制是以 Laplace 变换为分析工具，探讨控制系统的特性以及反馈对系统特性的影响，是电力系统发电励磁控制、调度自动化三大控制、自动需求响应控制的基础；线性最优控制、非线性最优控制及系统辨识是现代控制理论的重要内容，在电力系统发电、输电、用电各个环节中均有广泛应用；模糊控制、神经网络控制、专家控制及遗传算法都属于智能控制理论，是将人工智能领域中的启发式规则应用于控制系统，将助力电力系统的数字化转型升级。

在能源清洁化发展的趋势下，随机最优控制、测—辨—控技术、广域控制技术、保护控制协同技术和系统保护等先进控制技术的成熟、应用和推广，将有力提升电力系统数字智能程度，支撑新型电力系统的构建。

5 芯片技术

芯片被誉为“现代工业的粮食”，是物联网、大数据、云计算等新一代信息产业的基石，也是现代社会经济发展的战略性、基础性和先导性产业。芯片是半导体元件产品的统称，是电子设备中最重要的部分，承担着运算和存储功能，广泛应用于电力系统的各个环节。

5.1 技术现状

芯片应用发展之初与第二次世界大战时期的军事需求紧密相关。随着晶体管的发明及 IC（Integrated Circuit Chip，集成电路芯片）的诞生，以芯片为基础的电子信息产业彻底改变了世界。

5.1.1 发展历程

随着 PC（Personal Computer，个人电脑）、互联网、移动互联网及人工智能等科技浪潮的出现，芯片技术不断发展，至今已有超过 80 年的历程，如图 5.1 所示，其发展中心从其诞生地美国逐渐延伸至日、韩、中等国。

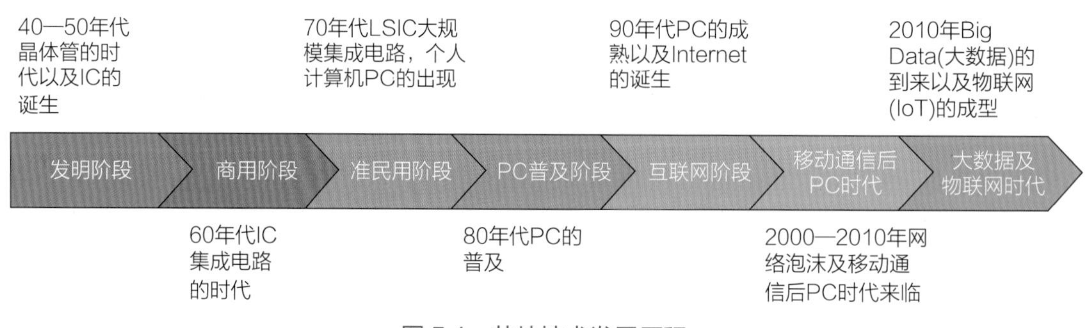

图 5.1　芯片技术发展历程

1. 发明阶段[1]

二战期间，战争需求推动世界科技发明大爆发，电子科技被视为重点发展的前沿技术。

世界上第一台军用电子计算机诞生于 1942 年，由无数电子管、电阻、电容以及几十万根电线所组成，重约 30t。1947 年在美国贝尔实验室任职、被誉为“晶体管之父”的肖克利与他的两名同事制造出来第一个晶体管，并因此获诺贝尔物理奖。1951 年第一台商用计算器应用于美国人口普查，1952 年 IBM 发行第一款具有储存程序的计算器，即现在所说的计算机。

1958 年德州仪器公司设计出基于锗的 IC（集成电路），随后仙童半导体公司迅速研发出基于硅的 IC，硅 IC 的诞生使得 IC 的大规模工业生产成为可能。

2. 商业阶段

仙童半导体公司采用平面工艺技术，凭借氧化、黄光微影、蚀刻、金属蒸镀等工艺，在硅芯片的同一面制作半导体组件，并能够解决集成电路中不同组件间导线连结问题。随后，磊晶等关键技术不断涌现，半导体工业开始快速成长。

20 世纪 60 年代末仙童半导体公司制造出 RAM（随机存储内存）。诺伊斯、Intel 以及 IBM 公司纷纷提出商用优化的技术方案。1965 年，Intel 创始人戈登·摩尔提出著名的摩尔定律，预言以芯片为基础的信息技术产业将对人类生活方式带来的巨大影响变革。

---

[1] 绿蛙半导体.半导体人必须看的 IC 产业 70 年发展变迁［EB/OL］. http://news.moore.ren/industry/2614.htm，2016-10。

3. 准民用阶段

1971 年世界上第一个微处理器 4004（4 位）在 Intel 诞生，4004 CPU 共有 2300 个晶体管。

20 世纪 60 年代末期至 70 年代，半导体制造技术出现了大爆发，美国加州形成了硅谷，大量半导体公司在此创立，掀起半导体技术竞赛。

随着技术的发展，越来越复杂的工艺纷纷应用于半导体制造。大规模集成电路应运而生，奠定了半导体从商用进入到民用的基础。

1976 年乔布斯成立了苹果公司并设计出第一台民用计算机。从此计算机开始普及，并正式进入民用时代。

4. PC 普及时代

20 世纪 70 年代末，乔布斯的苹果 Ⅱ 将计算机第一次推入民用领域，但其价格仍不被普通民众接受。1981 年 IBM 公司推出第一部型号名为 PC 的个人桌上型计算机。此时，进入民用领域的 PC 已经是 16 位的产品。

1984 年 IBM 推出更优化的 PC 并采取技术开放的策略。至此，PC 开始风靡全球。

PC 出现后的 30 年，半导体市场基本围绕 PC 发展，其中最重要的两个组成就是半导体内存（Semiconductor Memory）与微处理机器（Micro Processor），也因为内存及微处理器技术的更迭造就了 PC 的繁荣，至今仍影响着人类的电子科技。

20 世纪 80 年代，日本的半导体制造商采取基于 DRAM（Dynamic

Random Access Memory，动态随机存取存储器）的 IDM 商业模式，使其在全球半导体市场处于领先地位，全盛期曾占据全球半导体市场的半壁江山。

5. 互联网阶段

进入 20 世纪 90 年代，半导体行业依然遵循着摩尔定律发展，PC 应用越来越广泛，功能越发强大。此时，软件就起了决定性的作用，微软 Window 操作系统大获成功，奠定其 PC 软件霸主地位，随之配套硬件的美国企业，如 Intel 也开始茁壮成长。在 30 年后的今天，Wintel（微软与英特尔）的联盟依然占据 PC 产业的绝对主导权。

Internet（互联网）在 20 世纪 90 年代开始商用，短短几年的时间便以燎原之势颠覆了整个 IT 以及半导体行业。

6. 移动通信后 PC 时代

2000 年后，通信 IC 随着互联网的盛行进入千家万户，推动半导体行业出现新的应用。虽然 PC 仍然是“老大哥”，但移动互联网已在悄悄崛起。

2007 年，随着苹果手机 iPhone 以及 Google 推出开放式的 Android 手机系统，智能移动设备开始占据全球各个角落。随着各式平板计算机的推出，移动通信设备出现了井喷式爆发。

7. 大数据与万物互联时代

随着移动通信的兴起，有线和无线智能终端所接收或发出的庞大数据需要依托于更大规模的储存设备，传统银行、电信业、网络销售等众多企业也需要建立更强大的资料库，对先进的储存设备的需求愈加迫切。

先进意味着小型化、强效化。随着需储存的数据量不断增长，数据储存不能仅依靠建设更大体积的机房来满足要求，而应当寻求半导体相关技术的突破。内存型半导体在大数据蓬勃发展时期得到广泛应用。

性能越来越高效的芯片以及高速无线数据传输催生了智慧型手机、平板计算机等可移动个人智能终端，随后电视也将以家庭智能终端的新角色重新进入我们的生活。

5.1.2 应用现状

从功能上来说，芯片技术分为传感芯片、通信芯片、主控芯片、安全芯片、射频识别芯片等类别。

1. 传感芯片

传感芯片是传感器微型化的产物，在传感器芯片内集成多种敏感元件和转换元件。常见的传感器一般由敏感元件、转换元件、变换电路和辅助电源模块组成，整体架构如图 5.2 所示。

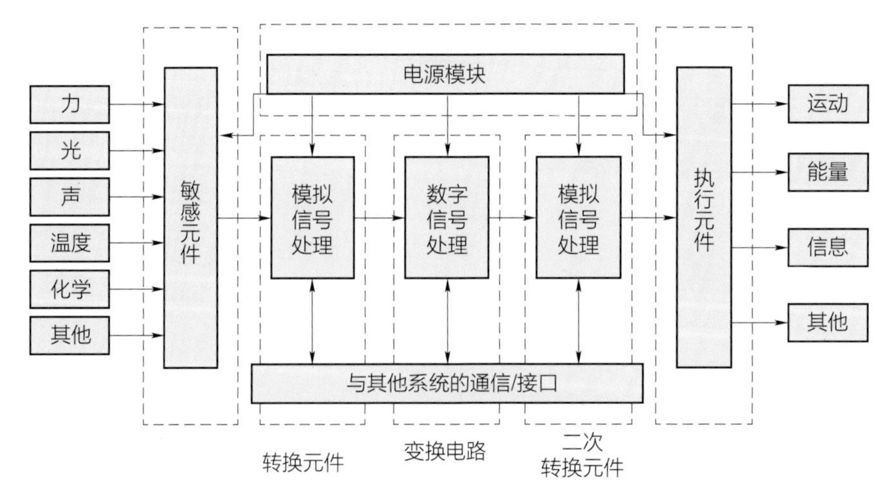

图 5.2 传感器架构图

敏感元件直接感受和测量物理量，如力、热、光、声、化学量、生物量等，并输出与被测量有确定关系的物理信号；转换元件将敏感元件输出的物理量信号转换为电信号；变换电路负责对转换元件输出的电信号进行放大调制。一般的敏感元件、转换元件及变换电路均需要辅助电源供电。

在智能电网中，广泛应用的传感芯片包括磁传感芯片、温度传感芯片、光电传感芯片、加速传感芯片、位移传感芯片等，在电网的防窃电、红外通信、电气隔离、电能计量、温度感知等功能领域发挥着重要作用。

2. 通信芯片

通信技术涉及通信网络、设备与芯片等多个层次，其中通信芯片是构成网络与设备的核心，通常需要实现信号处理与协议处理两部分功能，前者一般需要专用硬件电路支持，后者一般以软件实现为主。

通信芯片需要实现射频信号（光或其他有线信号）、基带信号、协议栈与应用的处理，通常是一个复杂的 SoC（System on Chip，系统级芯片）系统，其架构如图 5.3 所示，主要由介质处理器、基带处理器、应用处理器、电源管理单元、通信接口、时钟电路等组成。

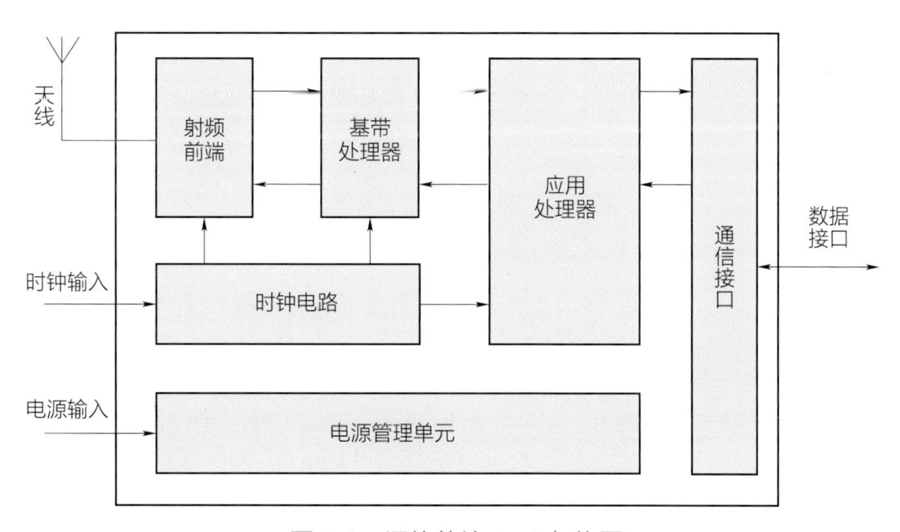

图 5.3　通信芯片 SoC 架构图

通信芯片的硬件关键技术包括混合信号 SoC 架构设计、高性能数字接收机设计技术、低功耗设计技术等。芯片软件关键技术包括光通信芯片协议栈、LTE230 通信芯片协议栈、电力载波通信芯片协议栈、微功率通信芯片协议栈。

3. 主控芯片

主控芯片是实现各类应用采集、算法、控制的中心，也是实现硬件装置设备智能化的核心处理单元，包括以运算性能和速度为特征的微处理器（Microprocessor Unit，MPU）、以控制功能为特征的微控制器（Microcontroller Unit，MCU）。典型主控芯片的架构包含四部分，即处理器内核、总线、存储器和外设，结构如图 5.4 所示。

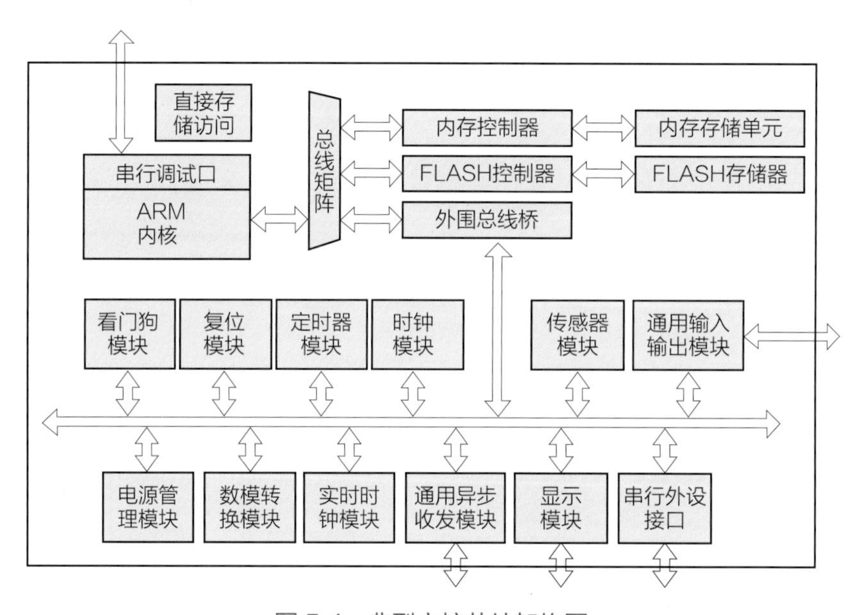

图 5.4　典型主控芯片架构图

芯片的软件和硬件需要相互配合，共同实现应用需求和控制目的。主控芯片的硬件关键技术包括系统级低功耗设计技术、高性能系统集成技术、高精度设计技术等。芯片软件与硬件资源关系紧密，其关键技术除硬件本身关键技术外，更注重应用需求的软件处理技术。

4. 安全芯片

安全芯片是具备密码运算能力、提供多种信息安全服务的芯片，且自身具备多项安全防护机制，具有确保其物理不可篡改的特性。从逻辑上看，安全芯片的架构可分为硬件架构和软件架构两方面，其系统架构如图 5.5 所示。

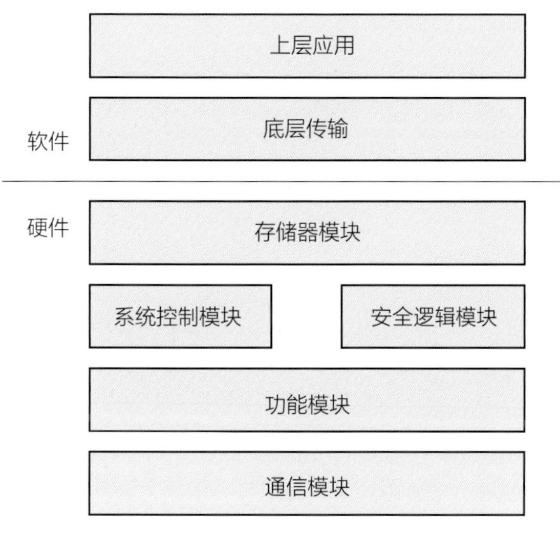

图 5.5 安全芯片系统架构图

安全芯片的硬件架构包括：① 存储器模块：芯片存储资源，包括 RAM、ROM（Read-only memory，只读存储器）、EEPROM（Electrically Erasable Programmable Read Only Memory，带电可擦可编程只读存储器）和 Flash 等；② 系统控制模块：中央处理器（CPU）；③ 安全逻辑模块：由环境监测模块、存储器管理模块、复位电源管理模块及硬件攻击响应模块组成；④ 功能模块：包括各种密码算法协处理器模块，如对称密码算法、非对称密码算法、摘要算法和随机数发生器等；⑤ 通信模块：芯片与外部的通信接口。

安全芯片中的硬件是基石，具体的硬件结构由应用决定。典型的安全芯片硬件架构如图 5.6 所示。

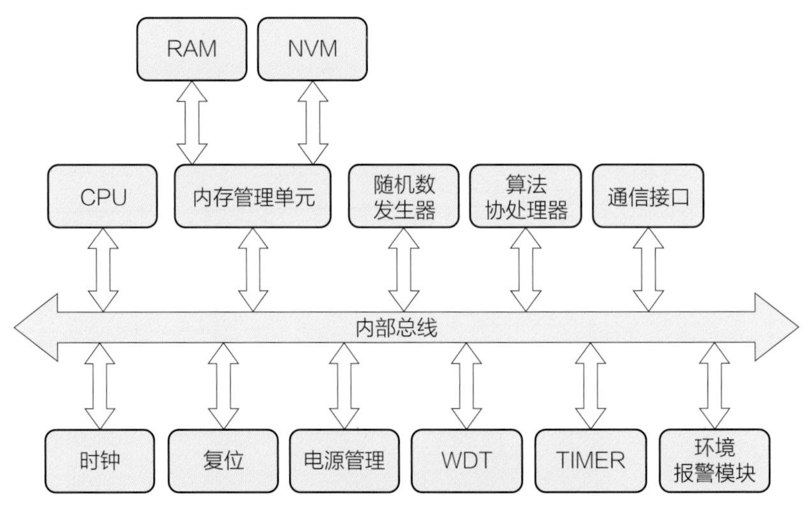

图 5.6　安全芯片硬件架构图

安全芯片的软件架构包括：① 底层传输：负责安全芯片与外界进行通信及数据传输；② 上层应用：根据接收的命令，进行正确的执行或错误的返回，从而使命令流程进行正常的操作，满足用户的应用需求。安全芯片软件包括输入输出接口、文件系统管理、内部安全策略体系及应用指令集。安全芯片软件结构如图 5.7 所示。

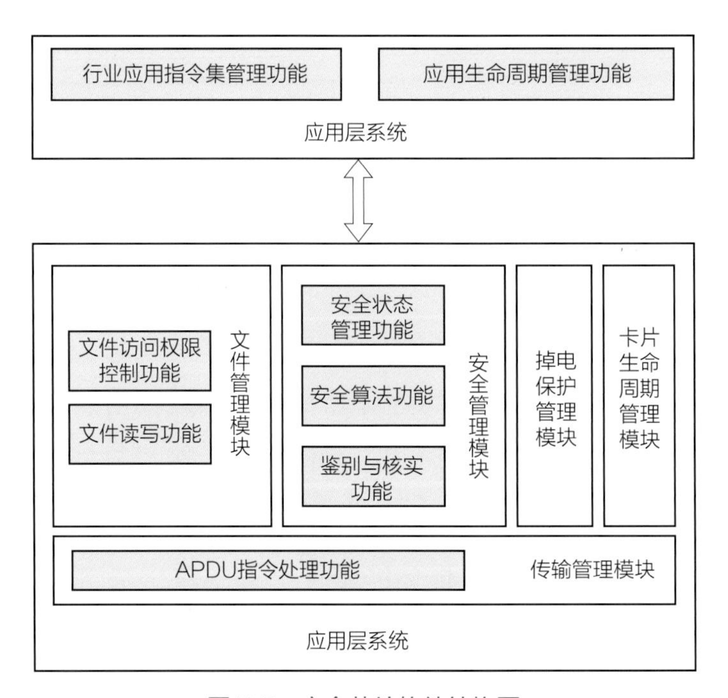

图 5.7　安全芯片软件结构图

安全芯片是智能电网芯片中安全性最高的一类，是智能电网安全防护体系中最关键、应用最广泛的基础组件之一，是保障智能电网安全性的重要因素。

5. 射频识别芯片

射频识别（RFID）技术是一种非接触式自动识别技术，可以通过无线电信号识别特定目标并读写相关数据。它能够实现快速读写、非可视识别、移动识别、多目标识别、定位以及长期跟踪管理。

射频识别系统的主要工作原理是：阅读器通过耦合元件发送出一定频率的射频信号，当电子标签进入该区域时，通过耦合元件从中获得能量以驱动后级芯片与阅读器进行通信，阅读器读取电子标签的自身编码等信息并解码后进行数据交换、管理系统处理。射频识别系统的核心技术是射频识别芯片，芯片含有数据存储单元，读写器可以远距离读取芯片存储的数据。射频识别芯片结构如图 5.8 所示，包括射频前端、模拟前端、数字基带和存储器单元等模块。

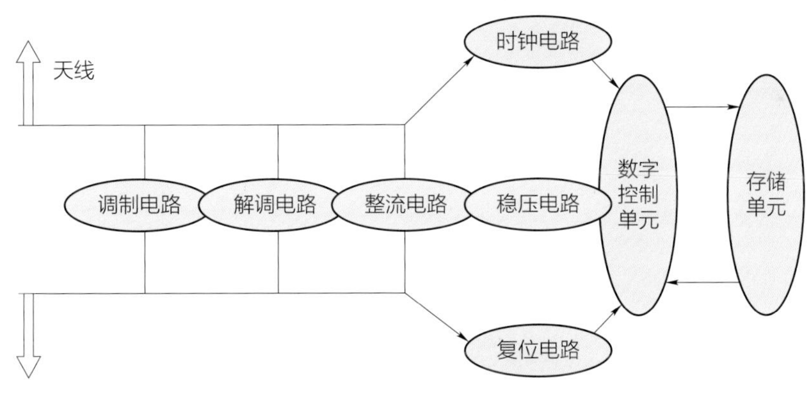

图 5.8 射频识别芯片结构图

5.2 主要应用

芯片作为电力设备的基本单元，是构成传感、测量、控制和通信的硬件基础，在电力系统发电、输电、配电、用电各个环节中发挥着核心支撑作用。如果将智能电网比作人体的话，主控芯片就好比人的大脑，传感芯片好比人的各种感知器官，通信芯片就好比人的神经系统和血管，安全芯片就好比给人戴上了施工和云顶的安全帽和护盾，射频识别芯片则是身份证号码，如图 5.9 所示。

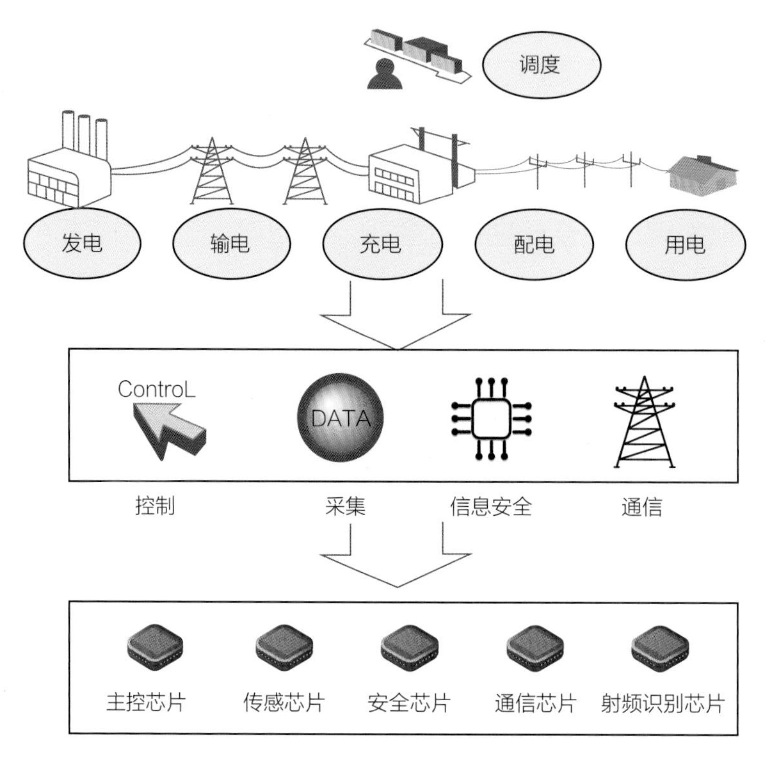

图 5.9　芯片在电力系统中的应用

5.2.1　智能电能表

智能电能表是智能电网（特别是智能配电网）数据采集的基本设备之一，承担着原始电能数据采集、计量和传输的任务，是实现信息集成、分析优化和信息展现的基础。除具备传统电能表基本用电量的计量功能外，智能电能表还具有双向多种费率计量功能、用户端控制功能、多种数据传输模式的双向数据通信功能、防窃电功能等智能化的功能，以适应智能电网和新能源的发展。[1]

智能电能表由测量单元、数据处理单元、通信单元、人机交互单元等组成，

[1] 贾海波，王帅.智能电表在智能电网中的作用与应用趋势研究［J］. 动力与电气工程，2017（32）：33-35。

具有电能量计算、信息存储及处理、实时监测、自动控制、信息交互等功能，用于电能计量、营销管理和客户服务等功能。基于其所承担的多重功能，智能电能表应用主控芯片、传感芯片、安全芯片、射频识别芯片等多种芯片。

传感芯片在智能电能表中应用的主要是磁开关芯片、电流传感芯片和光耦传感芯片等。磁开关芯片用于三相表恒定磁场的检测，以防止不法分子利用磁场干扰的方式窃取电力资源，以便及时发现和发出预警。电流传感芯片可提高智能表对非线性负载的适应性，提高计量对直流、谐波分量的抗干扰能力，解决负荷功率因数和非线性用电设备对电能表计量精度的影响。光耦传感芯片，以光为媒介传输电信号，实现对电能表接口的保护。以半双工光耦隔离 RS-485 为例，其应用方案图如图 5.10 所示。为了保护 RS-485 接口，采用光耦进行隔离保护，安装于集中器和电能表的 RS-485 通信电路输入处。当通信网络受到强干扰时，最恶劣的情况也只是损坏 485 收发器，而不至于损坏采集终端的 MCU，从而保护整个采集终端不被损坏。

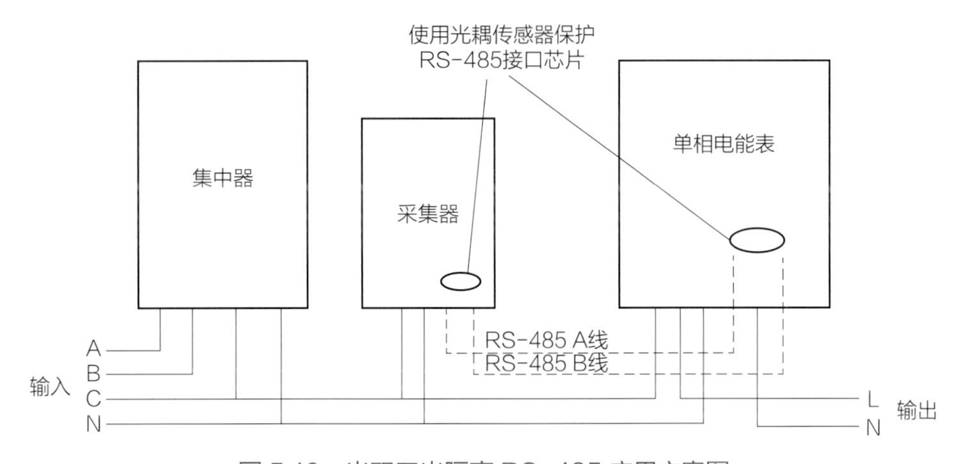

图 5.10 半双工光隔离 RS-485 应用方案图

主控芯片是智能电能表的核心器件，实现外设资源智能化控制和采集模拟量的输入、输出，数字量的输入、输出，以及人机交互的管理和通信信息的传递。主控芯片在电能计量中的大规模应用，对电能表行业和智能电能表技术的发展起到了极大的推动作用。目前主流的电能表主控芯片的工作电压范围一般是 2.7～5.5V，工作温度范围为-40～85℃，主频一般为 8MHz。

安全芯片应用在整个用电信息采集系统中，内置于电能表、集中器、采集器等各个终端设备中，实现终端与主站的身份认证、数据加解密等，保障终端设备数据存储、传输、交互的安全性。安全芯片在智能电能表中的使用，既保证了系统的安全性由运行管理方控制，又不影响表厂继续发展和完善卡表的功能和性能，有效保障了用电信息的存储、传输、交互的安全性，提高了系统的整体安全性。

5.2.2 电力通信

电力系统中的通信分为本地通信和远程通信[1]。常用的本地通信方式有电力载波、微功率（470M～510MHz）无线、RS-485 等。其中，RS-485 通信方式较为简单，通用芯片都支持此种方式。远程通信主要用于本地电力设备和主站之间的通信，主要方式有以太网通信、EPON（Ethernet Passive Optical Network，以太网无源光网络）、GPRS（General Packet Radio Service，通用无线分组业务）/CDMA/LTE（Long Term Evolution，长期演进）无线公网通信和 LTE230 无线专网通信等。其中，GPRS/CDMA/LTE 无线公网通信通常采用无线公网通信芯片及通信模组。

光通信芯片主要应用在用电信息采集系统和配电自动化系统的远程通信 ONU（Optical Network Unit，光网络单元）装置中。用电信息采集系统的光通信芯片内置 MPCP（Multi-Point Control Protocol，多点控制协议）逻辑、CPU、高速缓存、以太网 PHY（Port Physical Layer，端口物理层）、SERDES（SERializer/DESerializer，串行器/解串器）、RS-485 等模块。配电自动化系统的光通信芯片应用在 EPON（Ethernet Passive Optical Network，以太网无源光网络）技术中，是配电自动化的重要通信方式之一。相对于用电信息采集光通信的应用，配电自动化对通信可靠性要求更高，光通信需要支持链路的冗余备份和故障自动切换功能。

---

[1] 冯力娜.配用电信息采集通信系统建设及发展趋势［J］. 信息通信，2015，149（5）：212-213。

电力通信的无线专网中，LTE230 芯片在用电系统中的应用越来越广泛。230MHz 频段是国家无线电管理委员会规定的遥测、遥控和数据传输的使用频段。TD-LTE230MHz 无线芯片是满足智能配用电网业务通信需求而定制开发的无线通用芯片。基于该芯片的 LTE230MHz 基站和终端通信单元，具有大容量、广覆盖、高效率、高安全、高可靠性等特点。TD-LTE230 用电信息采集系统是基于 TD-LTE 技术，由 EPC 核心网、演进型 NodeB 基站、通信终端组成。系统主要工作频段为 223M～235MHz，40 个频点 1 MHz 工作带宽时，单小区上行峰值吞吐量达 1.76Mbit/s。

基于电力线载波的用电信息采集系统一般使用专门的载波通信芯片，对电能表数据进行调制后再通过低压配电线路（220V/380V）进行信号传输，实现集中抄表。这种抄表方式安装简单，不需要另外布线，对台区内用户的分布没有过多的限制，拥有通信线路不易损坏、无须维护的优势。

5.2.3 用电安全

智慧用电安全管理系统可以实现用电实时监测和控制，同时也是电气安全信息技术环境的应用载体、智慧消防以及智慧城市建设的重要设施，可应用于普及消防安全知识、拓宽安全管理渠道、提高单位用电安全管理能力和电气安全隐患处理能力等。[1]

智慧用电安全管理系统是集信息整合、采集、传输、数据智能分析于一体的新一代用电安全管理系统，更注重系统与用户、终端设备的信息交互。通过构建智慧用电安全管理系统，打通配电箱中用电设备与用户以及相关管理单位的互动互通通道，实现智慧消防。主控芯片连接、控制各类智能设备，通过对设备的运行方式进行编程，达到智慧用电系统安全可控的目的。以主控芯片为核心的综合解决方案，是智能电能表、配电终端、保护和自动化装置等设备设

[1] 陈来军，梅生伟，陈颖. 智能电网信息安全及其对电力系统生存性的影响［J］. 控制理论与应用，2012，29（2）：240-243。

计方案的最佳选择。

智慧用电安全一般由检测装置、无线报警装置等组成，安装在电气线路和用电设备上，可以实时发现漏电、过载等安全隐患，并即时向管理人员发送预警信息。

智慧用电安全管理系统是由用电安全智能传感终端、传感数据通信基站和智慧用电安全管理云服务平台组成。

以安全芯片在配电终端自动化中的应用为例。将安全芯片封装为 ESAM 形态嵌入到配电终端中，或者在配电终端上外置终端安全模块，可为配电网自动化信息化传输安全体系提供安全计算单元，是完成配电安全的重要环节。

配电终端安全模块是将一个具有操作系统的安全芯片以不同的形式封装成一个安全存储单元，将其嵌入到配电终端中，完成数据的加密解密、身份认证、访问权限控制、通信线路保护、数据文件存储、产生密匙对、公匙加密、会话密匙协商等多种与算法相关的功能。

在配电自动化系统中，安全模块具有以下特点：① 采用国密算法；② 认证过程以随机数为载体，认证码无法重复和跟踪；③ 建立更为安全的认证机制；④ 会话引入安全证书机制。

5.2.4 资产管理

许多电网公司近年来积极开展存量资产 PMS（Power Production Management System，工程生产管理系统）、PM（Project Management，项目管理）、AM（Access Management，访问数据）数据联动对应，并将联动成果数据纳入“资产生命周期管理综合平台”进行指标评价。资产全寿命周期管理是指从资产的长期效益出发，全面考虑资产的规划、设计、采购、建设、运行、检修、技改、报废的全过程，在满足安全、效益、效能的前提下追求资产寿命周期成本最低的一种管理理念和方法。

电网资产的管理需要应用大量数字化技术，需要通信芯片、主控芯片、传感芯片的支持，如通信技术主要应用在设备状态检测与状态检修两方面。其中，状态监测是对设备资产的监测；状态检修是在状态监测的基础上，侧重于对检修人员的调度安排。

电网资产管理中，RFID 是基础支撑技术。射频识别芯片将密码技术与射频识别技术相结合，是提高电力企业资产管理水平的重要基础。电力 RFID 设备管理应用系统架构一般由五部分组成，包括实物资产层、RFID 基础管理层、移动应用层、业务应用系统层、基于大数据的应用层。

目前，基于射频识别芯片的电网资产生命周期跟踪管理系统，尚无标准模式，缺乏系统参考，需要进一步研究和探索应用 RFID 技术的电网资产管理模式。

5.2.5 设备状态监测

电力设备状态监测的目的是采用有效监测手段和分析诊断技术，及时、准确地掌握设备运行状态，保证设备的安全、可靠和经济运行。

输变电设备状态监测系统从分层角度，可分为装置层、接入层和主站层。装置层基于传感芯片，重点发展各种先进适用的传感原理、传感器技术和标注化数据生成技术；接入层基于通信芯片，重点发展各种集约、高效、智能的信息汇总、信息标准化和信息安全接入技术；主站层基于主控芯片重点发展各种监测信息的存储、加工、展现、分析、诊断和与预测等数据应用技术。

下面以传感芯片作为应用场景举例。在电力设备的监测方面，超高频无源传感芯片是基于超高频射频识别原理，将敏感元件嵌入到超高频射频标签内，在单一芯片内实现“感知”和“射频识别技术”的融合，可以用于多种电力设备的温度、压力监测，突破了电力设备传感器小型化、低成本、低能耗等关键问题。在输电线路在线监测方面，温度传感芯片可以对导线附近的温度信息进行感知，加速度传感芯片可以对导线的运动加速度进行测量，从而获取导线的运动轨迹，掌握输电线路的舞动、摆幅、摆频等信息；加速度传感芯片集成在输电线路微风振动传感器中，可用于输电线路微风振动的监测。

5.3 关键技术

近半个世纪以来，芯片技术遵循摩尔定律的规律迅速发展，在低功耗、可靠性设计、电磁防护、可测性设计和热仿真等方面持续实现性能提升。

5.3.1 低功耗

功耗是芯片的关键技术指标。在百万门以上的集成度和数百兆时钟频率下工作，低功耗设计系统级芯片将有数十瓦乃至上百瓦的功耗。如今，人们对大规模芯片设计的要求已从单纯追求高性能转变成对性能、面积、功耗等的综合要求，因此需要引入多种低功耗设计手段，通过数字、模拟等控制方式对芯片做功耗管理，通过芯片底层期间亚阈值仿真技术提高功耗仿真精度。

目前，整个 IC 行业的发展趋势是尽量采用纯 CMOS（Complementary Metal-Oxide-Semiconductor，互补金属氧化物半导体）工艺，尤其在 SoC 芯片领域，CMOS 更是占据主导地位。因此，本节从 CMOS 电路角度探讨低功耗设计技术。

CMOS 逻辑电路的功耗可以分为动态功耗、静态功耗两部分。动态功耗是指当芯片处于激活状态时，即信号发生跳变时的功耗。静态功耗是指芯片处于为激活状态或者没有信号跳变时的功耗。CMOS 电路功耗原理如图 5.11 所示。

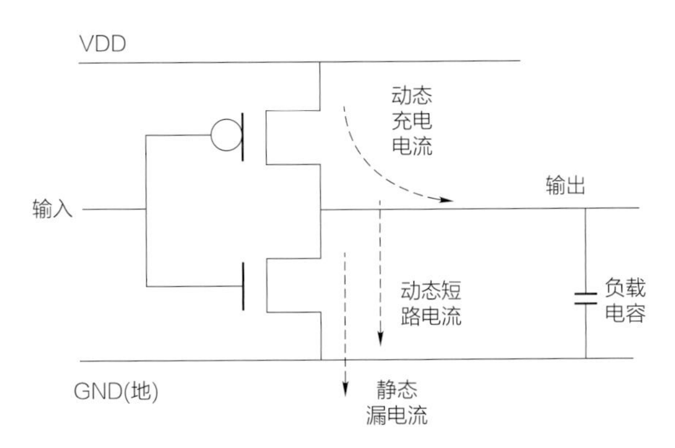

图 5.11 CMOS 电路功耗原理图

电路的动态功耗正比于电路翻转率和电路规模，设计中 SoC 电路中时钟的动态功耗约占芯片动态功耗的 30%。降低芯片动态功耗的主要举措包括：降低时钟和信号的翻转频率、降低电压、掉电等。

静态功耗主要是指泄漏电流功耗。CMOS 电路中的电流主要有反偏 PN 结漏电流和亚阈值沟道电流。静态功耗主要取决于不同工艺的器件参数。

常用芯片低功耗设计技术包括门控时钟和变频技术、低功耗总线技术、异步电路设计，多电源域、多电压域技术，亚阈值分块建模技术。

1. 门控时钟和变频技术

CMOS 电路的功率损耗主要来源于动态功耗中的交流开关功耗，它正比于电源电压的平方和电路的工作频率。

对每个功能模块设计单独的时钟门控，在不需要模块工作时关闭模块时钟，减少时钟电路的翻转功耗。同时，在对芯片的寄存器转换级电路（Register Transfer Level，RTL）代码进行综合时，插入时钟门控单元，这样寄存器输入端的时钟在信号不翻转时就不会翻转，极大地降低了时钟的动态功耗。

SoC 芯片内部不同模块的工作时钟频率一般是不同的，当使用高频时钟的模块工作时，可以将分频后的时钟送给使用低频时钟的模块。但当高频模块停止工作时，如果内部其他执行电路仍然采用高频时钟的分频，必然会造成功耗的无谓增加。所以要求芯片能够根据状态的跳变在一个快时钟和一个慢时钟之间自动切换，这就是时钟频率可变技术。变频技术的核心是采用安全稳妥的时钟切换电话，时钟无毛刺切换电路结构如图 5.12 所示。

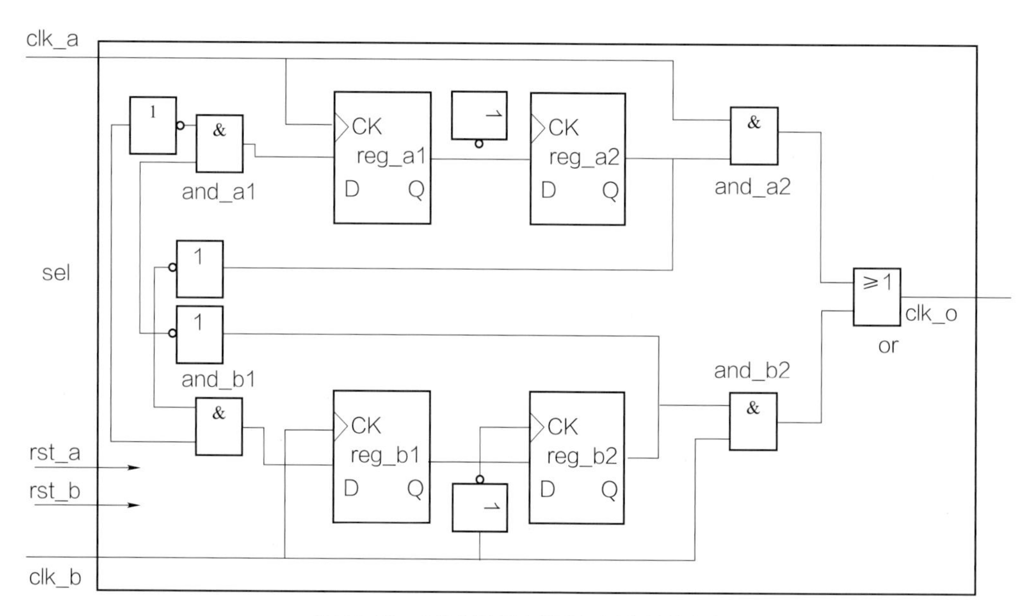

图 5.12　时钟无毛刺切换电路结构图

2. 低功耗总线技术

SoC 芯片设计都采用标准化总线完成芯片内模块的互联，总线的引入使得芯片设计进入模块化结构设计，便于系统集成和扩展。另一方面，高级性能总线（Advanced High performance Bus，AHB）和高级外围总线（Advanced Peripheral Bus，APB）的总线信号伸展到芯片的每一个功能模块。从总线的互斥性可以看到，总线主设备同一时刻只会访问一个从设备，但是不被访问的从设备的输入总线信号还是会跟随翻转，所以总线的无效翻转功耗很高。

常用的降低总线功耗的技术有总线反相技术，主要原理是：在每个时钟周期内，总线矩阵处理模块将总线上当前数据总线值与上一个数据值进行比较，选择是发送原码还是反码，选择依据是哪一种码导致总线的翻转更少，设计时需要总线增加一位极性信号，以便接收模块正确恢复总线上的数据。

3. 异步电路设计

在同步电路中，系统由全局时钟控制，在每个时钟脉冲到来时，所有的触发器都会运行，并消耗动态功耗。

异步电路则不会出现这类无效的功耗浪费，系统的电路单元仅在需要其工作的时候才启动，完成之后就恢复静止状态，处于静止状态的电路单元仅消耗漏电流，不会有无效动态功耗。

4. 多电源域、多电压域技术

芯片制造厂会向芯片设计者提供标准单元库，以简化设计逻辑转化成物理器件的难度。在标准单元库方面，可以有针对性地选择不同阈值的单元库，功耗要求严格的逻辑选用高阈值单元，其他部分选择低阈值单元。同时，也可以考虑 PD SOI（Silicon-on-Insulator，绝缘体上硅）库或者鳍式场效应晶体管逻辑库。

在电源设计方面，可以使用的方法有多电源域技术、可变电压设计技术、动态电压切换技术、电源关闭技术等。

多电源域设计指的是芯片采用多个电源分别为不同电路模块供电。可变电压技术包括静态电压调节、多级电压调节、动态电压及频率调节、自适应电压调节。芯片在不同工作负荷下，与频率调节相对应，在预定的电压之间进行工作电压的切换。电源关闭技术指在某些低功耗场景下，将不需要工作的区域电源关闭，同时保留需要工作模块的供电。

5. 亚阈值分块建模技术

亚阈值分块建模技术是所有低功耗设计技术的基础。CMOS 电路的静态功耗取决于泄漏电流的大小，而泄漏电流由不同工艺下的器件参数仿真获得。晶圆厂提供的通用模型因其普适性，在精确度方面不能满足低功耗电路设计需求。

亚阈值分块建模技术的目标是通过设计测试等环节，提取能反映工艺的且更加精确的器件参数，芯片设计人员以该参数为基础进行电路设计并仿真。如果功耗仿真超出预期，则重复修改设计方案，再次仿真、迭代该过程，直到达到理想功耗。

亚阈值分块建模技术采用分块建模的模型提取技术，提高 CMOS 期间亚阈值区模型仿真精度，进而提高低功耗下的功耗仿真精度。分块建模是全局建模技术的延伸，通过对不同器件尺寸采用不同的参数建模，提高了器件的模型精度。

亚阈值分块建模技术包括测试矩阵设计、版图绘制、流片、测试、提参建模、模型验证机检验等环节。

5.3.2 可靠性设计

电力芯片通常工作在高温、高湿、高腐蚀、强电磁干扰等恶劣的环境中，并保持 7×24h 全负荷工作。因此，在使用过程中会承受电压、电流、温度、湿度、电磁等应力的冲击，通常表现出不同的失效模式，包括阻断电压失效、浪涌电流失效、热电失效等。

准确地分析出某种情况下的器件失效原理需要全面的经验和知识，同时需要配置必要的分析和实验条件。为了设计、分析和评价芯片的可靠性和维修性特征，需要明确芯片作为一个整体系统及其所有子系统的关系。子系统包括输入输出口单元、逻辑单元、数字单元等。很多情况下这种关系可以通过系统逻辑和数学模型来实现。

芯片系统的可靠性是其部件或最底层结构单元可靠性的函数。一个芯片系统的可靠性模型由可靠性框图或原因—后果图表、对所有系统设备故障和维修的分布定义及对备件或维修策略的表达等联合组成。所有的可靠性分析和优化都是在芯片系统概念数据模型基础上进行的。

芯片可靠性设计技术涉及线路、版图、工艺、封装结构等多个方面。典型芯片可靠性模型分为有贮备和无贮备两种。有贮备可靠性模型，根据贮备单元是否与工作单元同时工作，分为工作贮备模型与非工作贮备模型，如图 5.13 所示。

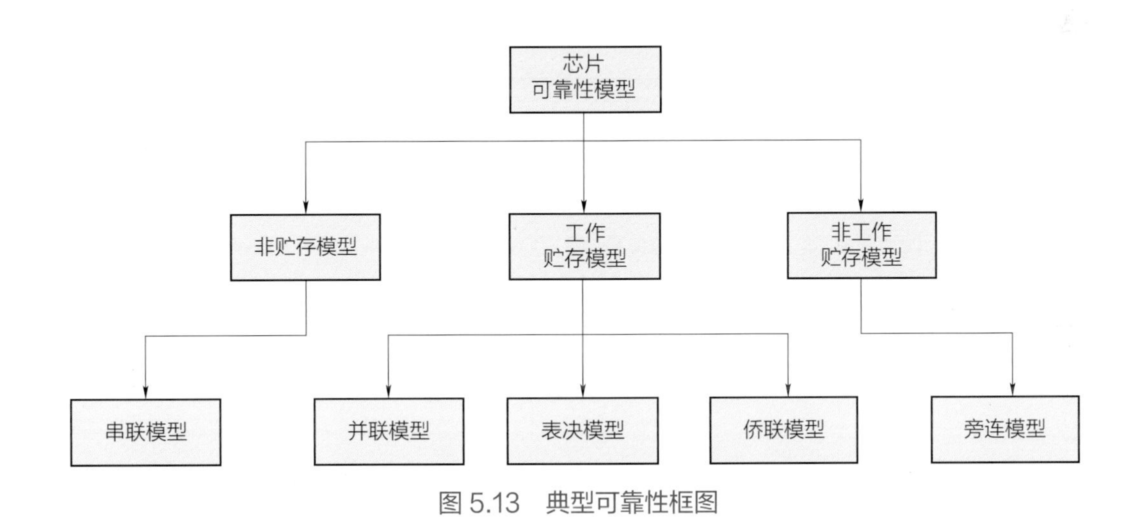

图 5.13　典型可靠性框图

1. 线路可靠性设计技术

随着集成电路规模的不断增大和器件特征尺寸不断减小，IC 电路的可靠性问题变得尤为重要，尤其是互联线的可靠性问题成为深亚微米和超深亚微米集成电路研究的重点。

线路可靠性设计是在完成功能设计的同时，着重考虑所设计的集成电路对环境的适应性和功能的稳定性。半导体集成电路的线路可靠性设计是根据电路可能存在的主要失效模式，尽可能在线路设计阶段对原功能设计的集成电路网络进行修改、补充、完善，以提高其可靠性。

2. 版图可靠性设计技术

版图可靠性设计是按照设计好的版图结构，由平面图转化成全部芯片工艺完成后的三维图像，根据工艺流程按照不同结构的晶体管可能出现的主要失效模式来审查版图结构的合理性。布局图应尽可能与功能框图或电路图一致，然后根据模块的面积大小进行调整。

版图设计并进行功耗仿真后，导入热分析工具进行热仿真，对版图布局进行优化设计，然后反馈到版图设计，使版图的热效应降到最低状态。

3. 工艺可靠性设计技术

为了使版图能准确无误地转移到半导体芯片上并实现其规定的功能，工艺设计非常关键。一般可通过工艺模拟软件来测出工艺流程完成后实现功能的情况。

在工艺生产过程中的可靠性设计主要应考虑：① 原工艺设计对工艺误差、工艺控制能力是否给予足够的考虑，有无监测、监控措施（利用脉冲编码调制PCM 测试图形）；② 各类原材料纯度；③ 工艺环境洁净度。

4. 封装结构可靠性设计技术

IC 封装设计可在一定程度上提高产品的集成度，同时也对产品的可靠性起重要作用。IC 封装结构一般主要包括封装材料、基板、引线框架、焊线、引脚等。

5.3.3 电磁防护

高压输电能够实现远距离、大容量、低损耗的能源输送，同时也会造成电磁环境问题。高压输变电系统包括高压架空输电线路和高压变电站，其工作频率为 50Hz，通常称为工频，不容易产生辐射。但对于 110kV 以上的输电线，由于电压很高，在导线表面会产生“电晕”现象，从而产生微弱的电磁波辐射。

输变电设施产生工频电场和磁场，而非电磁辐射。高压输变电线路和高压变电站会产生一定程度的无线电干扰，主要是由电晕放电和绝缘子放电引起的。

电磁防护测试技术主要包括电磁兼容技术、芯片抗扰度测试方法、静电放电防护技术。

1. 电磁兼容（EMC）技术

电磁兼容是指电气和电子设备在包围它的电磁环境中能正常工作，不因电磁干扰而降低工作性能，且它们本身所发射的电磁能量不足以恶化环境和影响其他设备的正常工作。

随着变电站综合自动化系统的发展和推广，智能电子设备已构成新一代静态型二次设备。这些智能电子设备包括数字继电器、自动装置、电子多功能仪表等，他们在物理位置上可以安装在 3 个不同的功能层，即变电站层、间隔层/单元层、过程层。在研究电磁环境对电路、器件的影响时，应着重考虑变电站的电磁兼容问题。

变电站综合自动化系统的主要干扰源包括高压开关操作、雷电、系统短路故障、辐射电磁场、静电放电、谐波对二次设备的干扰等。

2. 芯片抗扰度测试方法

芯片的抗扰度可分为辐射抗扰度和传导抗扰度，需要得到集成电路发生故障损失的射频功率大小。抗扰度测试将集成电路工作的性能状态分为 5 个等级，连续调幅波测试要分别进行，调制方式采用 1kHz 80%调制深度的峰值电平恒定调幅。

芯片抗扰度测试方法有：① 辐射抗扰度测试方法——小室法；② 传导抗扰度测量方法——大量电流注入法；③ 传导抗扰度测量方法——直接射频功率注入法；④ 传导抗扰度测量方法——法拉第笼法。

3. 静电放电（ESD）防护技术

静电在芯片的制造、封装、测试和使用中无处不在，积累的静电荷以几安培或者几十安培的电流在纳秒到微秒时间里释放，瞬间功率高达几百千瓦，放电能量可达毫焦耳，对芯片的摧毁强度极大。所以芯片设计中静电保护模块的设计直接关系到芯片的功能稳定性。

随着工艺的发展，器件特征尺寸逐渐变小，栅氧成比例缩小。二氧化硅的介电强度近似为 8MV/cm，因此厚度为 10nm 的栅氧击穿电压约为 8V。尽管该击穿电压比 3.3V 的电源电压要高一倍多，但是各种因素造成的静电一般使其峰值电压远超过 8V。

因 ESD（Electro-Static Discharge，静电释放）产生的原因及其对集成电路放电的方式不同，表征 ESD 现场通常有 4 种模型：人体模型、机器模型、带电器件模型和电场感应模型。

ESD 引起的失效原因主要有两种：热失效和电失效。局部电流集中而产生大量的热，使器件局部金属互连线熔化或芯片出现热斑，引起二次击穿，称为热失效；加在栅氧化物上的电场强度大于其介电强度，导致介质击穿或表面击穿，称为电失效。

5.3.4 可测性设计

可测性设计技术可以针对芯片的可靠性失效进行故障模型建立，然后在芯片中插入针对这些特定故障的测试电路，通过施加一定的测试激励，将可靠性的相关参数转化为电流、电压等容易测量的指标，并通过测试电路引出至外部端口进行测量，从而有效提高芯片的测试覆盖率及可靠性，降低芯片在实际应用中的失效率。

在可测试性设计技术应用过程中，首先需要研究芯片失效的原因和机理。通过不断对芯片的失效原因和机理进行定位分析，提取并归纳出多种故障类型，然后利用这些故障类型对设计好的数字电路进行逐一分析和排查，最终设计出符合要求的测试电路，同时按照一定算法生成测试需要的测试矢量。

集成电路的可测试性一般定义为，若能对一电路施加一组测试向量，并在预定的测试时间和测试费用范围内达到预定的故障检测和故障定位的要求，则说明该电路是可测的。

可测试性包括可控制性和可观测性两种特性。可控制性是指通过芯片原始输入端口将芯片内部的逻辑点控制为逻辑 1 和逻辑 0 的能力。可观测性是指通过芯片原始输入端口观测芯片内部逻辑节点的响应能力。目前业界常用的可测性设计技术有扫描测试技术、内建自测试技术、边界扫描技术等。

常见的可测性设计技术包括安全芯片可测性设计技术、高同测可测性设计技术、压缩可测性设计技术。

1. 安全芯片可测性设计技术

芯片的安全性依赖于对芯片可控性与可观测性的限制，以保护芯片内部的密匙信息不被攻击者探测。扫描测试结构依赖于通过外部端口访问待测电路的内部节点，因此有可能被攻击者使用为攻击旁路，来访问或者恢复安全芯片中的密匙信息。

对传统扫描结构进行处理，将安全扫描寄存器引入扫描链结构中，同时对测试向量进行输入/输出线性变换，实现对测试向量的硬件加密。安全扫描结构是通过在扫描路径上增加组合逻辑形成的，除非确切知道扫描链中组合逻辑的结构，否则不能通过扫描链控制和观测寄存器的状态，从而达到抗击基于扫描结构的旁路攻击和复位攻击的目的。

2. 高同测数可测性设计技术

芯片量产筛选阶段的同测数直接影响单颗芯片的测试时间，从而影响芯片的测试成本。可以通过可测性设计技术的应用，提高芯片量产测试阶段的同测数。

以射频识别芯片为例。该芯片的特点是逻辑功能简单、芯片面积小，因此芯片的管脚个数将对芯片的面积产生很大影响。低测试成本芯片可测性设计结构示意图如图 5.14 所示，应用此图所示的可测性设计结构，将每颗芯片的管脚个数由 6 个减少为 2 个，大大减小了芯片的面积。

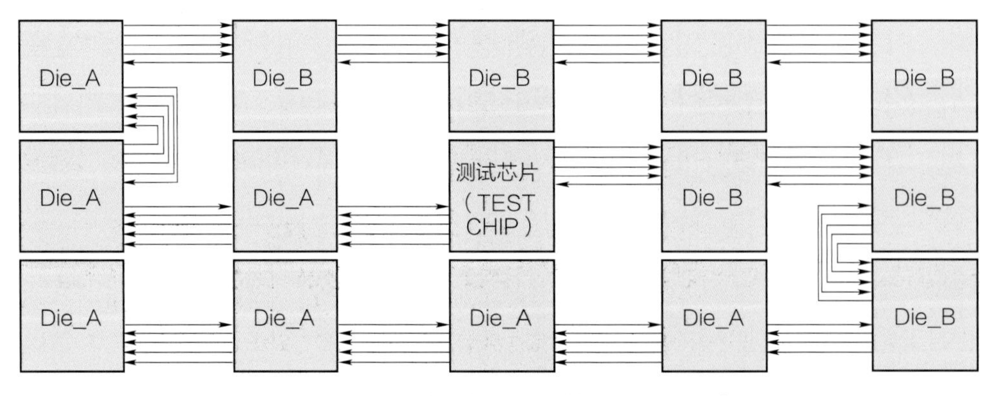

图 5.14　低测试成本芯片可测性设计结构示意图

版图内包含两种芯片，一种是专门用于测试的中央测试芯片，芯片除 IO 和测试管脚外，还包含一些测试电路；另一种是正常的标签芯片（Die），其中 14 个标签芯片通过置于划片槽中的金属走线与测试芯片相连。

在每个标签芯片中不包含测试管脚，所有测试管脚都放在 TEST CHIP 中，测试机台可以通过 TEST CHIP 中的测试管脚与每个标签芯片进行通信，从而实现对每个标签芯片的测试。

3. 压缩可测性设计技术

针对几百万门甚至几千万门的复杂芯片，如果采用传统的扫描结构，为了达到较高的测试覆盖率，就会增大测试通道的需求，同时测试向量的规模也会急剧增长，进而导致测试时间和测试成本大幅增加。对于此类芯片可以采用压缩的扫描结构，在传统扫描结构的基础上引入压缩电路与解压缩电路。压缩扫描结构示意图如图 5.15 所示。

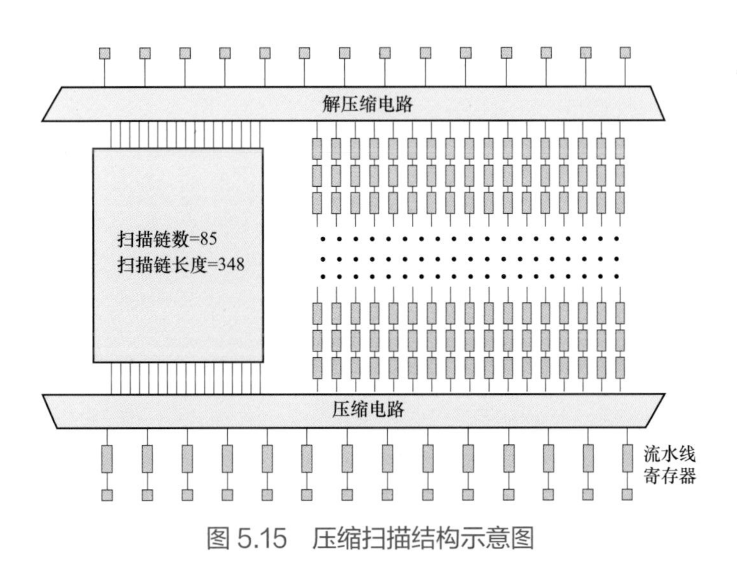

图 5.15 压缩扫描结构示意图

在外部端口扫描链个数一定的情况下，芯片内部扫描链可以多达几百条。同时应用压缩的自动测试向量生成（Automatic Test Pattern Generation，ATPG），使测试向量的规模压缩几百倍，测试时间也随之压缩同样倍数，在保证高覆盖率的同时，既不影响芯片的测试质量，又可以节省测试成本。

5.3.5 热仿真

热仿真技术主要依赖芯片在一定的偏置条件或状态下正常工作所仿真获得的功耗，其物理原理是基于传导学的热传导、热对流和热辐射三种基本热量传递方式。

热仿真通过计算机模拟上述三种热传递形式，设置相应的材料属性、边界条件等因素，根据仿真结果指导芯片设计和制造。

热仿真一般分为芯片级热仿真和封装级热仿真。

5.3.5.1 芯片级热仿真

芯片的能耗导致芯片温度升高，温度升高对电路性能产生着不可低估的影响。芯片温度每升高 10℃，MOS 管（Metal-Oxide-Semiconductor Field-Effect Transistor，金属-氧化物半导体场效应晶体管）得到的驱动能力就要下降约 4%，连线延迟大约要增加 5%，并且芯片的失效率会增加 1 倍。数据显示，芯片的失效有一半以上与温度相关，其中包含许多著名的芯片失效机制，如电迁移、热载流子效应等。

芯片的热分析已经成为芯片分析中不可或缺的一部分。要实现芯片的功耗、性能、可靠性和封装的正确结合，就必须进行精细化分层热点联合仿真，其流程如图 5.16 所示，主要包含芯片功耗的分析、基于热模型的有限元分析、互联层的参数提取三个部分。

1. 功耗分析

芯片由电学子系统和热学子系统共同组成。电学子系统由电学元件如晶体

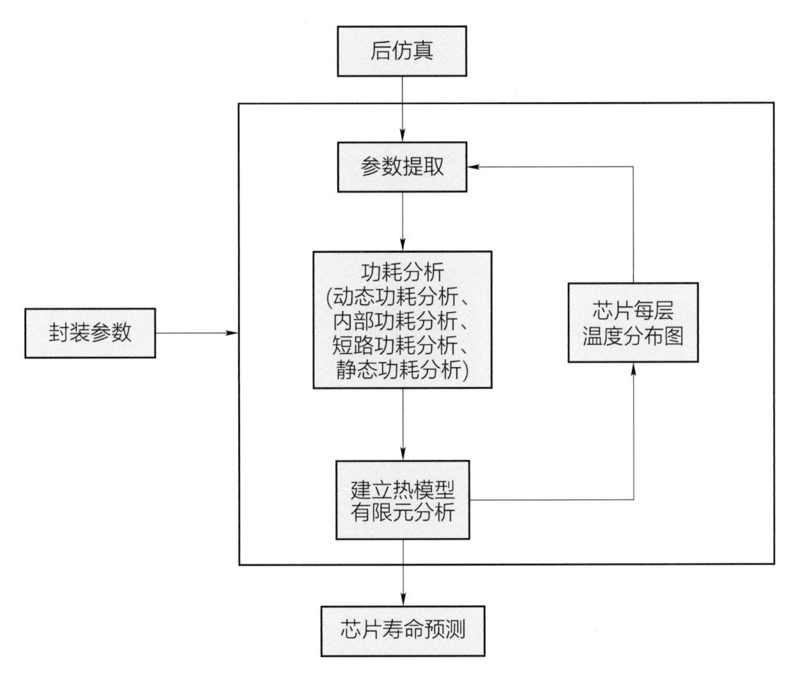

图 5.16 精细化分层热电联合仿真流程图

管、电阻等连接而成；热学子系统由芯片本身及其封装构成。两个系统相互耦合，电学元件的功耗作为热学网络的热源，而热学网络中不同的温度值作为参数会影响电学系统中的元器件及其性能。

精细化分层热电联合仿真，是在考虑电路自热效应的情况下模拟电路自身功耗造成的芯片温度升高和在该温度下电路的性能。器件和互连线都能够产生热量，为了能精确地模拟芯片的温度，必须考虑每层芯片所产生的功耗。

根据电路的工作模式，芯片的总功耗主要包括电路动态功耗、逻辑单元内部功耗、短路功耗及静态功耗四个部分。

2. 有限元分析

芯片热有限元模拟的基本原理是在有限元方法基础上求解傅里叶热传导方程。热仿真的有限元分析主要包括七部分，架构如图 5.17 所示。

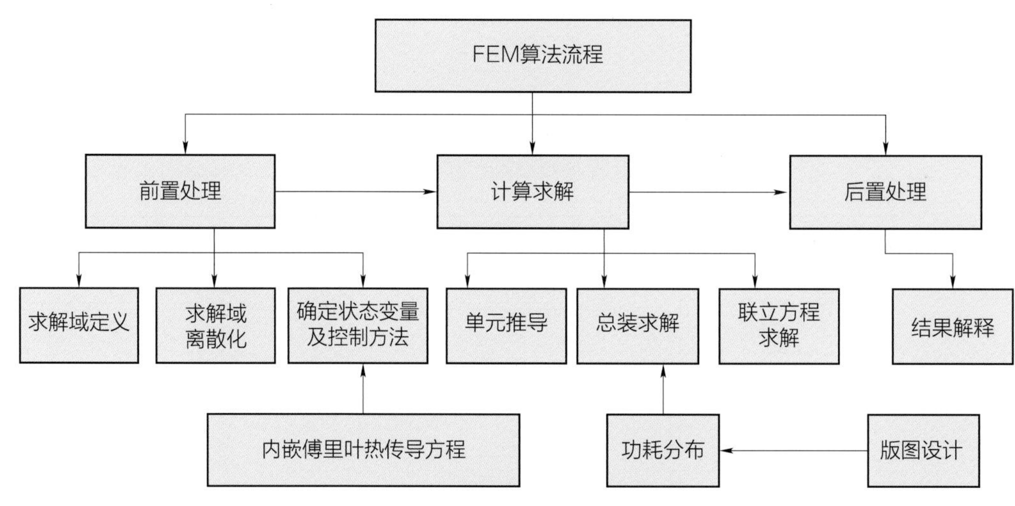

图 5.17　热仿真有限元分析框架

其算法流程是：第一步，问题及求解域定义；第二步，求解域离散化；第三步，确定状态变量及控制方法；第四步，单元推导；第五步，总装求解；第六步，联立方程组求解；第七步，结果解释。

芯片热有限元模拟仿真的优势是利用实验室的硬件条件，在模拟仿真的基础上对仿真结果进行验证，并修正仿真结果，然后继续仿真，形成一个正反馈的过程，最终总结出芯片热特性分析模型，达到优化电路的目的。

3. 寄生参数分析

寄生参数是芯片在加工的过程中，由于半导体器件、金属互连线、硅衬底等引入寄生器件的参数。这些寄生器件广泛存在于芯片各处，会给芯片性能带来负面的影响，且无法避免和消除。

芯片工作的频率越高，寄生器件所带来的负面影响也就越大，甚至会导致芯片无法工作。

寄生参数所导致的芯片性能下降甚至失效是非常严重的，必须在芯片的设计阶段就把这些寄生参数准确地提取出来，将负面影响降到可接受的程度。

5.3.5.2 封装级热仿真

芯片封装是安装半导体集成电路芯片用的外壳，起着安放、固定、密封、保护芯片和增强热性能的作用，而且还是沟通芯片内部世界与外部电路的桥梁。芯片上的接点用导线链接到封装外壳的引脚上，这些引脚又通过印制板上的导线与其他器件建立连接。

同时，封装对器件和电路的热性能乃至可靠性都起着举足轻重的作用。电子封装的失效率与热成正比，而且与封装的最高温度成指数增长。封装级热仿真主要集中在封装级和板级分析。

热仿真模型的建立首先需要在热分析软件中建立实体几何模型，或通过其他软件导入封装结构、定义材料热性能参数等；然后定义求解域、求解类型，施加热载荷，定义边界条件，划分网络，定义收敛标准，求解；最后进行后处理，以图形显示温度场、节点温度、热阻、热流率、换热系数等。

芯片稳态特性有两个主要参数：芯片的最高允许节点温度和热阻。影响芯片温度的因素很多，封装中对温度影响的主要因素包括电子封装材料热导率、PCB（Printed Circuit Board，印制电路板）导热率、芯片焊接厚度等。

5.4 研发方向

芯片在电力系统的信息化、自动化、互动化过程中发挥着核心支撑作用。在芯片产业技术迭代，以及智能电网建设需求的情况下，电力系统中的传感、通信、主控、安全、射频识别等芯片也呈现出新的发展趋势。

5.4.1 传感芯片

未来传感芯片一方面呈现出去单一功能化特征，向着智能化、集成化的方向发展；另一方面是朝向低功耗、无源的技术方向发展。

MEMS 小型化趋势是走向 NEMS（Nano-Electromechanical System，纳机电系统）。MEMS 尺寸缩小带来微系统功能密度增加、成本下降、传感性能提升、低功耗等优势。MEMS 器件的尺度是微米量级，NEMS 器件是纳米尺度。目前 MEMS 技术处在从微米尺度向纳米尺度过渡阶段，NEMS 领域在惯性传感器和化学传感器上已有部分商用产品。[1]

封装尺寸减小是 MEMS 小型化趋势的另一表现。在 MEMS 传感器的晶圆级封装开发工艺中，封装成本约占 MEMS 传感器总成本的 30%～40%，封装尺寸面积的减少能够降低 MEMS 传感器的成本、提高传感器的灵敏度。

多种传感器融合是发展趋势之一。MEMS 面临电子设备应用多元化、小型化、智能化的挑战，增加功能密度、提升精度成为 MEMS 的重要驱动因素。MEMS 的传统挑战是缩小器件尺寸或功耗，但仅仅尺寸缩小不再是传感器的唯一驱动因素。

以传感用户的移动位置信息为例，可穿戴设备需要感知四个自由度的线性加速度、旋转、重力、电子罗盘、计步器、活动监测与终端、运动探测等信息，涉及 MEMS 加速度计、MEMS 陀螺仪、MEMS 地磁计以及微控制器和软件。因此将多种 MEMS 传感器进行功能集成是满足用户需求的重要发展方向。

传感融合是传感器融合为一体的关键技术。传感器融合应用的趋势是，从数据采集到多维度数据整合、再演进到应用场景解读，从低精度传感器向高精度传感器演进，从离散传感器向智能传感器演变。比如，环境类传感器将气体/微粒传感器、压力传感器、温/湿度传感器、麦克风集成在一起，组成环境传感组合。

---

[1] 半导体行业观察.前途无量的 MEMS 传感器［EB/OL］. https：//mp.weixin.qq.com/s/0eYNCt6_fHRHDagm8tQd6w，2020-6。

多种传感器融合的关键在于传感器软件和算法。每种传感器所采集的数据在传输之前需要经过校正与优化，多种传感器数据融合产生大量的原始数据，需要特定算法和微控制器进行处理。优化的算法和高效的微控制器能够产生用户所需的数据，减轻中央处理器的计算压力，提高传感数据的准确性和效率。

传感器同时呈现出集成化的趋势，从离散器件向传感与数据处理一体化集成的智能传感器方向发展。MCU 或板上系统将 MEMS 传感器所需的模数转换接口电路、信号处理电路、数据输出电路集成，系统级封装（System In a Package，SiP）或片上系统（SoC）再将 MCU 与 MEMS 传感器一体化集成，形成智能传感器节点。

在传感器融合的背景下，多种传感器的数据需要经过校准与处理，再通过算法模型对数据进行解读。比如，运动监测数据需要与室内导航数据结合，实现传感器对用户活动状态和地理位置的态势感知。因此，传感器正从硬件向软硬结合的集成系统发展。

5.4.2 通信芯片

电力通信芯片需要支持更多通信接入方式、更高通信速率、更强抗干扰能力，以及增强的安全算法与安全机制；同时，随着海量的设备接入到电力通信网，对通信芯片的功耗与成本更加敏感，低功耗、低成本与高性能之间的矛盾凸显，需要采用更加先进的设计与制造技术来解决。

电力应用中明确规定了通信模块的静态与动态功耗，因此低功耗设计贯穿芯片设计的各个阶段。在芯片结构设计中通过时钟分频，使不同的应用情况采用不同的时钟工作频率。在代码设计阶段，采用专门的代码方式、降低电路的翻转率。在逻辑综合阶段，通过工具插入门控时钟，降低时钟的使用频率。在版图设计阶段，考虑使开关频繁的路径最优化，以开关活动性来确定布局布线；采用优化的时钟树生成算法，减少时钟歪斜、偏差和抖动的情况发生，达到降低功耗的目的。

5.4.3 主控芯片

主控芯片的未来研发重点包括 CPU 内核设计技术、低功耗芯片架构设计技术、总线技术等关键领域的研究以及主控芯片开发生态的建设。对于 CPU 内核来说，代码密度和执行效率需要在硬件资源受限的条件下完成。此外，在功耗同比下降的情况下，集成更多的外围设备接口、更大的存储器，以及保证数据处理传输的安全有效，均是在芯片设计领域的技术核心和发展方向。

5.4.4 安全芯片

未来的芯片产业发展中，信息安全问题将越来越被重视。芯片安全包括物理安全和逻辑安全。物理安全指芯片中各模块的物理保护，使其免于破坏、丢失等。逻辑安全包含信息完整性、保密性、非否认性和可用性。这是一个涉及硬件、软件、应用系统、人员管理等多方面的问题。

在安全芯片所有主要发展方向和产品种类上，都包含了密码技术的应用。全球范围内密码算法多采用高级加密标准代替数据加密标准算法。非对称算法仍以 RSA 算法（一种使用不同的加密密钥与解密密钥，以三位发明者的名字首字母命名）为主，一些新型椭圆曲线算法等也出现了可应用的产品。此外，将公匙基础设施体系引入应用市场也是一个趋势。

除密码技术外，芯片安全防护等级也在逐步提高。在性能方面，安全芯片也有了更高的要求，55nm 工艺是近年各安全芯片的工艺发展方向。

5.4.5 射频识别芯片

当前的射频系统是开放性系统，对于安全要素考虑不充分，大规模使用过程中容易产生安全问题，提升射频识别芯片的安全性势在必行。

同时，研究如何在高灵敏度下持续降低芯片功耗将是未来几年中的主要任务。由于射频识别芯片主要用于传递温度和湿度等环境参数，因此将射频识别芯片和传感技术的结合会是未来智能电网发展的技术趋势。

随着 5G 技术商业化的来临，5G 标准下的移动通信、物联网通信标准将进行统一，因此未来在统一标准下射频前端芯片产品的应用领域会进一步扩大。5G 带来射频前端材料和工艺的变化，模组化成为趋势。[1]

射频前端在 5G 时代的重要性日益凸显。5G 需要支持更多的频段、进行更复杂的信号处理，射频前端在通信系统中的地位进一步提升。同时，射频前端电路需要适应更高的载波频率和更宽的通信带宽，需要更高、更有效率和高线性的信号功率输出，自身需要升级以适应 5G 的变化，在整体结构、材质以及器件数量方面都需要大量的革新。射频前端将是 5G 极具挑战又至关重要的领域，行业变革迫在眉睫。

5G 频谱提升带来射频器件材料和工艺改变。射频前端的有源器件由于要承接 5G 高频率，材料和工艺都要发生变化。传统的射频工艺逐步被 LDMOS（Laterally Diffused Metal Oxide Semiconductor，横向扩散金属氧化物半导体）、SiGe、GaAs 替代，未来射频工艺以 GaN、SOI 等为主。

5G 时代射频前端模组化程度将越来越高。随着通信制式的升级，频段变多，高一级的通信系统要向下兼容，导致射频器件越来越多、越来越复杂；同时要求增加电池容量，压缩 PCB 板面积，模组化是未来必然的趋势。

[1] 刘翔．电子研究．稀缺的国产射频芯片企业，5G 时代迎来新机遇［EB/OL］. https://mp.weixin.qq.com/s/vEhUZMeIvCpkp7jnwjZaBw，2019-9。

5.5 小结

芯片承担着运算和存储功能。芯片产业随着计算机、互联网、移动互联网及人工智能等科技浪潮的起伏而不断发展，至今已有超过 80 年的历程，分化出传感芯片、通信芯片、主控芯片、安全芯片、射频识别芯片等类别。作为电力设备的基本单元，芯片是构成传感、测量、控制和通信的硬件基础，在电力系统的发电、输电、配电、用电各个环节中发挥着核心支撑作用，广泛应用于智能电能表、电力通信、用电安全、资产管理、设备状态监测等方面。

芯片关键技术包括低功耗设计、可靠性设计、电磁防护、可测性设计和热仿真等。在低功耗设计方面，行业对大规模芯片设计的要求已从单纯追求高性能转变成对性能、面积、功耗等的综合要求，需要引入多种低功耗设计手段；芯片可靠性设计技术涉及线路、版图、工艺、封装结构等多个方面；高压输变电线路和高压变电站会产生无线电干扰，为保证芯片正常工作，电磁兼容技术、静电放电防护技术等电磁防护测试技术需深入应用；可测性设计技术可以有效提高芯片的测试覆盖率及可靠性，具体包括安全芯片可测性设计技术、高同测数可测性设计技术、压缩可测性设计技术等。

未来电力系统应用的传感、通信、主控、安全、射频识别等芯片呈现出智能化、集成化、抗扰性强、计算速度快等新趋势，满足电力系统信息化、自动化、互动化发展。芯片技术的具体研发方向包括多传感器融合中软件与算法设计、电力通信芯片的安全算法设计与安全机制建立、主控芯片 CPU 内核设计技术、低功耗芯片架构设计技术、安全芯片密码技术升级应用、射频前端芯片材料与工艺研究、射频前端模组化等。

6 大数据与区块链技术

大数据技术是依托云计算等方法对海量、高增长率和多样化的信息资产进行分析管理的技术，具有大量、高速、多样、低价值密度、真实等特点；区块链是一个分布式的共享账本和数据库，具有去中心化、不可篡改、全程留痕、可以追溯、集体维护、公开透明等特点。区块链的诞生为大数据的安全提供了一种新的技术保障。随着信息技术不断发展和互联网的快速普及，全球数据呈现爆发式增长，大数据、区块链技术与人们的生产、生活联系得日益紧密。

6.1 技术现状

6.1.1 发展历程

1980 年，著名未来学家阿尔文 · 托夫勒在其著作《第三次浪潮》中，将“大数据”划分为三个阶段：第一次浪潮为农业阶段，从约 1 万年前开始；第二阶段为工业阶段，从 17 世纪末开始；第三阶段为信息化（或者服务业）阶段，从 20 世纪 50 年代后期开始。

阿尔文 · 托夫勒描述的信息化浪潮在 21 世纪实现。2004 年前后，谷歌发布的三篇论文成为推动大数据时代变迁的重要驱动力。这三篇奠定大数据技术基础的论文分别是 2003 年“The Google File System（谷歌分布式文件系统，GFS）”、2004 年“MapReduce：Simplified Data Processingon Large Clusters（大数据分布式计算框架，MapReduce）”、2006 年“Bigtable：A Distributed Storage System for Structured Data（大数据 Nosql 数据库，BigTable）”。

2005 年 Apache 软件基金会（专门为支持开源软件项目而办的一个非盈利性组织）所开发的分布式系统基础架构 Hadoop 项目诞生，使得大规模处理结构化、半结构化、非结构化数据的廉价方案成为可能，为大数据产业的快速发展创造了基础条件。

2008 年，大数据得到部分美国知名计算机研究人员认可。业界组织计算社区联盟（Computing Community Consortium）发表白皮书《大数据计算：在商务、科学和社会领域创建革命性突破》，详尽阐述了大数据对社会治理的推动作用及其潜在的商业价值。大数据正式进入世界最具有价值和影响的技术行列。

2009 年，美国政府为构建开放、透明机制，启动 Data.gov 网站，向公众开放多种政府数据，包括交通、经济、医疗、教育和人口服务等。2012 年，Data.gov 已累积来自 172 个政府机构的数据集，数据集数量从 2009 年的 47 个暴增至 40 万个以上，催化美国政府推出相关政策，加速大数据技术发展。大数据发展历程如图 6.1 所示。

随着数据的积累和爆发，数据安全问题引起越来越多人的担忧，而区块链技术作为一种不可篡改的、全历史的、强背书的数据库存储方式应运而生。区块链技术起源于化名为“中本聪”（Satoshi Nakamoto）的学者在 2008 年发表的奠基性论文《比特币：一种点对点电子现金系统》。经过多年的革新升级，区块链的应用领域不断扩大，逐步从数字化场景应用延伸到产业实体应用当中，可应用于隐私保护、业务协同、价值挖掘、监管审计协同等领域，如图 6.2 所示。从技术维度看，区块链技术大致经历了 3 个发展阶段，每个阶段都采用新的技术手段，如图 6.3 所示。

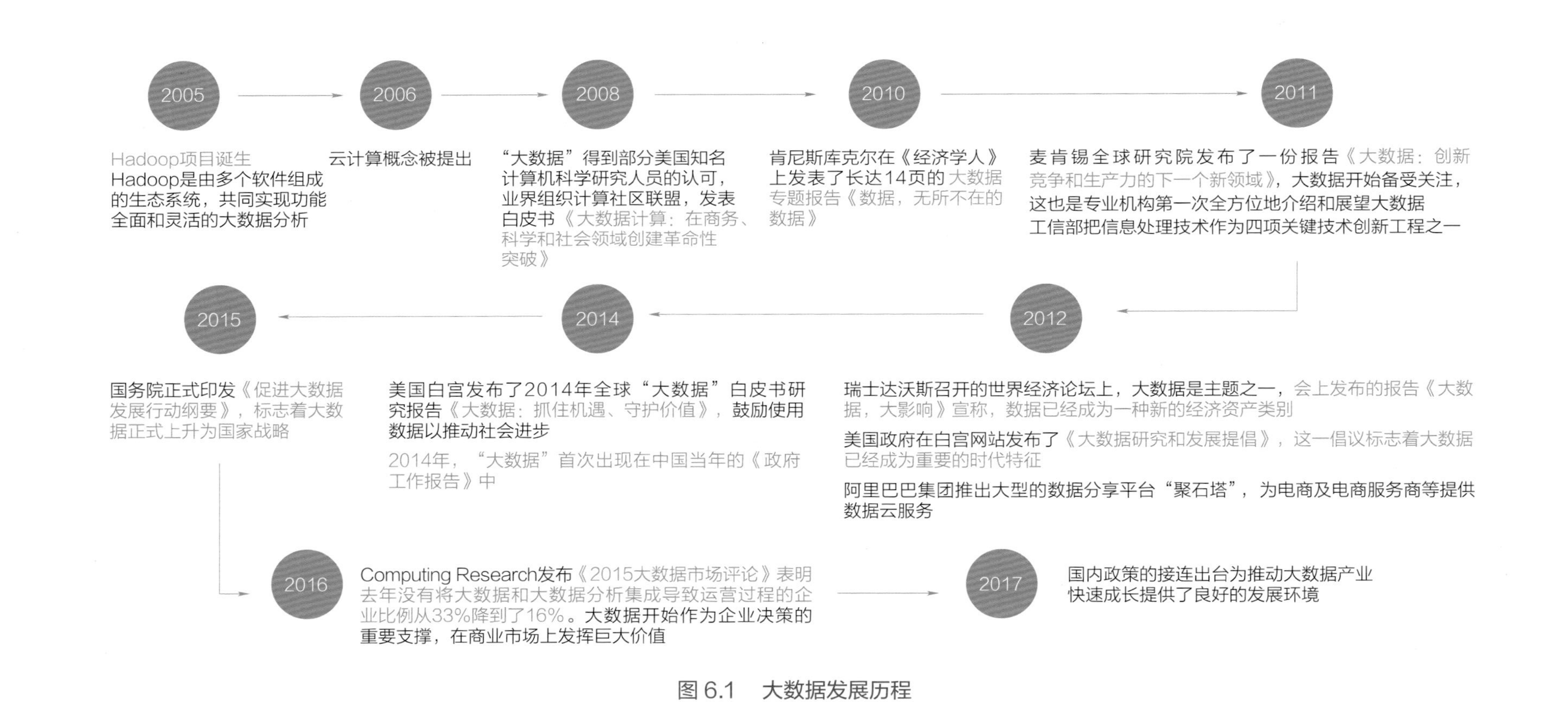
2005
Hadoop项目诞生
Hadoop是由多个软件组成的生态系统，共同实现功能全面和灵活的大数据分析
2006
云计算概念被提出
2008
“大数据”得到部分美国知名计算机科学研究人员的认可，业界组织计算社区联盟，发表白皮书《大数据计算：在商务、科学和社会领域创建革命性突破》
2010
肯尼斯库克尔在《经济学人》上发表了长达14页的大数据专题报告《数据，无所不在的数据》
2011
麦肯锡全球研究院发布了一份报告《大数据：创新竞争和生产力的下一个新领域》，大数据开始备受关注，这也是专业机构第一次全方位地介绍和展望大数据
工信部把信息处理技术作为四项关键技术创新工程之一
2012
瑞士达沃斯召开的世界经济论坛上，大数据是主题之一，会上发布的报告《大数据，大影响》宣称，数据已经成为一种新的经济资产类别
美国政府在白宫网站发布了《大数据研究和发展提倡》，这一倡议标志着大数据已经成为重要的时代特征
阿里巴巴集团推出大型的数据分享平台“聚石塔”，为电商及电商服务商等提供数据云服务
2014
美国白宫发布了2014年全球“大数据”白皮书研究报告《大数据：抓住机遇、守护价值》，鼓励使用数据以推动社会进步
2014年，“大数据”首次出现在中国当年的《政府工作报告》中
2015
国务院正式印发《促进大数据发展行动纲要》，标志着大数据正式上升为国家战略
2016
Computing Research发布《2015大数据市场评论》表明去年没有将大数据和大数据分析集成导致运营过程的企业比例从33%降到了16%。大数据开始作为企业决策的重要支撑，在商业市场上发挥巨大价值
2017
国内政策的接连出台为推动大数据产业快速成长提供了良好的发展环境

图 6.1　大数据发展历程

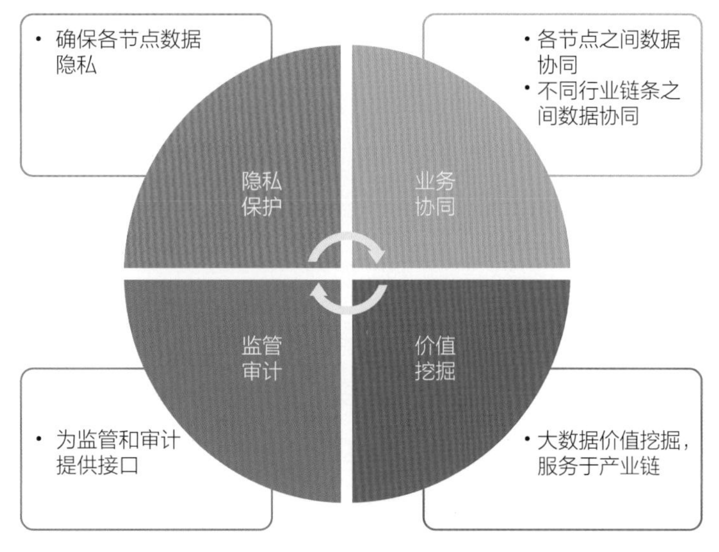

图 6.2 区块链应用领域

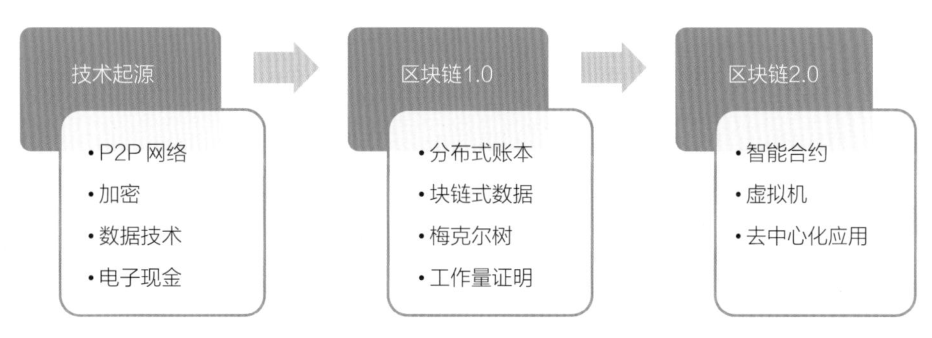

图 6.3 区块链技术发展经历的三个阶段

6.1.2 应用现状

大数据提供了人类认识和处理复杂系统的新思维、新手段，蕴含着巨大的社会、经济、科研价值。随着数据量的快速增长，世界各国将发展大数据作为国家的战略布局，进一步释放数据的潜在价值。当前，数据正成为经济发展的重要基础，并成为社会与国家管理、决策的重要依据。[1]

区块链从狭义来讲是一种按照时间顺序将数据区块以顺序相连的方式组合成的一种链式数据结构，并以密码学方式保证的不可篡改和不可伪造的分布式

[1] 傅耀威，杨国威.云计算和大数据技术发展现状与趋势［J］. 中国科学技术，2018（3）。

账本。广义来讲，区块链技术是利用块链式数据结构来验证与存储数据、利用分布式节点共识算法来生成和更新数据、利用密码学的方式保证数据传输和访问的安全、利用由自动化脚本代码组成的智能合约来编辑和操作数据的一种全新的分布式基础架构与计算范式。从技术层面来看，区块链技术并不是单一信息技术，而是依托于现有技术、加以独创性的组合及创新，从而实现以前未实现的功能。区块链系统由数据层、网络层、共识层、激励层、合约层和应用层构成，涉及数学、密码学、互联网和计算机编程等很多科学技术问题，其核心技术包括分布式账本、非对称加密、共识机制、智能合约等。区块链技术的最大优势是“去中心化”，通过运用密码学、共识机制、博弈论等技术与方法，在网络节点无须相互信任的分布式系统中实现基于去中心化信用的点对点交易。基于此，区块链具有“诚实”与“透明”的特性，能够将设备数据登记在一个共享且不可篡改的账本中，以确保所有交易参与者都能获得相同的信息，保证系统透明可信，实现多个主体之间协作信任与一致行动。

全球主要发达国家和发达经济体高度重视大数据和区块链发展带来的机遇，将大数据和区块链产业作为战略布局的优先领域，在政策、标准、政府应用等方面制定了长期发展战略，抢占新一轮产业创新的制高点以强化竞争力，如 2010 年美国联邦政府大数据计划、2012 年欧盟云计算发展战略及 3 大关键行动建议、2013 年美国联云计算战略、2014 年欧盟数据驱动的经济战略等。根据中国社科院《产业蓝皮书：中国产业竞争力报告（2020）No.9》统计，2019 年中国固定和移动数据及互联网业务收入分别达到 2175 亿元和 6082 亿元。

当前大数据和区块链技术已在多国家、多领域实现了实践应用。全球知名计算机和互联网公司，如谷歌、IBM、腾讯、阿里、百度等，在大数据和区块链技术上均投入了大量的研究力量，在大数据系统、算法、平台等多个方面实现了应用。从国家层面上，爱沙尼亚在区块链技术应用上已走在最前沿，开始在社会全面应用区块链技术；英国出台《超越区块链——分布式账本技术》报告书，建议政府将区块链提高到国家层面；中国于 2016 年首次将区块链作为战略性前沿技术纳入“十三五”国家信息化规划当中。

随着新一轮产业革命的到来，云计算、大数据、物联网、区块链等新一代信息技术在智能制造、金融、能源、医疗健康、环境保护、城市治理等行业中的作用愈发重要。金融行业已率先在跨境汇款、交易结算、征信、供应链金融业务上试用区块链技术。在能源行业，区块链的应用主要集中在碳交易、分布式能源交易、创新能源金融模式等方面，并在全球范围内有着多个能源区块链落地案例。

电力行业的运营过程涉及发电、输电、配变电、用电以及售电和调度等众多环节，每一个环节都包含着大量电力数据。在新技术的推动下，电力行业正在向信息化、数字化方向发展。大数据在电力行业中的应用比较普遍，涵盖电力生产运行、电力市场分析、电力交易、运维检修等多个方面。未来，能源电力行业引入区块链技术后，可以改变现有的能源生产、消费、输配、交易、融资和监管方式。

从全球范围看，截至 2019 年年底全球电力行业共启动 234 个区块链项目。其中，能源交易平台、能源项目融资、绿色证书核发三个应用领域的项目占比分别为 32.5%、14.5%、11.5%，其他应用领域包括支付解决方案、数据管理、电动汽车充电设施、分布式能源平台等，如图 6.4 所示。典型项目包括美国能

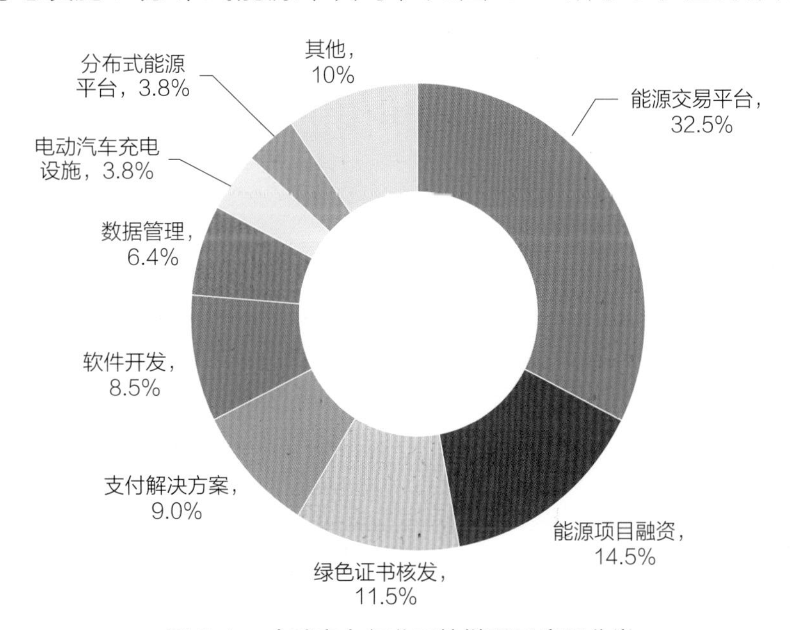

图 6.4 全球电力行业区块链项目应用分类

源公司 LO3 Energy 与区块链技术企业 ConsenSys 推出的基于区块链技术的光伏微电网售电项目，德国 Conjoule 公司为可再生能源的生产者和消费者开发的 P2P（点对点）市场交易平台，以及南非的 Sun Exchange 公司和相关光伏企业联合投资的太阳能发电和售电网络系统。

6.2 主要应用

电力数字化是大数据与区块链技术在电力领域的一种应用形式。未来电力系统通过采用分布式存储、分析挖掘、可视化、分布式账本、智能合约、加密算法等技术，提升运行的安全性、可靠性、经济性。概而言之，大数据技术可用于电力行业的生产经营、市场开发、客户管理、投融资管理决策等多个方面；区块链应用于构建新型的能源交易模式、推动能源生产从集中到分散、优化电力调度运行，从而有效推进电力市场交易、碳市场交易的达成。

6.2.1 系统运行

大数据与区块链技术在电力系统的主要应用包括电力负荷精准预测、可再生能源预测、电力变压器运行及故障预警、配电网故障抢修精益化管理、配变重过载风险预警、配电网低电压在线监测、业扩可开放容量智能研判、电网暂态稳定运行分析、输变电设备疑似家族性缺陷分析、配农网运维综合评价等。

1. 发电、用电负荷预测

电力负荷精准预测。大数据的应用可以对用电负荷进行有效分析。电力负荷预测是以电力负荷为对象进行的一系列预测工作，会随着时间、空间、用电对象等因素呈现出一定的规律。通过用电数据的广泛采集和多元影响因素的动态分析，采用混合计算、虚拟化、云边结合等大数据技术，可提升负荷预测的准确性、实时性、可靠性，从而服务电力系统规划、运行和调度，支撑电力市场的构建和完善，更好地实现负荷管理。

可再生能源发电预测。可再生能源是电力系统的重要组成部分，以风电为例，基于大数据处理技术，可广泛收集环境信息和并网点附近的潮流分布，根据当地气候优化配置风力涡轮机，选择合适的风力塔位置，实现高效的能源输出，降低对电网输电能力的影响。此外，结合大数据分析技术和天气建模，可进行可再生能源的短期预测，帮助电网及电力企业掌握发电变化，提前调控电源与负荷，减少大幅度变化对电网的冲击，提高供电可靠性，降低损失。

2. 输变电设备运行管理

电力变压器运行及故障预警。利用并行计算、可视化等大数据技术手段准确掌握电力变压器的运行状态、及时有效发现变压器潜在性故障，能有效降低电力事故和变压器故障发生概率。

输变电设备疑似家族性缺陷分析。经确认由设计、材质、工艺共性因素导致的设备缺陷称为家族性缺陷。通过分析挖掘大数据技术对输变电设备运行状态数据进行分析，分析同厂、同型号、同批次发生某缺陷时与设备故障、试验、状态评价等数据的关联性，以甄别输变电设备疑似家族性缺陷，为家族性缺陷的认定和处理提供有效的手段和量化数据支撑。

3. 配电网运行监测与预警

配电网故障抢修精益化管理。通过大数据技术可以对配电网设备进行故障周期数据处理和系统薄弱点分析，实现配电网精益管理，完善配电网抢修机制，缩短故障复电时间，提高可靠性水平，提升客户满意度，解决目前抢修资源不足、综合成本普遍偏高的问题。

配变重过载风险预警。通过可视化、分析挖掘等大数据技术可实现设备的在线监测和风险预测，及时有效预警配电变压器重过载运行问题，有利于提升供电质量、避免设备损坏。

配电网低电压在线监测。通过多源数据整合、分析挖掘等大数据技术对低电压现象进行收集和分析，对相关的结果性、过程性指标和明细数据项进行日常监测和问题预警。

农村配电网运维综合评价。农村配电网一直在不断地改造和扩建，其规模也在不断扩大，大多数县级以上配电网的规模达到百条馈线以上。未来需要通过异构数据存储、分布式存储、并行计算等大数据技术，建立农村配电网可视化综合评价模型来科学评价农村配电网运维管理水平，解决农村配电网运维管理中心存在地诸多问题。

配电网投入产出综合效能分析。通过分析挖掘大数据技术为配电网资源的科学合理配置提供辅助决策支撑，有助于科学、合理、精准安排配电网投入，推动公司综合效益稳步提升。

业扩可开放容量智能研判。根据业扩业务的申请容量、用户类别、接入时间等信息，通过分析挖掘大数据技术智能研判变压器、线路等设备的可开放容量是否满足新增业扩容量的接入需求，系统输出研判的依据和结论，从而提高配变设备的经济运行，提高业扩办理效率。

防窃电预警。通过混合计算、并行计算等大数据技术快速、精准定位存在“违约用电、窃电”的海量数据并进行准确实时处理，建立现场防窃电诊断分析模型，实现智能预警、用电检查跟踪管理，保障电网安全。

6.2.2 企业管理

大数据在电力企业经营管理的应用主要包括财务风险精细化防控、电网成本结构及效益综合分析、企业运行痕迹与量化管理支撑、电费回收风险预测、物资库存物料动态特征分析等方面。

财务风险精细化防控。通过分析挖掘大数据技术来建立科学有效的风险预警指标体系，观察财务指标变化并进行分析，识别潜在财务风险为经营决策提供依据，从而降低财务风险，减少潜在风险发生后造成的损失。

电网成本结构及效益综合分析。通过分析挖掘、可视化大数据技术构建全新电网成本结构及效益综合分析体系，深入推进大数据应用信息化建设，可解决电力、电网企业成本管控中存在的突出问题。

企业运行痕迹与量化管理支撑。通过分析挖掘、可视化大数据技术对员工工作行为轨迹和特征进行采集、整理和分析，深度挖掘影响员工效率的因素，支撑企业管理人员管控，提高企业整体运行效率。

电费回收风险预测。通过分布式存储、并行计算、可视化等大数据技术构建算法模型，对客户的缴欠费特征及影响因素等进行分析，对当前及未来的欠费风险进行预判，保障企业的电费收入，有效控制企业经营风险。

物资库存物料动态特征分析。通过多源数据整合、可视化等大数据技术开展物资供应及时情况监测分析模型开发和应用，实现对物资供应及时情况风险的深度监测和分析，对供应计划及时情况进行风险监控，提高供应计划的准确性和及时性。

6.2.3 市场分析

优质的客户服务是企业生存发展的基础和前提。随着电力大数据平台的落地，电力客户交互数据量迅速攀升，大数据技术的应用给客户服务带来了极大的想象空间。大数据技术在客户服务方面的应用具体包括基于客户的电力市场营销分析、客户服务风险管理、客户信用评价、客户用电异常管理、客户用电优化管理、频繁停电实时预警管理。

基于客户的电力市场营销分析。通过多源数据整合、分布式存储、分析挖掘、可视化等大数据技术对用电信息进行整理和分析，选取关键指标形成客户画像标签，构建全面、系统的客户需求分析体系，驱动供电公司从“以电力生产为中心”向“以客户为中心”转变，提升客户精准服务。

客户服务风险管理。构建基于大数据的主动服务监测分析系统，实现风险在线监控、预警、服务实时响应的高效运作，促进服务数据精细化，提升供电企业客户主动服务质量。

客户信用评价。通过多源数据整合、并行计算、可视化等大数据技术，动态收集客户信用情况，对电力客户信用等级进行评估并对其信用风险进行管理，从而提高电力公司风险规避能力并提高经营水平。

客户用电异常管理。基于用电采集系统、营销业务系统、调度系统的数据，通过多源数据整合、异构数据存储、可视化等大数据技术构建客户用电量模型、客户负荷预测模型、防窃电预警模型，对客户用电负荷特性进行分析并预测未来用电负荷曲线，同时开展窃电嫌疑用户预测与行为分析，精准识别疑似窃电户，建立预警、排查和处理的闭环工作机制，提高公司效率和服务客户水平，保证正常的供用电秩序。

客户用电优化管理。基于客户负荷特性，依据业务系统提供的电能量曲线、电流曲线、客户用电负荷曲线、日用电量曲线、电压曲线等数据，通过可视化和分析挖掘技术将具有相同用电规律的客户进行分类，研究具有相同用电规律的客户群的移峰填谷潜力以及对峰谷分时电价调整的敏感度，以提高电网负荷率，实现均衡用电，充分保证电能质量，降低客户风险。

频繁停电实时预警管理。通过多源数据整合、分布式存储、可视化、分析挖掘等大数据技术，以配变在线数据为基础搭建分析预警体系，依据区域频繁停电情况以及客户对停电的敏感程度，合理设置阈值，使配电网频繁停电能够处于实时监控之中，以此来管控频繁停电和由此引起的投诉风险，提升电力公司的供电服务水平。

6.2.4 预测研究

随着电力产业发展和用电量增加，整个电力系统积累了大量的电力数据、负荷数据，且具备数据量庞大、积累类型众多、数据增量大以及速度快等特点。海量的用电信息为大数据的相关分析提供了数据基础，也衍生出诸多增值服务，主要包括居民消费水平指数分析、家庭绿色能效管理、宏观经济预测、行业景气度预测等。

居民消费水平指数分析。通过混合计算、分布式存储、可视化等大数据技术，分析城市居民历年用电量走势，统计居民用电基数，研究居民年均用电技术与居民消费水平的关系，构建居民消费水平指数，为政府做综合决策提供依据。

家庭绿色能效管理。通过研究智能用电关键技术和设备，结合智能用电互动服务平台，使用多源数据整合、异构数据存储、分析挖掘等大数据技术对家庭用电数据进行及时采集和深度挖掘，开发数据价值，助推家庭用电“节能化”进程，达到绿色家庭与能效管理相结合，从而实现绿色能源构想，为国家发展以及环境治理作出贡献。

宏观经济预测。结合电力数据及政策、社会、经济等数据利用多源数据整合、异构数据存储、混合计算、分析挖掘等大数据技术，通过“关联性分析—特征提取—影响力分析—预测”的步骤，实现对宏观经济的预测。

行业景气度预测。通过多源数据整合、异构数据存储、混合计算、分析挖掘等大数据技术，深入分析用电量的业务特性，将新技术、业务、行业经济情况有效整合，挖掘电量与行业经济的关联关系，构建电力景气模型，通过电力景气模型来预测国家、省、地市、行业的电力景气指数。此外可以挖掘各种经济环境下的售点业务机遇，加强电力增值业务服务。

6.2.5 市场交易

区块链技术的去中心化、去信任化、透明性、公平公开性、分布性决策、不可篡改和全程可追溯、可信任属性可以有效推动能源市场交易的达成，解决目前电力市场中存在的参与方较多、峰谷电价不同、记账不清晰、分账不明、账期较长等问题，具体解决方案如图 6.5 所示。

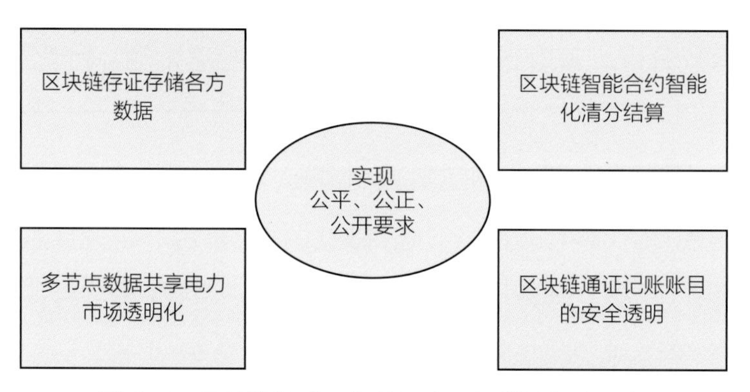

图 6.5 区块链技术可为能源交易提供的解决方案

能源交易平台利用区块链技术可以将发用电主体信息、发用电计划数据、电费计算规则、违约责任等重要信息上链存证，并进行数据一致性校验。通过区块链技术，实现上网电量确认、发票开具匹配、电费业务结算、资金支付收讫等全环节链上协同，提高购电结算效率、支付安全性和统计便利性；同时优化发用电曲线，推进电力交易市场构建进程，激发市场主体参与交易的积极性，降低交易成本，形成完善的电力市场体系。

以欧洲 Enerchain 电力交易平台为例，欧洲多家能源贸易公司采用区块链技术，在能源批发市场上创建了点对点交易平台。平台创建者将电力交易流程转移到区块链上，交易机构向去中心化的交易平台发送订单，交易双方通过交易平台点对点完成交易。目前已有 30 多家欧洲能源贸易公司在此平台参与交易，包括意大利国家电力公司 ENEL 和德国第二大电力供应商莱茵集团 RWE 等，极大降低交易成本。

除电力交易外，区块链技术以所记录数据作为价值载体，可以将碳资产数字化。采用区块链搭建碳排放权认证和交易平台，给予每一单位的碳排放权专有 ID，加盖时间戳，并记录在区块链中，实时记录发电机组的碳排放、碳交易行为，让碳交易市场更加透明、有序。

区块链技术可以记录不同能源系统实时生产信息和流动状态。不同能源系统通过动态共享数据，优化自身系统，能更好地协调各分布式电源、储能装置等各类型能源之间相互调度，实现多能互补，缓解能源供需矛盾。

区块链运用数据加密、时间戳、分布式共识等技术手段，可构建面向源网荷储全链互动的区块链能源交易和监管，实现大规模源网荷储实时跟踪记录和精准管理。

6.3 关键技术

电力大数据涉及发电、输电、变电、配电、用电、调控等多个环节，通常由结构化、非结构化两类数据组合而成，具备数据量大、数据类型多、处理速度快、精确性高和价值大的特征，其关键技术包括多源数据整合、异构数据存储、混合计算、分析挖掘、分布式存储、并行计算、可视化、虚拟化等。区块链是多种技术成果的结合，涉及数学、密码学、互联网和计算机编程等很多科学技术问题，其核心技术包括共识机制、分布式账本、非对称加密、智能合约、点对点传输技术等。

6.3.1 多源数据整合

多源数据整合是一种自动化信息综合处理技术，利用多源信息，进行多层面、多级别及多角度信息检测，以获得目标数据和发展趋势评估。该技术可以将不同的数据信息进行综合，吸取不同数据源的特点，利用多源数据的互补功能对具有不同数据源中具有相似特性的数据进行综合处理，从而使数据更精确，得到比单一数据更好、更丰富的信息。

多源数据整合技术包括消息列队、数据导入工具、数据抽取工具、数据复制工具等，实现结构化数据、非结构化数据、历史数据、准实时数据、电网空间数据的接入，将各类数据按照电力大数据信息模型进行标准化格式存储，依据应用需求存储在分布式数据存储中。

在大型电网中，大数据产生于整个电网的各个环节。由于专业部门的应用系统独立构建各自的数据库，各自拥有独立的数据模型，各自的数据采用不同类型、编码规则的数据模型存储，导致多元电网运行参数不一致，无法共享参数信息、互相辨识数据，缺乏彼此协同机制，出现了“一个电网，多套参数”的问题。所以实时准确地为电网调度各个应用系统提供各类信息是非常困难的。因此，可以利用多源数据整合技术在海量数据中将不同数据源的同一对象数据进行整合，迅速找到关键信息，并在一定程度上提高经济效益。

6.3.2 分析挖掘

数据分析挖掘是指从数据库的大量数据中通过分析揭示出隐含的、先前未知的、有潜在价值的信息的非平凡过程。数据挖掘是一种决策支持过程，它主要基于人工智能、机器学习、模式识别、统计学、数据库、可视化技术等，高度自动化地分析企业的数据，进行归纳性推理，从中挖掘出潜在的模式，帮助决策者调整市场策略、减少风险、作出正确的决策。

通常数据的类型可以是结构化的、半结构化的，甚至是异构型的。发现知识的方法可以是数学的、非数学的，也可以是归纳的；数据挖掘的对象可以是来自任何类型的数据源，既可以是关系数据库（包含结构化数据的数据源），也可以是数据仓库、文本、多媒体数据、空间数据、时序数据、Web 数据（包含半结构化数据甚至异构性数据的数据源）。

数据挖掘涉及的技术方法很多，有多种分类法。根据挖掘任务不同，数据挖掘可分为分类或预测模型发现、数据总结、聚类、关联规则发现、序列模式发现、依赖关系或依赖模型发现、异常和趋势发现等。根据挖掘对象不同，数据挖掘可分为关系数据库、面向对象数据库、空间数据库、时态数据库、文本数据源、多媒体数据库、异质数据库、遗产数据库以及环球网 Web。根据挖掘方法不同，数据挖掘可分为机器学习方法、统计方法、神经网络方法和数据库方法。机器学习可细分为归纳学习方法（决策树、规则归纳等）、基于范例学习、遗传算法等。统计方法可细分为回归分析（多元回归、自回归等）、判别分析（贝叶斯判别、费歇尔判别、非参数判别等）、聚类分析（系统聚类、动态聚类等）、探索性分析（主元分析法、相关分析法等）等。神经网络方法可细分为前向神经网络（BP 算法等）、自组织神经网络（自组织特征映射、竞争学习等）等。数据库方法主要是多维数据分析或 OLAP（Online Analytical Processing，联机分析处理）方法，另外还有面向属性的归纳方法。

数据分析一般有三个步骤，分别是数据准备、规律寻找和规律表示。数据准备是从相关的数据源中选取所需的数据并整合成用于数据挖掘的数据集；规律寻找是用某种方法将数据集所含的规律找出来；规律表示是尽可能以用户可理解的方式（如可视化）将找出的规律表示出来。数据挖掘的任务有关联分析、聚类分析、分类分析、异常分析、特异群组分析和演变分析等。

6.3.3 分布式存储

分布式存储是将数据分散存储于网络中的多个数据节点上，数据库中的所有数据实时更新并存放于所有参与记录的区块链网络节点中，每个节点都有数据库中的完整数据记录以及数据备份，形成一个大规模的存储资源池。在分布式存储方式下，黑客破解和数据篡改的成本较高，篡改者需要同时修改网络上超半数系统节点的数据才能实现数据篡改，操作量过大，导致篡改无法真正执行。

传统的网络存储系统，采用集中的存储服务器存放所有数据，存储服务器成为系统性能的瓶颈，也是可靠性和安全性的焦点。分布式存储系统利用多台存储服务器分担存储负荷，利用位置服务器定位存储信息，有效提高了系统的可靠性、可用性和存取效率。

得益于较低的拥有成本、灵活的扩展能力、线性增长的性能、统一的资源池管理等优势，分布式存储逐步替代了传统网络存储，成为有效处理海量业务数据的利器。目前分布式存储系统已经在全球范围内得到广泛认可。

在电力系统中应用分布式存储，能够充分利用碎片资源。电力系统当中，各个系统设备都有着丰富的碎片资源，分布式存储对这些碎片资源加以利用，避免重复建设和资源浪费，降低电力系统成本，提高运行效率。[1]

6.3.4 并行计算

并行计算（Parallel Computing），又称平行计算，是指同时使用多种计算资源解决计算问题的过程，是提高计算机系统计算速度和处理能力的一种有效手段。它的基本思想是用多个处理器来协同求解同一问题，即将被求解的问题分解成若干个部分，各部分均由一个独立的处理机来计算，通过并行计算集群完成数据的处理，再将处理的结果返回给用户。并行计算系统既可以是专门设计的、含有多个处理器的超级计算机，也可以是以某种方式互联的若干台的独立计算机构成的集群。

并行计算是相对于串行计算来说的。所谓并行计算可分为时间上的并行和空间上的并行。时间上的并行就是指流水线技术，而空间上的并行则是指用多个处理器并发的执行计算。

并行计算有着多种优点，可以节约时间和成本。理论上讲，在一个任务上

[1] 倪良稳.电力行业分布式存储应用研究［J］. 自动化与仪器仪表，2018（1）。

投入更多的资源有利于缩短其完成时间，从而提高效率。并行计算可以提供并发性，利用多计算资源同时做多件事情，从而提升效率、节约成本。

近年来电力系统领域的并行计算应用发展迅速，主要应用在潮流计算、最优潮流、时域仿真等方面。

随着智能电网的逐渐实现，越来越复杂的电力系统使并行计算和电力系统分析这个领域交叉越来越明显。首先，未来电力系统源网荷储都将产生海量数据，并行计算可应用在考虑新能源随机特性的大数据分析与优化计算方向。其次，特高压交直流混联电力系统的逐渐形成，并行计算可应用在大规模、系统级机电—电磁暂态混合仿真，或者全电磁暂态仿真。再次，随着能源互联网、信息物理系统的发展，并行计算可应用在基于 PMU（相量测量装置）和 WAMS（广域测量系统）实时设备与电网信息的电力系统在线实时分析应用。[1]

6.3.5 可视化

可视化（Visualization），又称为数据可视化（Data Visualization），主要是利用计算机来对大量数据进行处理，并将其结果以图形的方式展示出来。人们从外界获得的信息方式有很多种，但视觉系统和获得的数据占比较大，且更便于让用户掌握不能看见的数据信息。

数据可视化主要指借助于图形化手段，清晰有效地传达与沟通信息。可视化技术可以有效地传达思想观念，美学形式与功能需要齐头并进，通过直观地传达关键的方面与特征实现对数据集的深入观察。

人类利用视觉获取的信息量，远远超出其他器官。用与生俱来的视觉功能来处理可视化的数据信息，便于发挥人体大脑和计算机信息处理系统的最大价

[1] 刘俊，郝旭东，等. 电力系统并行计算综述［J］. 智慧电力，2017（7）。

值，让信息获取及分析变得更加简单、直观，能够有效提高工作质量和效率。

广义的数据可视化涉及信息技术、自然科学、统计分析、图形学、交互、地理信息等多种学科。科学可视化、信息可视化和可视分析学三个学科方向通常被看成可视化的三个主要分支。而将这三个分支整合在一起形成的新学科“数据可视化”，是可视化研究领域的新起点。

科学可视化重点在于对体、面以及光源等的逼真渲染，目的是以图形方式说明科学数据，使科学家能够从数据中了解、说明和收集规律；信息可视化是研究抽象数据的交互式视觉表示以加强人类认知。柱状图、趋势图、流程图、树状图等，都属于信息可视化，这些图形的设计都将抽象的概念转化成可视化信息；可视分析学是随着科学可视化和信息可视化发展而形成的新领域，重点是通过交互式视觉界面进行分析推理。

目前可视化技术在学术界用得比较多的包括 R 语言、ggplot2、Python 可视化库等，普通用户喜闻乐见的是 Excel，商业上的产品是 Tableau、DOMO、FineBI 等。

对于电力企业来说，可以通过对电力运营监控进行可视化管理和可视化决策，实现对企业的全面监测、分析和协调，常见的应用包括可视化在设备管理、调度自动化、电力工程建设、故障抢修、跳闸事件通知中的应用。借助可视化工具，通过仪表盘、柱状、地理图方式，展示战略关键指标、重点关注指标、总体电网规模，利用数字化手段为企业精益管理提供决策支持。[1]

6.3.6 共识算法

共识算法可被定义为使区块链网络达成共识的机制。去中心化的区块链不

[1] 陆晓岚. 浅析电力业务数据中心的动态可视化应用［J］. 中国管理信息化，2020（12）。

依赖于中央权威，需建立一个使各分散节点就交易有效与否达成一致的机制，确保所有节点遵守协议规定并保证所有交易能以可靠的方式进行，共识算法可用于保证系统中不同节点数据在不同环境下的一致性和正确性。在共识机制协调下，各节点实现节点选举、数据一致性验证和数据同步控制等功能，使区块链系统具有信息透明、数据共享的特性。

用以建立共识的算法多种多样。目前，广泛应用的共识机制包括 PoW（Proof of Work，工作量证明）、PoS（Proof of Stock，股权证明）、DPoS（Delegated Proof of Stock，授权股权证明）、PBFT（Practical Byzantine Fault Tolerance，实用拜占庭容错算法）等。不同的共识机制会对区块链系统整体性能产生不同影响，一般采用安全性、扩展性、性能效率和资源消耗四个性能指标评价共识机制的技术水平。

6.3.7 非对称加密算法

非对称加密算法利用一对密钥（公开密钥和私有密钥）对数据的存储和传输进行加密和解密，其中一个密钥把明文加密后得到密文、另一个对应密钥用于解开密文得到原本的明文。如区块链系统基于非对称加密算法生成公钥和私钥对，若公钥用于数据信息加密，对应私钥则用于数据解密；若用私钥对数据信息进行数字签名，对应的公钥则用于验证数字签名。密钥对中的一个可公开，称为公钥，可任意对外发布；另一个密钥则为私钥，由用户秘密保管，无须透露给任何信息获取方。

在非对称密码体制中，公钥和私钥的配对使用是明文加解密的关键，密钥对的使用大幅提高数据加密安全性。由公钥推出私钥在计算上是极为困难的，公钥密码体制的建立，对密码学具有革命性的意义。常见的公钥加密算法有：RSA、ElGamal、椭圆曲线加密算法等，其中目前使用最广泛的是 RSA。

RSA 是实现数字签名最简单的公钥加密算法。RSA 既可用公钥加密，私钥解密，亦可用私钥加密，公钥解密，这是它的对称性。RSA 中的每一个公钥都有唯一的私钥与之对应，任一公钥只能解开对应私钥加密的内容，两者互为验证。

6.3.8　点对点网络技术

点对点网络技术使网络上的各节点无须经过中央权限授权，即可直接相互访问并共享节点拥有的资源，如存储能力、网络连接能力和处理能力等。网络中的所有节点可互相传输，整个网络中没有任何中心，任意两节点都可进行数据传输，典型结构如图 6.6 所示。

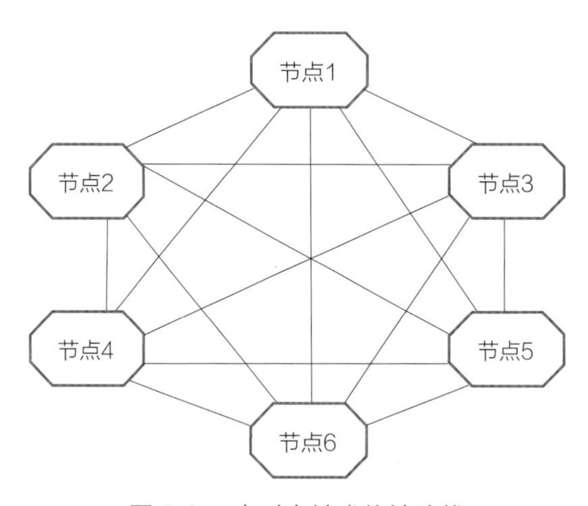

图 6.6　点对点技术传输路线

6.3.9　智能合约

智能合约可视作一段部署在区块链上可自动运行的程序，其涵盖范围包括编程语言、编译器、虚拟机、事件、状态机、容错机制等。通过智能合约技术，区块链系统可自动完成既定规则的条件触发和任务执行，减少人工干预程度。

智能合约与区块链结合，优化了区块链的执行功能，使区块链在各类应用场景中能自动执行任务，提高交易效率和公平性，降低系统运行成本。

虚拟机是区块链中智能合约的运行环境。虚拟机不仅被封装起来，甚至可以被完全隔离。即运行在虚拟机内部的代码不能接触到网络、文件系统或者其他进程，智能合约之间也只能进行有限的调用。

6.3.10 其他数据处理技术

1. 异构数据存储

异构数据存储技术是指通过构建分布式文件系统、分布式数据库、关系型数据库，实现各类数据的集中存储与统一管理，满足大量、多样化数据的低成本、高性能存储需求。

异构数据是不同结构、不同格式的数据。异构数据整合的目标是通过设计一个存储系统，把不同结构的数据存储起来，实现不同结构数据之间的数据信息资源、硬件设备资源和人力资源的合并和共享。

2. 混合计算

数据存储下来后需要进行计算和分析，通常数据难以通过单一的计算方法计算出结果，需要结合多种类型计算方式来处理。

混合计算指通过流计算、内存计算、批量计算等多种分布式计算技术满足不同时效性的计算需求。流计算面向实时处理需求，用于在线统计分析、过滤、预警等应用，如电能表采集数据实时处理、网络状态实时分析与预警等。内存计算面向交互性分析需求，实现在线数据查询和分析，便于人机交互，如某省用电数据在线统计。批量计算主要面向大批量数据的离线分析，用于时效性要求较低的数据处理业务，如历史数据报表分析。

时效性不高的数据通常使用离线计算方法或者海量计算。时效性高的数据通常使用实时计算，即采用流计算引擎与分布式消息队列结合，这种方法几乎适用于所有的流式准实时计算场景，计算模式是将流式计算分解成一系列短小的批处理作业，克服了面向离线处理系统的低延迟和无法高效处理小作业的缺点。

批处理计算通常使用 MapReduce 系统，以实现大规模数据集的并行计算。当海量数据存储在分布式文件系统上后，利用分布式文件系统分块存储的特性，默认将每个块的数据作为一个计算任务并行执行，最终得到计算结果。

3. 虚拟化

虚拟化的主要功能是对各种松散的资源进行集中的监控、管理和维护。虚拟化是计算机简化管理、优化资源的解决方案，是将计算机的各种实体资源，如服务器、网络、内存及存储等，予以抽象、转换后呈现出来，打破实体结构间不可切割的障碍，使用户可以比原本的组态更好的方式来应用这些资源。通过虚拟化技术把一台计算机虚拟为多台逻辑计算机，在一台计算机上同时运行多个逻辑计算机，每个逻辑计算机可运行不同的操作系统，并且应用程序都可以在相互独立的空间内运行而互不影响，从而显著提高计算机的工作效率。

近年来，电力企业在发展进程中应用虚拟化技术不但改进了电力企业发展的一些技术性问题，而且加速了电力系统信息化建设步伐。在电力系统中应用虚拟化技术，能够优化服务器资源、减少管理成本和能耗、节省投入的信息化资金。图 6.7 给出了企业基于虚拟化超融合产品的典型案例。

从应用效果看，在使用虚拟服务器之前，物理服务器及其 CPU 的资源应用率大概是 15%，而虚拟服务器被应用之后，服务器及其 CPU 资源应用率可以提升至 60%左右。应用服务器虚拟化技术，可以大大减少服务器应用与重建加载时间，提高电力信息安全等级，同时通过整合应用服务器资源减少机房设施运维费用。服务器的虚拟化可以对信息技术资源和业务间的优

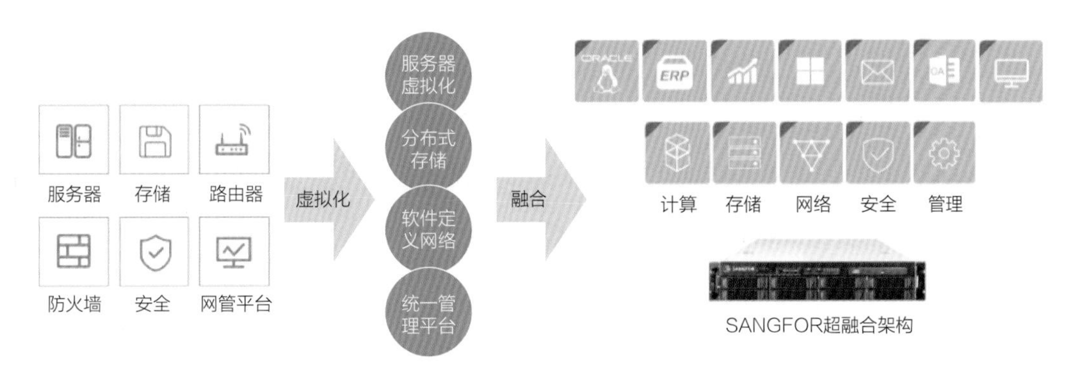

图 6.7　某企业基于虚拟化的超融合产品

先级开展一致管理，并根据需要调配资源，无须担忧旧系统升级维护和兼容性问题。[1]

6.4　研发方向

未来能源电力系统上下游终端增多、交互更加多元、信息量增长，对信息准确搜集、数据实时处理、系统快速决策的需求增大，对大数据和区块链技术的要求也逐步提升。

6.4.1　大数据采集和存储技术

数据采集是大数据挖掘和分析的基础，有效的数据采集方案对大数据挖掘研究具有重要意义。目前，不同领域有不同的数据采集方法与采集工具，如 Facebook 的 Scribe、ApacheHadoop 的 chukwa、LinkedIn 的 Kafka、Cloudera 的 Flume 等常用于互联网领域的日志采集，网络爬虫和网站公开 API（Application Programming Interface，应用程序接口）等方式常用于互联网领域的网络数据采集，埋点技术等则应用于企业 App 产品数据采集。随着电力数据价值的不断挖掘和广泛利用，数据采集和存储技术将在专业性、有效性和针对性等方面实现进一步的突破。

[1] 胡得旺. 探究服务器虚拟化技术在电力系统中的应用 [J]. 中国新通信，2020（7）。

大数据采集大致可以分为软采和硬采。未来软采的发展趋势是建立统一的数据采集框架，通过在待采集数据的系统中预留接口，直接和大数据平台的采集接口实现对接。这个统一的数据采集框架能够适应多种多样的数据源，并且能适应大数据数据量大、更新快的特点，自动对采集的数据进行预处理，删除重复数据，快速可靠地完成数据采集。未来硬采技术将研发更多的低功耗智能传感器，可以实现在人力无法到达的层面获取数据。另外，未来各大行业或领域可以建立数据集市和开放数据平台，通过数据分享方便大数据平台的数据采集。

大数据存储就是用存储器把采集到的数据存储起来，建立相应的数据库，便于后续的管理和调用。随着结构化数据和非结构化数据量的持续增长，结合大数据的大容量、多样性、低密度等特点，大数据对存储设备的容量、读写性能、可靠性、系统可扩展性等提出了更高的要求，此前存储系统的设计已经无法满足大数据应用的需要。目前大数据存储主要应用于分布式文件系统、NoSQL 数据库技术、NewSQL 数据库技术实现。

未来大数据存储发展的两大主要目标是高可用性和低成本，高可用性即保证存储的数据可以快速访问同时不会丢失，低成本即对存储器的容量要求低。当前的大数据平台上，数据都是存储在硬盘驱动器或固态驱动器（Solid State Disk 或 Solid State Drive，SSD）的存储系统中，而现代内存技术将数据存储在 RAM 中可以大大提高数据存储的速度，未来通过内存数据库技术可以极大地提高大数据存储的可用性。基于人工智能的大数据重复数据删除功能和大数据编码优化技术可以有效地降低数据量，将其加入分布式存储系统可以极大地降低大数据存储对存储容量的需求。[1]

6.4.2 大数据分析和挖掘技术

当前，在人类全部数字化数据中，仅有非常小的一部分（约占总数据量的

---

[1] 朱孔村. 大数据发展现状与未来发展趋势研究［J］. 大众科技，2019，233（1）：115-118。

1%）数值型数据得到了深入分析和挖掘（如回归、分类、聚类），大型互联网企业对网页索引、社交数据等半结构化数据进行了浅层分析（如排序），占总量近 60%的语音、图片、视频等非结构化数据还难以进行有效的分析。然而随着信息技术的发展，大数据形式还将更加多样化，数据采集渠道更加广泛，且属于不同的数据空间。有效地将这些多源异构数据加以融合并提高分析的准确性成为未来大数据技术发展的必然趋势。[1]

大数据分析技术的发展需要在两个方面取得突破。一是对体量庞大的结构化和半结构化数据进行高效率的深度分析，挖掘隐性知识，如从自然语言构成的文本网页中理解和识别语义、情感、意图等。二是对非结构化数据进行分析，将海量复杂多源的语音、图像和视频数据转化为机器可识别的、具有明确语义的信息，进而从中提取有用的知识。

未来，大数据分析将以深度神经网络等新兴技术为依托，处理大量非结构化数据。神经网络是一种先进的人工智能技术，具有自身自行处理、分布存储和高度容错等特性。

典型神经网络模型主要分为三大类：① 用于分类预测和模式识别的前馈式神经网络模型，其主要代表为函数型网络、感知机；② 用于联想记忆和优化算法的反馈式神经网络模型，以 Hopfield 的离散模型和连续模型为代表；③ 用于聚类的自组织映射方法，以 ART 模型为代表。[2]

6.4.3 大数据安全和隐私保护

大数据时代的到来，数据是企业和个人最重要的资产。在互联网的快速发展下，数据安全和隐私边界愈加重要。企业所产生的数据和企业经营能力呈正

---

[1] 鞠文飞. 大数据技术的思考和发展展望［J］. 信息记录材料，2020，21（11）：155-157。

[2] 搜狐网. 大数据发展趋势：三大方向预测大数据技术的未来趋势［EB/OL］. https：//www.sohu.com/a/250723284_100065429. 2018-8.29。

相关，经营范围广，产生数据多，积累的数据量大，合作企业多，数据交互需求多，数据流动风险随之增加。大数据安全和隐私保护问题成为信息技术进一步发展的重要前提。

区块链技术是大数据安全性和可靠性提升的重要方法，但当前在系统稳定性、应用安全性、业务模式等方面远未成熟，区块链核心技术、机制和应用部署等方面均有待发展完善。如在隐私保护、有害信息上链、智能合约漏洞、共识机制和私钥保护、51%算力攻击、密码学算法安全等影响区块链应用的安全问题，尚未有效解决。

为应对大数据应用服务过程中数据滥用和个人隐私安全风险，需要建立大数据安全与隐私保护系统。大数据安全保障体系涉及安全策略、安全管理、安全运营、安全技术、合规评测、服务支撑等方面，对用户个人信息的各个处理环节施行严格规定与落实。同时，通过大数据安全管理平台，实现数据的统一认证、集中细粒度授权、审计监控、数据脱敏以及异常行为检测告警，可对数据进行全方位安全管控，做到事前可管、事中可控、事后可查。

数据安全与隐私保护是一个综合统筹的工作，不是单一技术手段和管理手段能解决的，同安全合规、运营、数据法、数据合规有相关性，因此在某些程度上需要相互合作。数据安全是业务驱动，隐私保护是合规驱动。随着企业对数据安全和隐私保护愈加重视以及国家的监管指引，数据安全和隐私保护将变成业务主动驱动，成为大数据时代企业的核心竞争力。

6.4.4 区块链核心技术提升

从现阶段技术和应用来看，区块链核心是分布式数据存储、点对点传输、共识机制、加密算法等已有计算机技术。随着区块链应用的不断深入，对这些核心技术也将不断提出新的和更高的要求。未来共识机制、安全算法、隐私保护等核心技术的进步将进一步推进区块链的广泛应用和跨越式发展。

1. 共识机制

公有链方面，目前常用的共识机制存在性能低、能耗高的缺点。“侧链”技术也只能在某些特定条件下解决部分问题。联盟链目前的主流共识机制大多基于 PBFT 及其变种，虽然加入权限控制能获得性能的大幅提升，但是同时也牺牲了一部分共识的效率、约束、容错率等方面的性能。

为适应不同的应用场景，未来区块链共识机制将聚焦于优化系统的可扩展性、运行效率和容错性等，主要通过将各种共识机制进行融合实现。如在分层/分片方案中，最上层的主链使用 PoW 机制，以确保全局共识的有效性，而在相对小范围的分片中，则使用 PoS 或者 BFT（Byzantine Fault Tolerance，拜占庭容错算法）算法，以实现更高效率的共识，如以太坊就计划引入基于校验器管理和约（Validator manager contract，VMC）分片方案。❶

2. 安全算法

安全性对于金融领域的应用系统尤显重要。一方面，目前采用的大多数传统的安全类算法，存在潜在的“后门”风险，需要逐步替换成更加安全的国密算法，算法的强度也需要不断升级。另一方面，还要防止一些新技术，如量子计算，对传统安全算法的冲击甚至颠覆。❷

3. 隐私保护

区块链技术的隐私保护环节还比较薄弱，尤其是对敏感数据需要平衡隐私保护和合规监管。信息隐私保护技术，如零知识证明、同态加密等，也是后续发展的重要方向。❸

---

❶，❷ 何小东. 区块链技术的应用进展与发展趋势［J］. 世界科技研究与发展，2018，6（12）：615-626。
❸ 周平，杜宇，等. 中国区块链技术和应用发展白皮书［R］. 北京：中国区块链技术和产业发展论坛，2016。

4. 体系优化

随着区块链技术的完善，集成技术将不断优化，渐成体系，进一步推动区块链技术的进步。在区块链之间互联互通方面，公证人机制、侧链、哈希锁定等技术为跨链提出了解决方法；在区块链隐私保护方面，基于混币协议的技术、基于加密协议的技术、基于安全通道协议的技术成为发展方向；在技术集成和体系构建方面，区块链技术体系将拜占庭容错算法从 BFT 衍生出 PBFT、DBFT（Delegated Byzantine Fault Tolerance，授权拜占庭容错算法）等多种改进型算法，将共识算法从最初的 POW 扩展至新的 POS、DPOS 共识算法，这些新型算法将有待进一步优化和完善。此外，区块链技术体系将在可拓展性、互操性、加强数据隐私保护等方面实现进一步提升[1]。

6.5 小结

大数据技术是依托云计算等方法的支持对海量、高增长率和多样化的信息进行分析管理的技术，进入 21 世纪后得以快速发展。区块链是一种按照时间顺序将数据区块以顺序相连的方式组合成的一种链式数据结构，并以密码学方式保证不可篡改和不可伪造的分布式账本。区块链的诞生为大数据的安全提供了一种新的技术保障。大数据技术已在电力系统中实现初步应用，比如电力行业的生产经营、市场开发、客户管理、投融资管理决策等领域；区块链可应用于构建新型的能源交易模式、推动能源生产从集中到分散、优化电力调度运行，从而有效推进电力市场交易、碳市场交易的达成，目前在电力行业只有个别试点性探索。

大数据的关键技术包括多源数据整合、异构数据存储、混合计算、分析挖掘、并行计算、可视化、虚拟化等。区块链的核心技术包括共识机制、分布式存储、非对称加密、智能合约、点对点传输技术等。

---

[1] 赛迪. 2021 年中国区块链发展趋势［R］. 北京：赛迪工业和信息化研究院，2021。

未来新型电力系统上下游终端增多、交互更加频繁、信息量增长，对信息准确搜集、数据实时处理、系统快速决策的需求增多，对大数据和区块链技术的要求逐步提升。大数据技术将在数据采集和存储、分析和挖掘、安全和隐私保护方向深入发展，具体研发方向包括大数据软采与硬采方式优化、大数据存储技术的可用性提升与成本降低、庞大结构化与半结构化数据的深度分析挖掘、非结构化数据的分析以及大数据安全与隐私保护系统的建立等。区块链将在共识机制、安全算法、隐私保护、系统优化等核心技术方面持续提升，具体研发方向包括共识机制、安全算法、隐私保护等技术的提升，以及区块链之间互联互通、技术集成与体系优化等。

7 人工智能技术

人工智能（Artificial Intelligence，AI）是利用机器学习和数据分析方法赋予机器模拟、延伸和拓展等类人智能的能力，本质上是对人类思维过程的模拟。人工智能是可以与蒸汽机、电动机、计算机、互联网相提并论的通用技术，基于深度学习的人工智能在一些特定领域赋予机器识别规律、改善优化、作出决策的能力，如“魔术手”般改变传统产业生态，催生新的产业形态，推动产业变革和社会经济转型。

7.1 技术现状

人工智能起源于 20 世纪 50 年代，是一门综合计算机科学、控制学、生理学、哲学的交叉学科。与传统的自动化相比，人工智能具备深度学习、跨界融合、人机协同、群智开放、自主操控等特征，在计算智能、感知智能和认知智能方面具有强处理能力。

7.1.1 发展历程

人工智能的概念自提出以来，在 60 年的发展历程中经历了“两起两落”，随着信息技术快速发展和互联网快速普及，迎来了第三次快速增长，如图 7.1 所示。

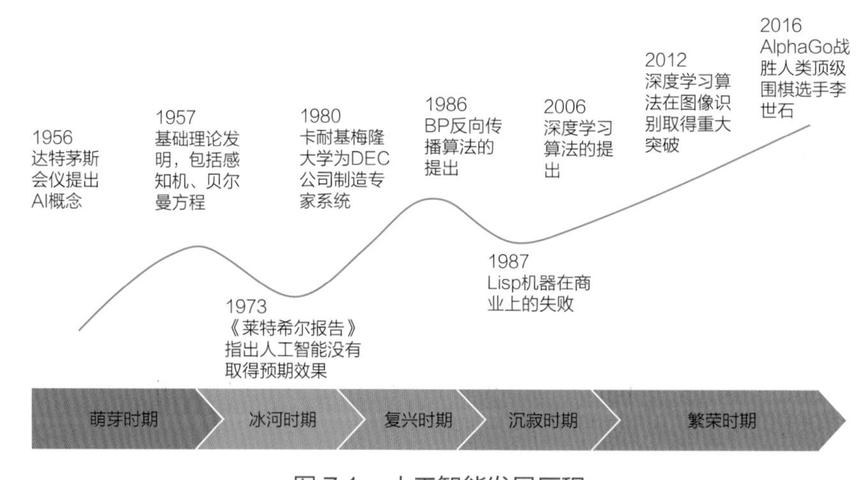

图 7.1 人工智能发展历程

1. 萌芽时期（1956—1974年）

1956 年，达特茅斯（Dartmouth）会议首次提出人工智能（Artificial Intelligence，AI）概念，随后迎来人工智能的第一次发展热潮，AI 实验室在全球各地扎根。1957 年，罗森布拉特（Frank Rosenblatt）基于神经感知科学背景提出第二模型，非常类似于现今的机器学习模型，并基于此模型设计出第一个计算机神经网络——感知机（the perceptron），模拟人脑的运作方式[1]。同年，美国学者贝尔曼（Richard Bellman）通过离散随机最优控制模型首次提出离散时间马尔可夫决策过程，创立解决决策过程优化问题的新方法——动态规划，贝尔曼方程成为强化学习的重要理论基础。1963 年 6 月，麻省理工学院从新建立的高等研究计划署获得了 220 万美元经费，用于人工智能相关研究的深入开展。

2. 冰河时期（1974—1980年）

受限于计算机技术与应用场景的不足，人工智能技术的发展遭遇瓶颈。至 1973 年，《莱特希尔报告》等报告的推出标志着人工智能正式进入寒冬。虽然这个时期温斯顿（Winston）的结构学习系统和海斯·罗思（Hayes Roth）的归纳学习系统研究取得进展，但只能学习单一概念，而且未能投入实际应用。此外，因理论缺陷未能实质性解决，神经网络学习机的发展停滞，并且当时计算机的有限内存和处理速度不足以解决任何实际的 AI 问题。

3. 复兴时期（1980—1987年）

20 世纪 80 年代，由于专家系统的崛起和神经网络的发展，人工智能迎来一次难得的发展契机。

[1] 尼克. 人工智能简史［M］. 北京：人民邮电出版社，2017。

专家系统是一个智能计算机程序系统，其内部含有大量某个领域内专家水平的知识与经验，能够利用人类专家的知识和解决问题方法处理该领域问题。自 1956 年第一个专家系统 DENDRAL 在斯坦福大学问世以来，到 80 年代中期专家系统已遍布各个专业领域。1980 年，卡耐基梅隆大学为数字设备公司（Digital Equipment Corporation，DEC）设计了一个名为 XCON 的专家系统，每年能够为公司节省 2000 万美元开支，创造巨大收益。专家系统的研发与应用成为全球 AI 领域的热点，至 1985 年 AI 领域投资超过十亿美元，大部分用于企业专家系统的构建。

神经网络模型能够反映动物神经网络中许多基本特征，并具备大规模并行、分布式存储和处理、自组织、自适应和自学能力，适合处理多因素、不精确的问题。约翰 · 霍普菲尔德（John Hopfield）于 1982 年提出连续和离散的 Hopfield 神经网络模型，并采用全互联型神经网络对非多项式复杂度的问题进行求解，促进神经网络的研究再次进入蓬勃发展时期，如图 7.2 所示。1986 年，杰弗里 · 辛顿（Geoffrey E.Hinton）团队在《自然》杂志发表文章，将反向传播算法引入多层神经网络训练，为近年来人工智能的发展奠定了基础。

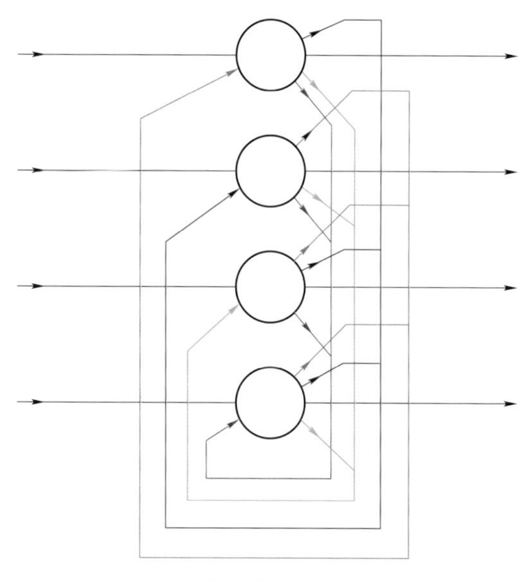

图 7.2　四个节点的 Hopfiled 网络

4．沉寂时期（1987—1993 年）

从 20 世纪 80 年代末到 90 年代初，人工智能再次陷入沉寂。1987 年基于通用计算的 Lisp 机器在商业上的失败。20 世纪 80 年代后期，美国国防高级研究计划局（DARPA）认为 AI 并非“下一个浪潮”，拨款倾向于更易出成果的项目。从技术角度来看，该时期的人工智能技术不仅遭遇了硬件方面技术限制，而且在软件及算法层面存在技术瓶颈。

5. 繁荣时期（21世纪初至今）

20世纪九十年代后期，随着计算机计算能力不断提升，人工智能再次卷土重来。以数据挖掘和商业诊断为代表的实际应用非常成功，使人工智能重回人们视野。

以杰弗里·辛顿为代表的研究人员于2006年发现了训练高层神经网络的有效算法。通过进一步的研究和扩展，杰弗里于2012年带领团队和AlexNet在ImageNet图像识别挑战赛中获胜，比赛结果错误率比第二名足足低10%，颠覆了图像识别领域，开启了深度学习在学术界和工业界的浪潮，其架构如图7.3所示。2016年，谷歌的围棋计算机AlphaGo战胜世界围棋冠军李世石，标志着人工智能时代的到来。此后，具有深度学习属性的神经网络高歌猛进，凭借极具特色的“特征自学习”和“模仿人脑神经结构”占据多个人工智能制高点，如计算机视觉任务、自然语言处理任务、语音处理技术任务等，引起了整个科研界的追捧。

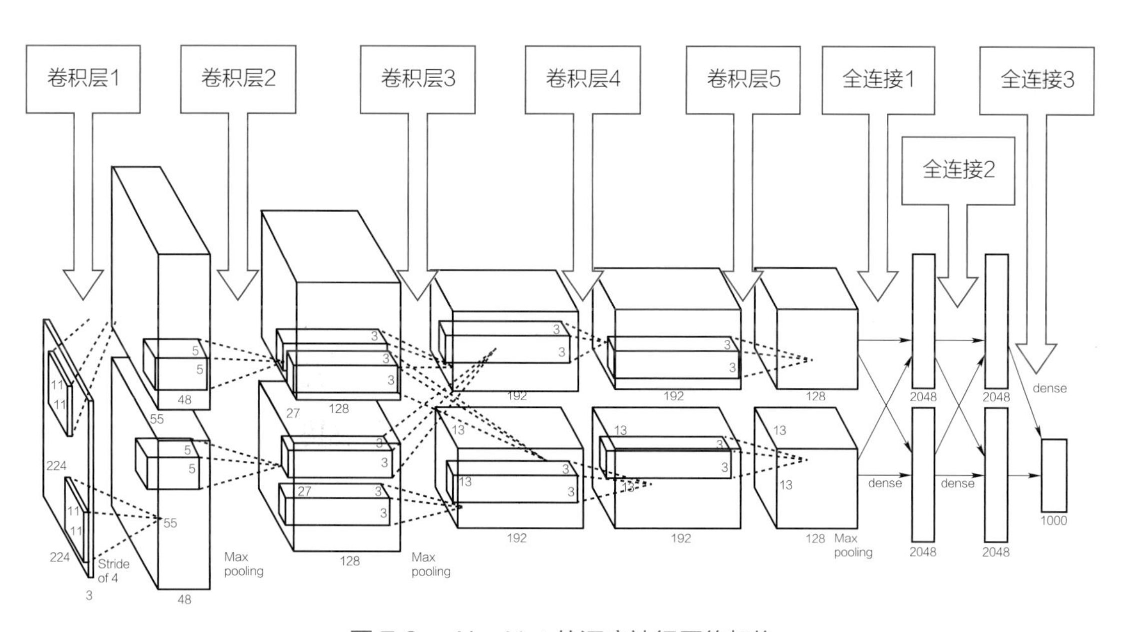

图7.3 AlexNet的深度神经网络架构

7.1.2 应用现状

21 世纪前两个十年，在大规模 GPU 服务器并行计算、深度学习算法和类脑芯片等技术的推动下，人类社会相继进入互联网时代、大数据时代和人工智能时代。至 21 世纪 20 年代，随着移动互联网红利逐步消失，后移动时代已经来临。当新一轮产业变革席卷全球，人工智能成为核心方向。科技巨头纷纷把人工智能作为后移动时代的战略支点，努力在云端建立人工智能服务的生态系统；传统制造业在新旧动能转换的关键时期，将人工智能作为发展新动力，不断创造出新的发展机遇。

目前，在全球人工智能战略和资本市场的参与下，人工智能产品和服务层出不穷。当前，人工智能技术主要应用于自动驾驶、工业机器人、智能医疗、无人机、智能家居等领域，与社会经济各行业融合，驱动人类文明进步。谷歌、微软、Facebook、IBM 等美国科技巨头企业是人工智能的开拓者，在算法、硬件、产品上积极布局，智能无人驾驶汽车、交互机器人、自然语言理解等技术领域完成融合应用。阿里巴巴、腾讯、字节跳动等中国互联网企业巨头是人工智能的建设者，在自动驾驶、金融科技、智慧城市等领域针对消费者的需求变化，不断优化产品设计。

自 20 世纪 70 年代起，电力系统便开展了人工智能技术的应用研究。20 世纪 70 年代至 80 年代中期为第一阶段，以专家系统和神经网络为代表的人工智能技术逐步应用于故障分析诊断、操作票生成、安全估计和负荷预测等领域。AI 技术在电力领域被尝试应用，但由于当时信息感知能力、通信传输能力、数据处理能力和硬件算力的限制，实践效果存在不足和缺陷。20 世纪 80 年代中期至 2010 年为第二阶段，神经网络、贝叶斯分类、支持向量机等机器学习技术被应用于电力系统动态安全估计、暂稳态预测和非线性优化等领域。2010 年至今为第三阶段，深度学习、强化学习、图像识别、知识图谱等人工智能算法在设备故障识别、电网稳定性判断以及系统紧急控制等领域初露头角，人工智能技术在电力行业中展现出巨大潜力。

目前，电力人工智能在设备运维、智能客服、作业安监等方面的应用取得成效，而在电网安全与控制、能源互联网优化调度、人机融合决策等核心业务领域尚处于研究探索与应用验证阶段。随着信息通信技术、大数据技术的进步，在能源转型的迫切需求下，新一代人工智能将在电力和综合能源领域实现广度和深度上的进一步深化应用。

7.2 主要应用

人工智能技术具有应对高维、时变、非线性问题的强优化处理能力和强大的学习能力，在应对电力系统新挑战中具有显著的优势。电力人工智能应用涉及电力系统发电、输电、变电、配电、用电全环节，重点包括源荷预测、电网调度、设备运维、用电营销和规划设计等。人工智能技术在支撑电力系统中的应用如图 7.4 所示。

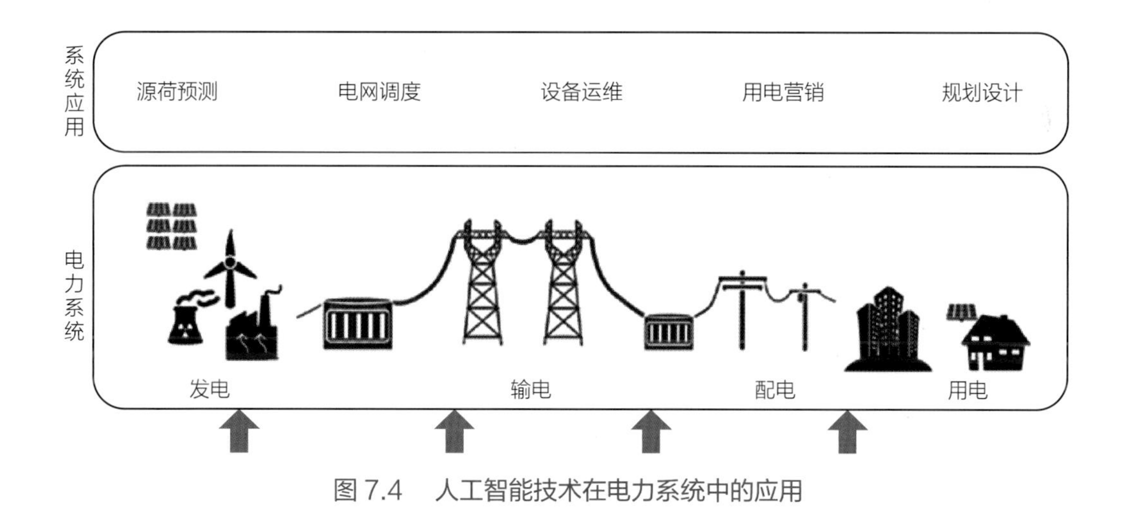

图 7.4 人工智能技术在电力系统中的应用

7.2.1 源荷预测

随着新能源渗透率提升，发电间歇性和波动性对电网造成的影响愈加明显，新能源发电功率的精准预测对系统稳定经济运行尤为重要。同时，用电侧负荷呈现多样化的趋势，随着电力市场化改革的推进、数据中心等新兴产业的发展，用电负荷数据量大幅增加，负荷预测的难度随之加大。未来，人工智能利用深度学习等技术，将提高可再生能源发电功率预测精度和负荷预测准确度。

1. 可再生能源发电功率预测

在未来以新能源为主的新型电力系统中，新能源发电功率预测对电力系统安全稳定运行显得尤为重要。传统的预测方法一般为浅层模型，在处理非线性和非平稳特性的风能或光照数据时预测性能较差。

为了提升预测准确性和速度，深度学习被应用于预测模型。一是基于 DBN（深度信念网络，Deep Belief Nets），有效提取复杂风速和光伏数据序列的非线性结构和不变性特征，增加预测风电和光伏功率的信息维度；二是借助 CNN（卷积神经网络，Convolutional Neural Network），对丰富的光照数据进行特征提取，提高光伏功率的预测准确度；三是采用 LSTM（长短期记忆网络，Long Short-Term Memory），对与风电功率相关程度高的多变量时间序列进行动态建模，有效利用多数据源信息提高风电场短期发电功率的预测精度；四是通过自编码算法将粗糙神经网络纳入深度学习模型以预测不确定性风速，从而提高模型的鲁棒性和预测精度。

深度神经网络能够刻画输入输出量的非线性关系，对关键特征的敏感程度高，不依赖复杂物理模型，因此人工智能在新能源发电功率预测领域有重要地位。

2. 用电需求预测

负荷预测是电力系统领域的一个传统问题，也是电力系统规划、计划、调度、用电的依据。精确负荷预测对于电力系统安全经济运行至关重要，一直是人工智能技术应用最广泛的场景之一。

1975 年，Dillon 等人首次利用人工神经网络（ANN）的自学习功能进行负荷预测，拉开人工智能在电力系统感知预测领域的序幕。浅层模型在解决负荷预测问题时，往往采用过于复杂的结构，而训练量又不足，即使模型的精度有所提高，模型的泛化能力依然较差。

借助深度学习能够捕捉复杂因素对负荷的影响，在提高模型预测精度的同时兼顾模型的泛化能力。深度信念网络（DBN）能够被应用于短期负荷预测，验证了深度模型的优势。随着电力系统向更加智能、灵活、互动方向发展，单个电力客户的短期负荷预测在未来电网规划和运行中发挥着越来越重要的作用。不同于大规模聚集的住宅负荷，波动性高和不确定性大的单一能源负荷的预测更加困难，目前 LSTM 和深度 RNN 都在该问题上得到应用。

7.2.2 电网调度

电网调度主要利用深度学习、强化学习、对抗学习、知识图谱等人工智能技术，实现电力系统调度控制、状态稳定分析、运行方式生成、提高可靠性和经济性等功能。

1. 电网紧急控制

电力系统稳定控制是为了保障电力系统在遭遇扰动后仍可以正常运行。当前，输配电网规模扩大、电力市场化程度的提升均增加了电力系统稳定控制的不确定因素和难度。

采用数据驱动方法替换过程仿真，借助强化学习的自主决策能力，能够充分挖掘系统环境信息，得到稳定控制策略。由于强化学习在信息感知和获取方面的能力较弱，可在前期分析电网环境信息时，先借助深度学习在特征提取方面的优势，提取电网运行特征，提供高价值密度信息作为强化学习的输入数据，以提高决策正确性和控制效率。与传统方法相比，人工智能方法能够分析提取环境信息特征，不需要对不同故障类型和运行方式的控制策略分析进行模型调整，并可同时考虑多种因素的影响，提供全面的辅助决策。

2. 电网智能辅助决策

当前，电网调度系统在决策环节仍大量依赖于调度人员的个人经验，然而随着电网规模不断扩大、运行特性持续变化，电网调度运行控制日趋复杂，以经验和人工分析为主的调控手段在故障处置等方面愈显不足。

随着自然语言处理、知识图谱等技术的快速发展，人工智能技术已能够用于电力系统的智能辅助决策。对于电网调度而言，调度语言具有专业化和专用化属性，自然语言处理技术可以通过建立调度专业词语的语料库和语义模型，对操作规定、预案等文本形式的数据进行信息提取、推理与总结，最终形成计算机可识别的机器语言和决策结果。人工智能技术能够在较短的时间内给出辅助性决策信息，协助调度人员进行故障处置工作，有效降低系统失控风险。

3. 作业现场安全管理与预警

为了保证电力现场的安全，防止出现电力施工事故，需要对电力现场进行智能管控。

移动式智能安全监控设备能够实现作业现场的智能监控。该系统将深度学习算法部署在嵌入式系统上，可以对安全风险行为实现主动监测识别。由于作业现场会形成大量的图像数据，该应用系统采用低成本的边缘计算模块搭载图像识别算法，对图像数据进行就地处理，显著减轻通信通道的负担。实现对变电站内的工作人员的规范着装、区域边界管理进行智能自动识别及预警，有效地减人增效，预防电力施工事故。

7.2.3　设备运维

在设备运维方面，主要利用图像识别、深度学习、边缘计算等人工智能技术，实现输电线路的智能化诊断与检修、变电站与配电设备的智能化管控。

1. 线路的智能化诊断与检修

传统人工线路巡视效率低、高空作业风险大，采用直升机、无人机的智能化手段巡检输电线路，具有效率高、受地域影响小的优点。智能化线路检修内容包括以下几方面：一是通道线路变化情况；二是标志牌、警示牌等是否完好；三是防振锤、间隔棒等电力器件是否倾斜脱落；四是绝缘子串是否出现绝缘子自爆等情况；五是树障评估。

直升机/无人机巡检过程中往往会对待检测区域进行多方位拍摄，形成海量图片资源。但航拍图像处理过程存在图像信噪比很低、故障处在图像中肉眼难以分辨的问题，难以准确识别定位故障点。

深度学习是提高识别准确度的重要方法。以基于深度学习的图像处理为例，需要先通过对大量数据样本进行预处理等方式得到训练集，利用深度学习算法对训练集进行训练获得模型，再将模型运用于测试图片进而获得结果。具体流程如图 7.5 所示。

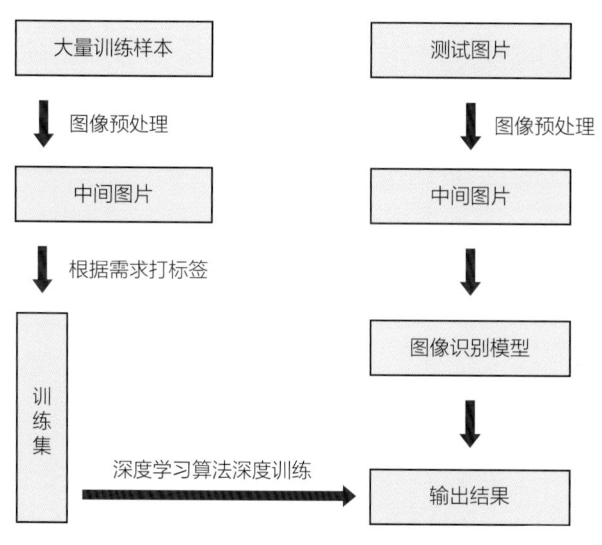

图 7.5　基于深度学习的图像处理流程

在实践中，将深度学习与直升机/无人机巡检相结合的架空输电线路智能巡检取得了较好效果。以深度学习算法为核心驱动力，海量电力图像数据为背景资源的工作方式将会成为智能化巡检时代下的主流。

2. 电力设备故障诊断

人工智能深度学习能够辨识出大数据内在的耦合特征，并将获取的特征信息融入建模过程，从而消除人为选取特征的不足和传统特征提取所带来的复杂性。

通过建立设备“画像”，实时识别设备状态和评估风险，有效提升设备本质安全水平。通过人工智能对设备进行 24h 的故障检测和智能诊断，记录各个设备运行状态下的数据，将其与正常运行参数进行对比，并给出状态信息评价和风险评估。如果某个运行参数超出正常范围，人工智能将会迅速调节整个系统的运行特点，使其在正常运行方式下保证设备的各项参数处于正常动态范围内。该技术有效完善了电网设备的运行方式，而对于故障较为严重、无法自主排除的环节，人工智能还可准确反映出故障的特点，使维修人员直接根据系统的提示对其进行相应的检测和维修，提高了工作人员的效率，可避免不必要的经济损失。

3. 智能电能表安全清洁

电能表位多位于户外，所处环境复杂、多变且恶劣，拆回后的电能表在户外受复杂环境影响，表面脏污状态差异明显，脏污位置也不确定，机器视觉可以替代人眼对脏污状态和定位进行判断。

基于图像识别的复杂脏污界面安全清洁系统已被应用。该系统通过光学装置和非接触传感器自动获取目标对象的图像，经图像成像原理分析、脏污表现特征研究、图像增强预处理、特征分析、脏污判定，实现对拆回电能表的表面脏污情况判断。再通过软件分析，将各个定位点的脏污判定结论和等级进行数字量信号转换，装置控制系统根据结论对相关定位点和区域进行不同方式的清洁操作。

7.2.4 用电营销

在用电营销方面，主要利用图像识别、语音识别、自然语言处理等人工智能技术，实现用电精细化管理，提升用户服务水平与用电服务质量。

1. 智能客服

电力客服系统是电力企业与客户直接沟通的窗口，是挖掘客户服务的业务运营价值、挖掘客户服务质量与各类业务指标之间潜在的关系、完善客户服务的经营分析体系的关键渠道。目前，人工智能在电力客服系统深入应用，衍生出大量科学辅助工具和手段，不仅提高了企业运营效率与服务质量，并且改善了客户对服务业的整体观。

为改善电力客服热线质检体系的现状，已引入智能应答、语音识别分析、智能质检和信息挖掘等人工智能技术，设计智能质检系统，从模式上将人工抽检转变成系统全量检测，并挖掘录音中隐藏的信息，为数据挖掘与分析、热点统计和梳理、客户精准营销提供支撑。此外，在线客服智能交互系统能够快速、精确、全面响应客户提出的复杂问题，并能及时更新后台语言资源库、研发智能机器人，进行客户接待、语言交互、产品营销等业务，可节省公司客服一半以上人力成本，全面提升电网服务体验。

2. 用电营销

用户是电网提供服务的对象，用户与电网通过智能电能表连接，智能电能表可以记录丰富的实测数据，这些数据可以用来分析用户的用电行为，进而支撑需求响应、能效节约、电力营销等工作的顺利开展。进一步辨识出影响用户用电行为的因素，可以更好地掌握用户的用电特征，为精准负荷预测、电量预测等提供依据。

基于改进的快速自适应聚类算法，用电行为分析算法能够自动选择聚类中心，提取用户自身用电行为规律及用户群体共同行为特征。结合档案数据、缴费情况和气温等其他外部数据，多角度提取用户特征标签，提供个性化的服务[1]。用户用电行为及其影响因素分析如图 7.6 所示。

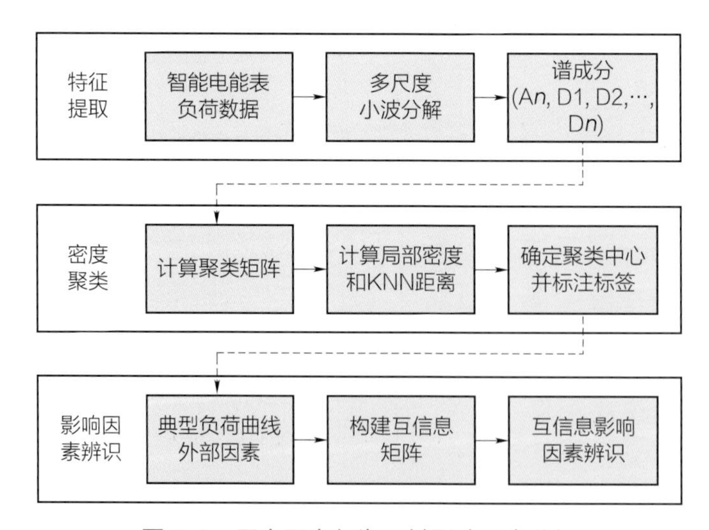

图 7.6　用户用电行为及其影响因素分析

[1] 杨挺，赵黎媛，王成山. 人工智能在电力系统及综合能源系统中的应用综述［J］. 电力系统自动化，2019，43（1），2-3。

7.2.5　规划设计

可再生能源发电单元、新型电力电子设备装置的接入、电动汽车等主动负荷增多为电力系统注入了更多的不确定性，规划问题的难点包括以下几个方面，一是由于各种新型设备装置的接入，智能配电系统的网络结构、运行方式灵活多变，规划设计与运行问题间形成了强耦合性；二是需求侧与电网的互动使得系统不确定性显著增强，给空间负荷预测带来了新的困难；三是在未来碳中和目标下，智能配电系统还需兼顾综合能源利用、绿色能源利用、环境污染影响、社会效益等其他规划目标。

为综合考虑经济成本、电压偏移和有功网损最小化，可以采用动态模糊聚类法确定电力系统无功补偿设备的选点方案，采用学习自动机（Learning Automata，LA）进行多目标优化定容；为克服传统配电网规划过程中变电站选址对规划制定者经验的依赖，采用卷积神经网络学习与变电站选址原则相关的特征，以深度学习算法对变电站进行预选址。

7.3　关键技术

电力人工智能关键技术可分为平台智能、传感智能、数据智能、认知计算和决策智能五大类，涉及机器学习、语音处理、计算机视觉、智能机器人、专家系统等关键技术。

7.3.1　机器学习

机器学习是一门涉及概率论、统计学、逼近论、凸分析、算法复杂度理论等多领域的交叉学科。专门研究计算机怎样模拟或实现人类的学习行为，以获取新的知识或技能，重新组织已有的知识结构使之不断改善自身的性能。它是人工智能的核心，是使计算机具有智能的根本途径，其应用已遍及人工智能的各个分支，如专家系统、自动推理、自然语言理解、模式识别、计算机视觉、智能机器人等领域。

当前，机器学习主要分为传统机器学习、深度学习、强化学习和迁移学习。

1. 传统机器学习

传统机器学习根据使用的数据是否有标签，可以分为监督学习、半监督学习和无监督学习。

2. 深度学习

深度学习的概念源于对人工神经网络的研究拓展。含多隐层的多层感知器就是一种典型深度学习结构。其中，前面若干个隐层可采用无监督方式自动从数据中构造出新的特征，进而逐层提取出更加抽象的高层类别属性，发现数据的深层特征表示。典型深度学习的模型结构如图 7.7 所示。

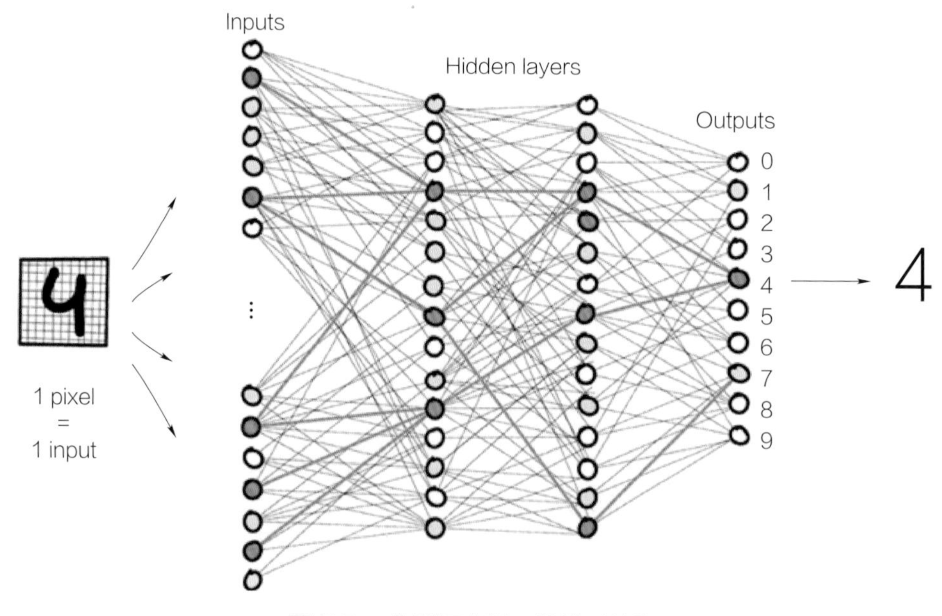

图 7.7　典型深度学习的模型结构

典型的深度学习算法包括以下几种：① 卷积神经网络，卷积神经网络能够按其阶层结构对输入信息进行平移不变分类，与其他深度学习结构相比，卷积神经网络在图像和语音识别方面能够给出更好的结果；② 循环神经网络（Recurrent Neural Network，RNN），具有记忆性、参数共享并且图灵完备（Turing completeness），因此在对序列的非线性特征进行学习时具有一定的优势；③ 生成对抗网络（Generative Adversarial Network，GAN），通过让两个以上神经网络相互博弈的方式进行学习，在相互对抗、不断调整参数过程中产生较理想的输出结果。

3. 强化学习

强化学习的核心是学习系统与环境的反复交互作用，如果智能体的某个行为策略导致环境给予积极奖赏，智能体后续产生这个行为策略的趋势则会得到加强。这种智能体与环境的交互过程可由图 7.8 表示。强化学习可以仅从所在环境中，通过判断自身经历所产生的反馈信息来学会自我改进，与其他机器学习方法相比具有更强大的在线自学习能力，且对研究对象的物理模型不敏感。

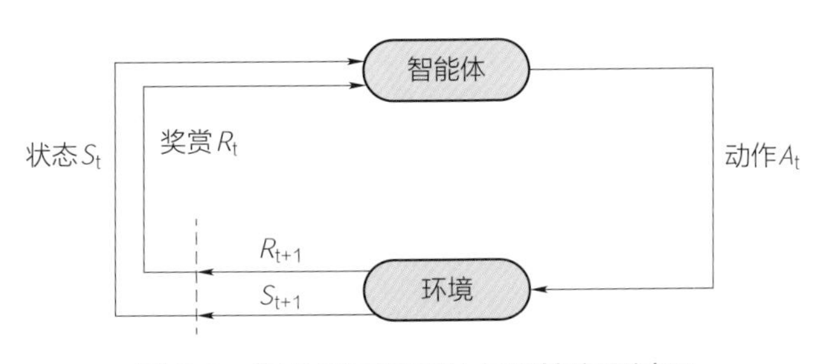

图 7.8　强化学习智能体与环境交互过程

根据智能体是否已知环境，强化学习可分为基于模型方法和无模型方法两类，基于模型方法能在智能体内部模拟出与环境相同或近似的状况，而无模型方法不依赖于环境建模。在无模型方法中，又可分为基于价值和基于策略的方法，典型的强化学习方法包括 Q-learning、Deep Q Network（DQN）和 Actor

Critic 等，强化学习算法分类如图 7.9 所示。

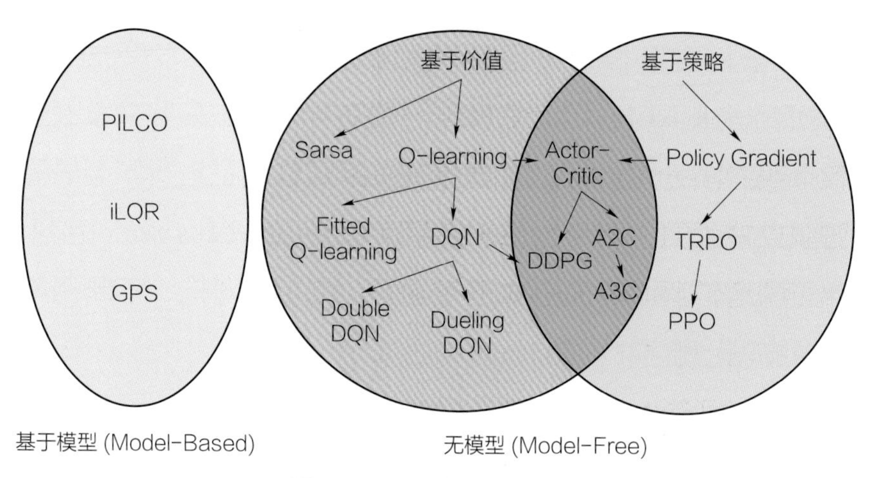

图 7.9　强化学习算法分类

4. 迁移学习

迁移学习可将在一个场景中学习到的知识迁移到另一个场景中应用，使模型和学习方法具有更强的泛化能力。根据迁移项的不同可分为样本迁移、特征迁移、参数模型迁移和关系迁移，如图 7.10 所示。典型的迁移学习方法包括 TrAdaBoost、自我学习（self-taught learning）等。

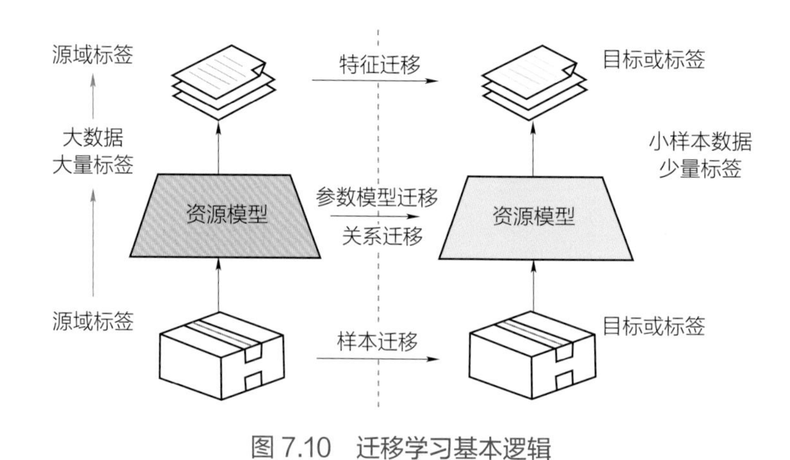

图 7.10　迁移学习基本逻辑

7.3.2 语音处理

语音处理是指用机器对语言信号进行分析，根据语音单位（例如音素、音节或单词的特征参数）、语法规则等来识别语言的过程。一个完整的自然语言处理系统主要包括语音识别、语音合成、语音增强、语音转换和情感语言等。

1. 语音识别

语音识别是指将语音自动转换为文字的过程。语音识别系统主要包括四个部分：特征提取、声学模型、语言模型和解码搜索，典型框架如图 7.11 所示。

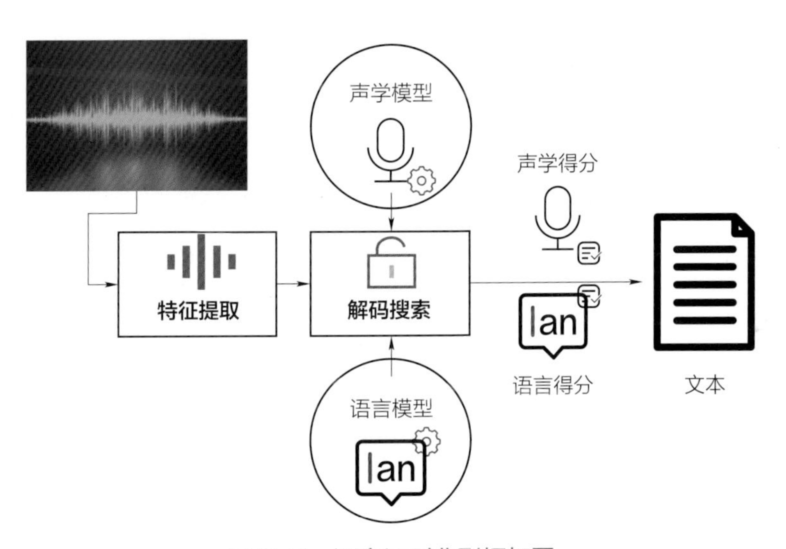

图 7.11 语音识别典型框架图

语音特征提取是在原始信号中提取出与语音识别最相关的信息，滤除其他无关信息。声学模型承载着声学特性与建模单元之间的映射关系，在训练声学模型之前需要选取建模单元，建模单元可以是音素、音节、词语等。语言模型根据语言客观事实而进行的语言抽象数学建模，其评价指标是语言模型在测试集上的困惑度，改值反映句子不确定性的程度。解码搜索的主要任务是在由声学模型、发音词典和语言模型构成的搜索空间中寻找最佳路径。

2. 语音合成

语音合成也称文语转换，主要是将任意输入文本转换成自然流畅的语音输出。语音合成系统主要可分为文本分析模块、韵律出力模块和声学处理模块，基本框架如图 7.12 所示。

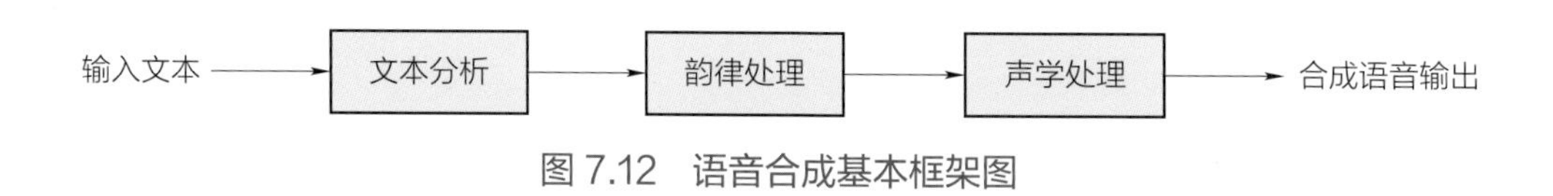

图 7.12　语音合成基本框架图

语音合成系统能够以任意文本作为输入，并相应地合成语音作为输出。文本分析模块的主要任务是对输入的任意文本进行分析，输出尽可能多的语言学信息（如拼音、节奏等），为后端的语音合成器提供必要信息。韵律处理是文本分析模块的目的所在，韵律是实际语流中的抑扬顿挫和轻重缓急，极大地影响着最终合成语音的自然度。声学处理模块根据文本分析模块和韵律处理模块提供的信息生成自然语言波形，分为基于时域波形和基于语音参数的两种合成方法。

3. 语音增强

语音增强是指当语音信号被各种各样的干扰源淹没后，从混叠信号中提取出有用的语音信号，抑制、降低各种干扰的技术，主要包括回声消除、混响抑制、语音降噪等关键技术。它的目标是实现释放双手的语音交互，通过语音增强有效抑制各种干扰信号、增强目标语音信号，使人机之间更自然地交互。一方面可以提高话音质量，另一方面有助于提高语音识别的准确性和抗干扰性。

4. 语音转换

语音转换是通过语音处理手段改变语音中的说话人个性信息，使改变后的语音听起来像是由另一个说话人发出。语音转换首先提取说话人身份相关的声学特征参数，然后用改变后的声学特征参数合成出接近目标说话人的语音。实现一个完整的语音转换系统包括离线训练和在线转换两个阶段，其基本框图如图 7.13 所示。

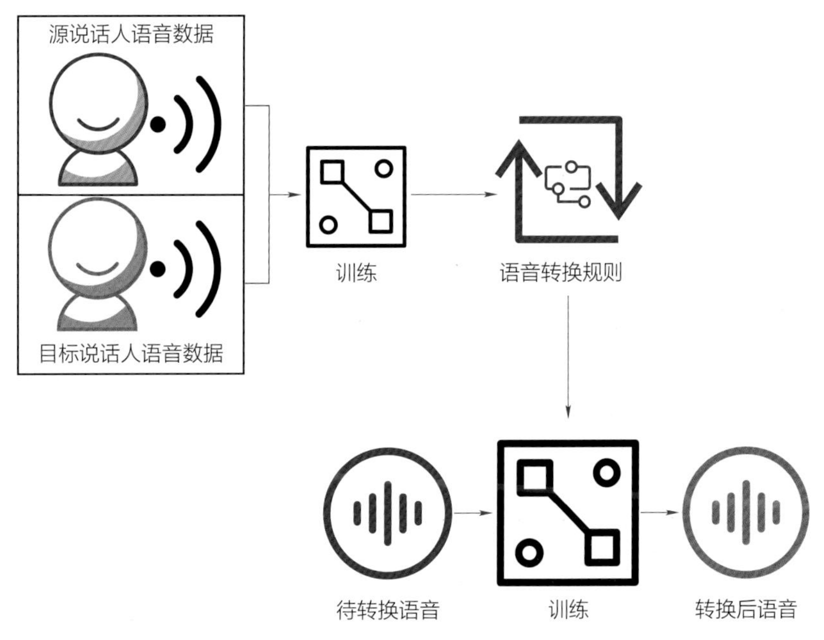

图 7.13　语音转换基本框架图

5. 情感语言

语音作为人们交流的主要方式，不仅包含语义信息，而且还携带丰富的情感信息，人工智能如果在人机交互中缺少情感因素会显得“冷冰冰”，不能识别情感或对情感作出反应，无法形成真正的人工智能。因此，分析和处理语音信号中的情感信息、判断说话人的喜怒哀乐具有重要意义。

语音情感识别系统主要由三部分组成——语音信号采集、语音情感特征提取和语音情感识别。语音情感识别本质上是一个典型的模式分类问题，因此模式识别领域中的诸多算法都可以用于语音情感识别，如隐马尔科夫模型、高斯混合模型、支持向量机模型等。

7.3.3 计算机视觉

计算机视觉是指用摄影机和计算机代替人眼对目标进行识别、跟踪和测量，并进一步做图形处理，使图像更适合人眼观察或传送给仪器检测。计算机视觉的研究目标是建立从图像或者多维数据中获取“信息”的人工智能系统。根据实际解决的问题，计算机视觉技术可分为视频识别、人脸识别、图像检测、图像检索、目标跟踪、风格迁移等几大板块。其中，在人脸识别、图像分类等方面，计算机视觉已经比人类视觉更精准、更迅速。

尽管计算机视觉任务繁多，但大多数任务本质上可以建模为广义的函数拟合问题，如图 7.14 所示。

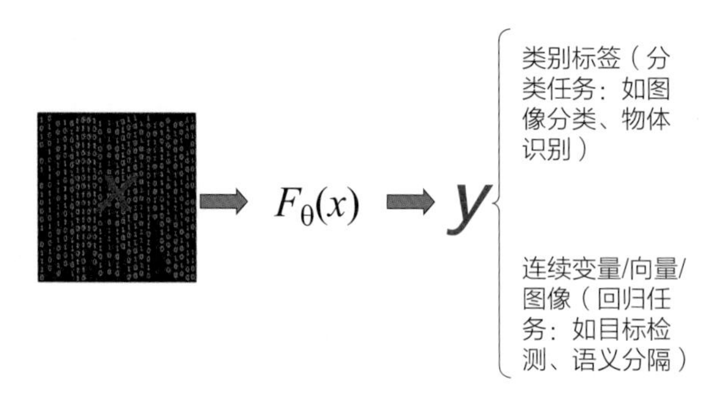

图 7.14　常见视觉任务的实现方法

学习结果 y 能够分为两类，一类是类别标签，对应模式识别或机器学习中的“分类”问题，如场景分类、图像分类、物体识别、精细物体识别、人脸识别等视觉任务；另一类是连续变量或向量或矩阵，对应模式识别或机器学习中的“回归”问题，如距离估计、目标检测、语义分隔等视觉任务。

实现上述函数的方法主要分为两大类：一类是深度模型和学习方法，另一类是与“深度”对应的浅层模型和方法。

1. 基于浅层模型的方法

一个典型的视觉任务实现流程包括四个步骤，如图 7.15 所示。

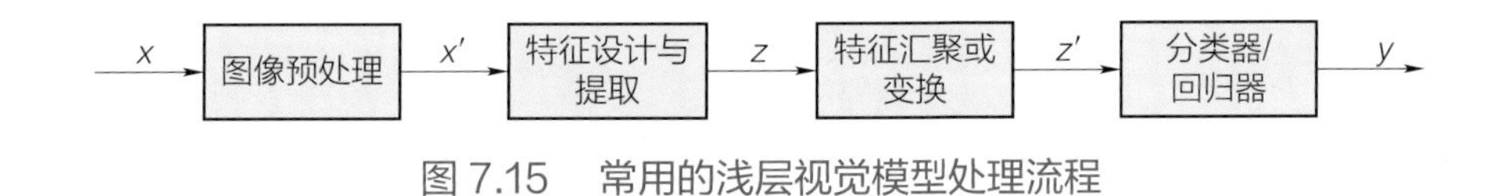

图 7.15 常用的浅层视觉模型处理流程

步骤 1：图像预处理过程 p。用于实现目标对齐、几何归一化、亮度或颜色矫正等处理，从而提高数据的一致性，该过程一般由人为设定。

步骤 2：特征设计与提取过程 q。其功能是从预处理后的图像 x'中提取描述图像内容的全局特征或局部特征，一般依据专家知识进行人工设计。

步骤 3：特征汇聚或特征变换 h。其功能是对前步提取的特征 z'进行统计汇聚或降维处理，从而得到维度更低、更利于后续分类或回归过程的特征 z'，该过程一般通过专家设计的统计建模方法实现。

步骤 4：分类器或回归函数 g 的设计与训练。其功能是采用机器学习或模式识别的方法，基于一个有标签的训练集学习得到，通过监督学习方法来实现。计算机视觉中的分类器基本都借鉴模式识别和机器学习领域，包括最近邻分类、线性感知机、决策树、随机森林、支持向量机等。

上述流程带有强烈的人工设计色彩，依赖专家知识进行步骤划分、选择和设计各步骤的函数，与后来出现的深度学习方法依赖大量数据进行端到端的自动学习形成了鲜明对比。

2. 基于深度模型的视觉方法

基于深度模型的视觉方法中的深度卷积神经网络也是通过滤波器提取局部

特征，然后通过逐层卷积和汇聚，逐渐将“小局部”特征扩大为“越来越大的局部”特征，甚至最终通过全连接形成“全局特征”。但与浅层模型相比，深度模型的滤波器参数不是人为设定，而是通过神经网络的反向传播算法等训练学习而来的；深度卷积神经网络模型以统一的卷积作为手段，实现了从小局部到大局部特征的提取。

基于深度模型的视觉方法不仅大大提高了处理视觉任务的精度，而且显著降低了人工经验在算法设计中的作用，让数据自己决定最“好”的特征或映射函数是什么，实现了从“经验知识驱动的方法论”到“数据驱动的方法论”的变迁。

7.3.4 智能机器人

人工智能技术的应用提高了机器人的智能化程度，同时智能机器人的研究又促进了人工智能理论和技术的发展。人工智能技术在智能机器人关键技术中的应用如图 7.16 所示，其中包括智能感知技术、智能导航与规划技术、智能控制与操作以及机器人智能交互。

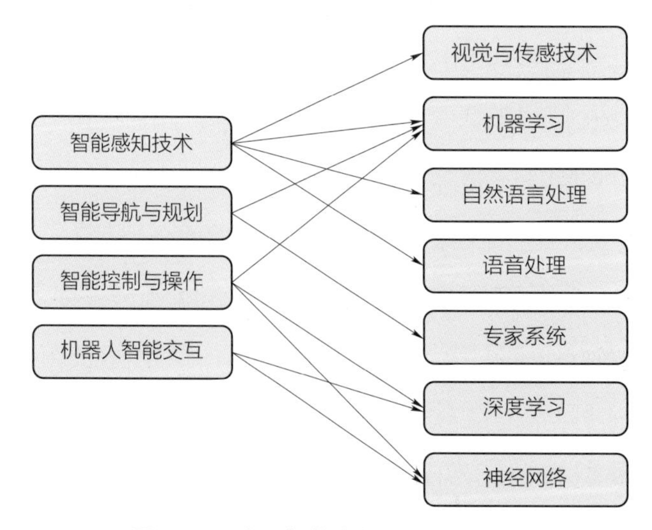

图 7.16　人工智能在机器人中的应用

1. 智能感知技术

智能感知提升了机器人的智能水平，并为机器人的高精度智能化作业提供基础。人工智能技术主要在机器人“视觉”“触觉”和“听觉”三类感知模态中应用。其中，机器人视觉应用包括为机器人动作控制提供视觉反馈、移动式机器人的视觉导航以及代替或帮助人工进行质量控制、安全检查所需的视觉检验；机器人触觉传感器主要包括接触觉、压力觉、滑觉、接近觉和温度觉等多种传感器，通过机器学习中的聚类、分类等监督或无监督学习算法来完成触觉建模；听觉传感器被用来接受声波，是一种可以检测、测量并显示声音波形的传感器，是机器人发展所不能缺少的部分。

2. 智能导航与规划技术

机器人导航与规划的安全问题是智能机器人领域的重大课题，智能导航的核心是实现自动避碰。机器人自动避碰系统由数据库、知识库、机器学习和推理机等构成。

位于机器人本体上的各类导航传感器收集本体及障碍物的运动信息，并将所收集的信息输入数据库。数据库主要存放来自机器人本体传感器和环境地图的信息及推理过程中间结果等数据。

未来的机器人智能导航与规划系统将集导航、控制、监视、通信于一体的机器人综合管理系统，更加重视信息的集成。利用专家系统、导航信息、环境信息、本体状态信息以及知识库中的其他静态信息，实现机器人运动规划的自动化，最终实现机器人从任务起点到终点的全自动化运行。

3. 智能控制与操作

机器人的控制与操作包括运动控制和操作过程中的自主操作与遥控操作。

目前，机器人的智能控制方法包括定性反馈控制、模糊控制以及基于模型学习的稳定自适应控制等方法，采用的神经模糊系统包括线性参数化网络、多层网络和动态网络。

4. 智能交互

人机交互的目的在于实现人与机器人之间的沟通，消融两者间的交流界限，使人们可以通过语言、表情、动作或可穿戴设备实现人与机器自由地信息交流与理解。

在人机协作中，机器人需要对人的行为姿态进行理解和预测，进而理解人的意图。随着深度学习技术的快速发展，现阶段行为识别发展迅速。近年来利用 Kinect 视觉深度传感器获取人体三维骨架信息的技术日渐成熟，根据三维骨骼点时空变化，利用长短时记忆的递归深度神经网络进行分类识别是解决该问题的有效方法之一。但是，目前在人机交互场景中，行为识别能够将整段输入数据进行处理，但不能实时处理片段数据，直接应用于实时人机交互的算法还有待进一步研究。

7.3.5 生物特征识别

生物特征识别技术（Biometric Identification Technology）是指利用人体生物特征进行身份认证的一种技术，是目前最为方便与安全的识别技术。生物特征识别通过计算机与光学、声学、生物传感器和生物统计学原理等高科技手段密切结合，利用人体固有的生理特性和行为特征来进行个人身份鉴定，其过程包含四个步骤：图像获取、抽取特征、比较和匹配。

1. 生物特征识别的工作原理及流程

生物识别系统包括生物特征采集子系统、数据预处理子系统、生物特征匹配子系统和生物特征数据存储子系统，如图 7.17 所示。

在生物特征数据库子系统中，需要建立生物特征与身份信息的关联关系，并且保证数据存储的安全和可靠；生物特征匹配子系统通过模式识别算法，把待识别的生物特征与数据库子系统中生物特征的进行比对，并按照事先确定的筛选条件判断是否匹配成功。

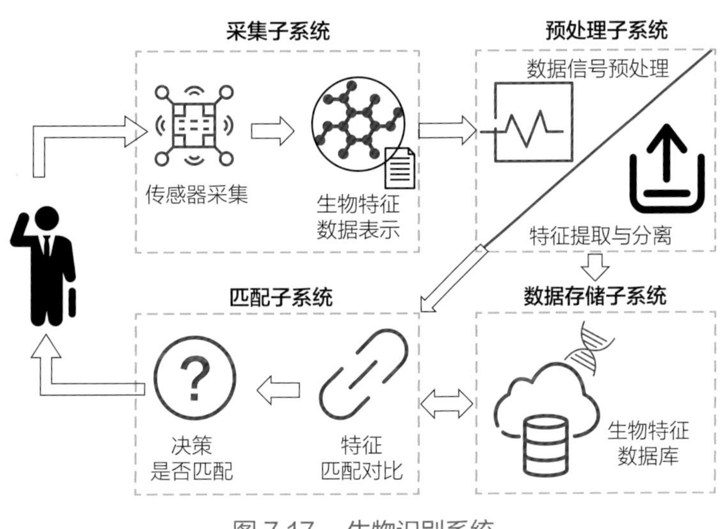

图 7.17　生物识别系统

2. 生物特征识别技术的种类

生物特征分为物理特征和行为特点两类。物理特征包括：指纹、掌形、视网膜、虹膜、人体气味、脸型、皮肤毛孔、手腕/手的血管纹理和 DNA 等；行为特点包括：签名、语音、行走的步态、击打键盘的力度等。总体上生物特征识别包括指纹识别、虹膜识别、红外温谱图、步态识别等。

指纹识别技术是通过取像设备读取指纹图像，然后用计算机识别软件分析指纹的全局特征和指纹的局部特征，特征点如嵴、谷、终点、分叉点和分歧点等。从指纹中抽取特征值，可以非常可靠地通过指纹来确认一个人的身份。

虹膜识别技术利用虹膜终身不变性和差异性来识别身份。虹膜是瞳孔内织物状的各色环状物，每个虹膜都包含一个独一无二的基于水晶体、细丝、斑点等特征的结构。虹膜识别技术与相应的算法结合后，具有十分优异的准确度。

红外温图谱是反映身体各个部位发热强度的图像，可以通过红外设备获得。红外温图谱所记录的生物特征是人体散发热量的模式，可通过图谱对面部或手背静脉结构进行鉴别来区分不同的身份。

步态识别主要提取的特征是人体每个关节的运动，该特征能够提供充足的信息来识别人的身份。步态识别的数据采集与脸相识别类似，具有非侵犯性和可接受性，然而由于数据量较大，步态识别的计算复杂性高、处理困难。尽管生物力学中对于步态进行了大量的研究工作，基于步态的身份鉴别的研究工作却是刚刚开始。

7.3.6 专家系统

专家系统是一个智能计算机程序系统，由“以知识为基础的专家系统（Knowledge-based Expert System）”而来，其内部含有某个领域专家水平的庞大知识与经验，能模仿人类专家解决特定问题时的推理过程，利用人类专家的知识和解决问题的方法来处理该领域问题。该方法可用来增进非专家的问题解决能力，也可为专家提供专业知识查询辅助。专家系统由人机交互界面、知识库、推理机、解释器、综合数据库、知识获取等 6 个部分构成，其中尤以知识库与推理机相互分离而别具特色。

专家系统解决问题的过程如图 7.18 所示，用户通过人机界面回答系统的提问，推理机将用户输入的信息与知识库中条件进行匹配，并把被匹配规则的结论存放到综合数据库中，最后专家系统将呈现最终结论。专家系统可以通过解释器向用户解释的问题包括系统向用户提出该问题的原因（Why）以及计算机得出最终结论的方式（How）。

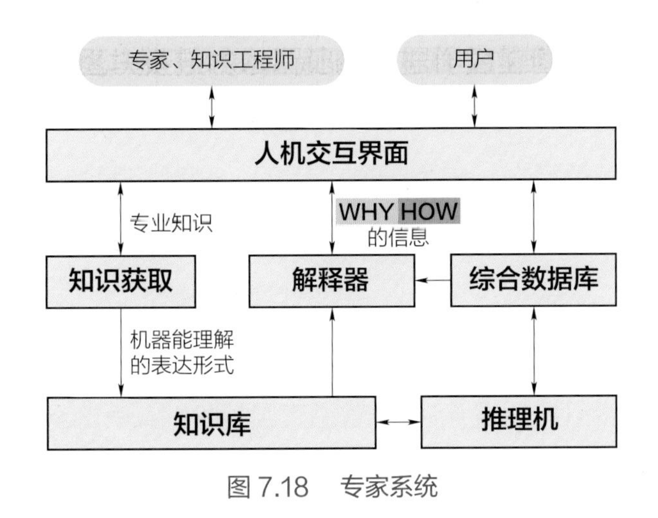

图 7.18　专家系统

由于在人类社会中专家资源稀少，专家系统使珍贵的专家知识获得普遍应用。近年来专家系统技术逐渐成熟，广泛应用在工程、科学、医药、军事、商业等方面，在某些应用领域，甚至能超过人类专家的智能与判断。

7.4　发展方向

在构建以新能源为主的新型电力系统形势下，高比例新能源大规模接入电网，新型电力电子设备应用比例提升，使得系统具有更高不确定性，改变了传统电力系统的运行规律和特性，提升了电力系统安全稳定风险。此外，电力系统中 PMU、RTU 等量测装置和 AMI 的广泛应用，产生 PB 级的海量数据；光纤、5G 等高速通信设施使电网调控措施能够快速动作，数据采集传输也具有强实时性。基于上述特点，人工智能技术在电力系统应用中的发展方向主要有四个方面，即群体智能、混合增强智能、认知智能和无人智能。

7.4.1　群体智能

群体智能简称 SI，主要包括智能蚁群算法和粒子群算法。智能蚁群算法主要包括蚁群优化算法、蚁群聚类算法和多机器人协同合作系统。其中，蚁群优化算法和粒子群优化算法在求解实际问题时应用最为广泛。群体智能已引起数学、物理、计算机、通信电子、自动控制、生物、人工智能等多学科领域专家的广泛重视，成为重要的复杂问题求解工具。

电力系统结构日益复杂，电力规划、运行、管理将面临非凸、非线性以及非连续优化问题，群体智能的技术突破与应用为这些问题的解决提供了方案。

群体智能的特点主要包括以下方面：① 分布式的组织架构，个体不受集中控制，可以感知环境和与邻近个体的信息交互；② 简单的个体动作，群体中个体能力普通或只能完成简单的动作；③ 能够灵活适应环境，个体动作会随着环境的变化自适应调整，且认为个体的每一个动作都会对环境产生影响；④ 智能整体系统，个体通过环境反馈来改变自身动作、学习策略和经验，群体的生存能力也因此得到增强，能更好地适应外部环境的变化。

群体智能算法具有环境感知、信息交互、环境适应等优点，蚁群优化算法和粒子群优化算法具有分布式控制特点可解决未来发电商、输电公司、售电公司、终端用户等多个市场主体不完全信息动态博弈的问题[1]。

此外，群体智能算法可以帮助电力系统建立起完善的电力市场仿真，代理实际市场中买方、卖方、交易商等进行决策，将为电力市场的设计、分析与评估提供崭新的手段，因此群体智能算法未来必将成为电力系统领域的重要研究及应用方向之一。

7.4.2 混合增强智能

混合增强智能是将人的作用或人的认知模型引入人工智能系统，形成“混合增强智能”的形态。混合增强智能可以分为两类基本形式：一类是人在回路的人机协同混合增强智能；另一类是将认知模型嵌入机器学习系统中，形成基于认知计算的混合智能。

[1] 张景瑞，刘厚德. 基于群体智能的电力系统优化调度理论与方法［M］. 北京：清华大学出版社，2016。

电力工业在发电、输电、变电、配电、用电等环节都会产生海量数据，且面临数据来源种类不一、数据格式多样等问题。传统人工智能无法保证决策的可靠性，而大电网的脆弱性对紧急控制的错误极为敏感，如果处理不好将造成严重的灾难和后果。

混合增强智能将会成为未来电力系统的重要解决方案。混合增强智能充分融合了人脑认知智能和机器计算智能，聚焦解决复杂系统人机混合智能决策的自主协同与趋优进化机理关键问题，形成新一代人在回路智能分析理论体系。具体而言，通过认知智能把人对外界环境等不确定因素的预测和先验知识，以及对复杂问题分析和响应的高级认知能力，与机器智能系统紧密耦合，实现可收敛的复杂问题人机泛在协作。

此外，将来人们对电力系统新认知的提出，不再仅仅是人与人之间交流思考的结果，更有可能是通过人机间的互相博弈、知识协同等方式形成对电力系统的新认知，这也是电力系统智能分析的最高目标。

7.4.3 认知智能

认知智能是计算机科学的一个分支科学，是智能科学发展的高级阶段。它以人类认知体系为基础，以模仿人类核心能力为目标，以信息理解、存储、应用为研究方向，以感知信息的深度理解和自然语言信息的深度理解为突破口，以跨学科理论体系为指导，对新一代理论、技术及应用系统的研究起到重要作用。

人工智能以模仿人类感知能力为基础，重点在感官能力的模仿。然而，认知智能以模仿人类认知、理解、记忆、逻辑思维、情感等能力为基础，把多维的信息汇总起来进行推理、分析。认知智能是人工智能技术发展的高级阶段，旨在赋予机器数据理解、知识表达、逻辑推理、自主学习的能力，使机器能够拥有类似人类的智慧，甚至具备各个行业领域专家的知识积累和运用的能力。

让机器具备认知智能，其核心是让机器具备理解和解释能力，能够让机器理解数据、理解语言进而理解现实世界。这种形态是人工智能可行的、重要的成长模式。

未来电力系统将逐步从信息物理系统向社会信息物理系统演变，产生的数据量将呈指数增长，系统也表现出更强的开放性、非线性和不确定性等特征。探索在如何保持大数据智能优势的同时，赋予机器常识和因果逻辑推理能力，实现认知智能，是未来电力系统 AI 技术的重要发展方向。

7.4.4 无人智能

无人智能系统是一种集智能和行动于一体的高性能自动机系统，能模仿人的智能和行为，在复杂多变的未知环境中主动执行预定任务，能通过环境感知、决策规划和协同行动有计划、有目的地产生智能行为来适应环境、改变现状，从而完成预定的目标任务。

电力系统检修和控制过程中有带电作业、在线检测、变电站值守等场合，当前广泛采用的人工作业方式存在较高安全风险，未来需要通过无人智能实现远程观测、数据收集、分析决策、控制调节等功能。

无人智能技术能够解决电力系统中的诸多安全问题，实现分控功能、电子地图、人工智能图像报警系统、报警联动等功能，为电力系统多媒体监控提供解决方案。

在高压输电线巡检方面，无人机有着巨大的应用优势。搭载高清可见光相机的无人机能够对线路进行全方位拍摄，并将拍摄的图片实时传输给地面工作人员，地面工作人员可以通过无人机拍摄的图像来判断线路的运行情况，或结合深度学习海量电力图像数据，对拍摄图像进行智能分析，可减轻巡检人员的劳动强度，提高巡检效率。

带电作业机器人装备高清摄像云台、作业臂等“眼”和“手”，能够替代人工完成线路巡检、检测绝缘子串、更换防振锤等高难度动作。带电作业机器人的广泛运用，将大幅度提高作业的效率和安全性，有望代替人工完成带电检修任务。

7.5 小结

人工智能赋予了机器识别规律、改善优化、作出决策的能力，在新型电力系统的构建中具有广阔应用前景，在源荷预测、电网调度、设备运维、用电营销、作业安监、综合能源服务、企业运营管理各方面具有很大应用空间。具体来看，在源荷预测方面，人工智能利用深度学习等技术，将提高可再生能源发电功率预测精度和负荷预测的准确度；在设备运维方面，人工智能利用图像识别、深度学习、边缘计算等技术，实现输电线路的智能化诊断与检修、变电站与配电设备的智能化管控；在用电营销方面，人工智能利用图像识别、语音识别、自然语言处理等技术，实现用电精细化管理，提升用户服务水平与用电服务质量。

人工智能在电力领域的应用可实现平台智能、传感智能、数据智能、认知计算和决策智能等功能，涉及机器学习、语音处理、计算机视觉、智能机器人、生物特征识别等关键技术。面对未来高度数字智能化的电力系统，人工智能技术需要在群体智能、混合增强智能、认知智能和无人智能等方面实现进一步的突破与实际应用，具体研究应用方向包括蚁群优化算法、粒子群优化算法、复杂人机问题泛在协作、无人智能中多功能多媒体监控系统建设、高安全风险领域的替代应用。

8 发展展望

近年来，电力数字化的发展步伐正在加快，电力企业对数字技术的投资规模不断增加。自 2014 年以来，全球对数字电力基础设施和软件的投资每年增长在 20%以上[1]。移动互联网和大数据发展已经深刻改变了人们的生活方式，电力消费智能化正在与社会生活数字化深度融合，智能家电、共享移动、万物信息、能源互联将使我们的生活更美好。未来的智慧电力系统可以准确识别电力需求对象，并能够在正确的时间和位置以最低的成本交付。本章将总结电力领域内关键数字智能技术的发展趋势，并从数字智能电力系统、智能企业管理、"能源+信息+"产业、电力数据赋能四个维度展望电力数字智能高度发达的未来。

8.1 技术发展趋势

电力数字智能技术将向高性能规模化、低成本集成化、短时延高效化、快决策可控化、抗干扰内置化等方向发展，提升电力行业的泛在互联、高效互动和智能开放能力，支撑能源互联的新兴业态和价值创造体系。

传感（测量）技术是数字智能电力系统信息获取的基础，未来向低成本集成化、抗干扰内置化、多节点自组网、低功耗等方向发展。传感技术的研发方向包括多参量融合 MEMS 传感技术、嵌入式 MEMS 传感器、光纤电压电流测量技术、分布式光纤感知基础理论研究、电力能源装备内部光学状态检测、电力能源装备内部缺陷信息特征研究、传感器自取能技术等。

通信技术是电网调度自动化、网络运营市场化的基础，更大容量、更广覆盖、更低时延、更高安全性是通信领域长久以来的追求。通信技术的研发与应

[1] 国际能源署. 数字化和能源（中文版）[M]. 北京：科学出版社，2019。

用发展方向包括大容量骨干光通信网建设、宽带无线专网建设、空天地海一体化通信网络构建、实用化无中继超长站距光传输技术、确定性时延关键技术研究等。

控制（保护）领域中，需要解决未来“双高”特性电力系统中诸多难题，推动电力系统进入灵活化、智能化、可控化时代。未来随机最优控制、测—辨—控技术、广域控制技术、保护控制协同技术和系统保护等先进控制技术的成熟、应用和推广，将有力提升电力系统数字智能程度，支撑新型电力系统的构建。

芯片在电力系统的信息化、自动化、互动化过程中发挥着核心支撑作用，在传感芯片、通信芯片、主控芯片、安全芯片、射频识别芯片等关键领域中呈现出抗干扰、高灵敏、小型化、智能化的新发展趋势。芯片技术的具体研发应用方向包括多传感器融合中的软件与算法设计、电力通信芯片安全算法设计与安全机制建立、主控芯片 CPU 内核设计技术、低功耗芯片架构设计技术、安全芯片密码技术升级应用、射频前端芯片材料与工艺研究、射频前端模组化等。

大数据与区块链技术正在电力领域逐步得到深入应用，以应对电力信息准确搜集、数据实时处理、系统快速决策等实际需求。大数据技术的具体发展方向包括大数据软采与硬采方式优化、大数据存储技术可用性提升与成本降低、庞大结构化与半结构化数据深度分析挖掘、非结构化数据分析以及大数据安全与隐私保护系统的建立。区块链技术的具体发展方向包括共识机制、安全算法、隐私保护等技术的提升，以及区块链之间互联互通、技术集成与体系构建等。

人工智能具有赋予机器模拟、拓展类人智能的能力，在电力系统的结构更加复杂、不确定性提升、安全稳定风险加大形势下，未来在能源电力领域有广泛应用的可能，具体发展方向包括群体智能、混合增强智能、认知智能、无人智能等。人工智能的具体研究应用方向包括蚁群优化算法、粒子群优化算法、复杂人机问题泛在协作、无人智能中多功能多媒体监控系统建设、高安全风险领域的替代应用。

8.2 发展情景展望

8.2.1 数字智能电力系统

未来电力系统将以数据为核心生产要素，通过海量数据分析和高性能计算技术，打通源网荷储各环节，以数字化手段培育新业态、新模式、新增长，通过数据关系发现电网运行规律和潜在风险，以应对清洁能源比例快速提升、电力电子设备大量接入和用电精细化管理等新挑战，实现电力系统安全稳定运行和资源大范围优化配置，促进能源生产、运输、消费统一调配和协同发展，如图 8.1 所示。研究显示，数字化每年将为全球电力系统节省 800 亿美元，约占年发电总成本的 5%[1]。

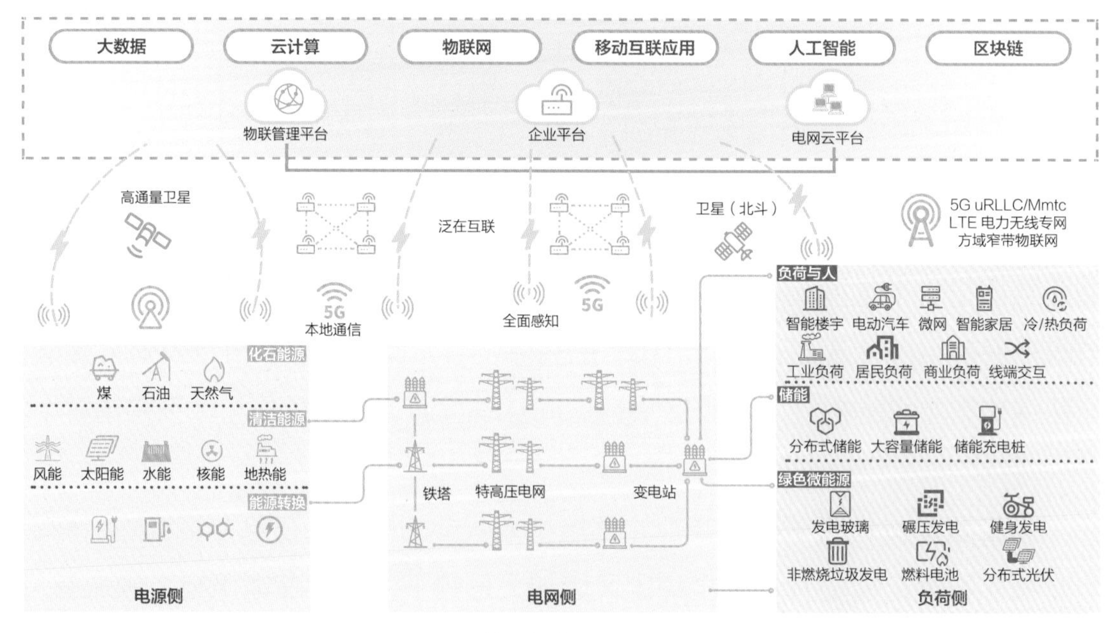

图 8.1　数字智能电力系统架构

[1] 国际能源署. 数字化和能源（中文版）[M]. 北京：科学出版社，2019。

在电源侧，未来的电厂将向人机数控、云边协同方向发展。通过智能电厂、智慧气象分析、智链物流中心一体化管控和数字化整合，统一数据结构、数据编码，形成共性元数据、根数据，整合电力、气候、煤炭、交通运输、金融等相关数据，实现多电源的协同计划、规划、调度、预测、优化、决策和控制，通过部署机理和数学模型实现集团或企业内多家电厂设备状态监测、远程故障诊断、出力功率统筹功能，实现“云边协同”的智慧电厂技术体系。

情景 1

智 能 电 厂

未来发电企业将构建集云计算、物联网技术、网络化控制理论于一体的智能电厂云控制系统。通过传感器收集升压控制系统、巡检安防系统、机组发电系统和工业 IT 系统等的终端数据；通过数千台人员定位基站，实现厂区作业现场的全面监控；通过缆线、WiFi、5G 等廉价、便利的通信方式连接、集成到分属场站上，利用边缘计算实现对该场站终端设备进行监视以及精准、稳定的实时管控，精准识别组串故障类型，定位故障组串位置，并提供修复建议。场站层获取到终端设备的原始数据后，根据任务类型对数据进行分类和预处理，将部分信息上传至智能电厂的云控制平台；在云控制与决策服务器中调用智能算法，一方面在孪生电厂中模拟运行结果、进行态势演判，另一方面将得到的全局最优优化调度方案、指令发给各场站终端设备，如图 8.2 所示。

图 8.2　智能电厂情景

在电网侧，保证能源配置得以全景看、全息判、全程控。以数据模型算法实现赋能，建成一体化电网运行智能系统，形成强大的“电力+算力”分析能力，增强电网的灵活性、开放性、交互性、经济性、共享性，驱动大规模可再生能源协同优化调度，形成停电计划智能编排与电力交易辅助决策能力，自主分析电力市场运行数据。

情景 2

智 慧 电 网

未来电网将凭借超大规模的硬件资源整合、超强计算能力，提供便捷、虚拟化、高通用的专业服务，实现电网运营、业务管理和产业融合全面数字化。凭借物联网的广泛互联收集实时发电、输电和用电数据并存储在电网云中，在大数据中心实现数据的及时加工和分析；数据分析结果一方面实现电力系统调度管控、电网管理等功能的优化，另一方面支撑电碳联合市场的构建与运行。从全球角度来看，预计数字智能技术可为以电为中心的全球能源互联网提供超过 185GW 的系统灵活性，相当于澳大利亚和意大利现有电力供应能力的总和，可节省 2700 亿美元的投资[1]，如图 8.3 所示。

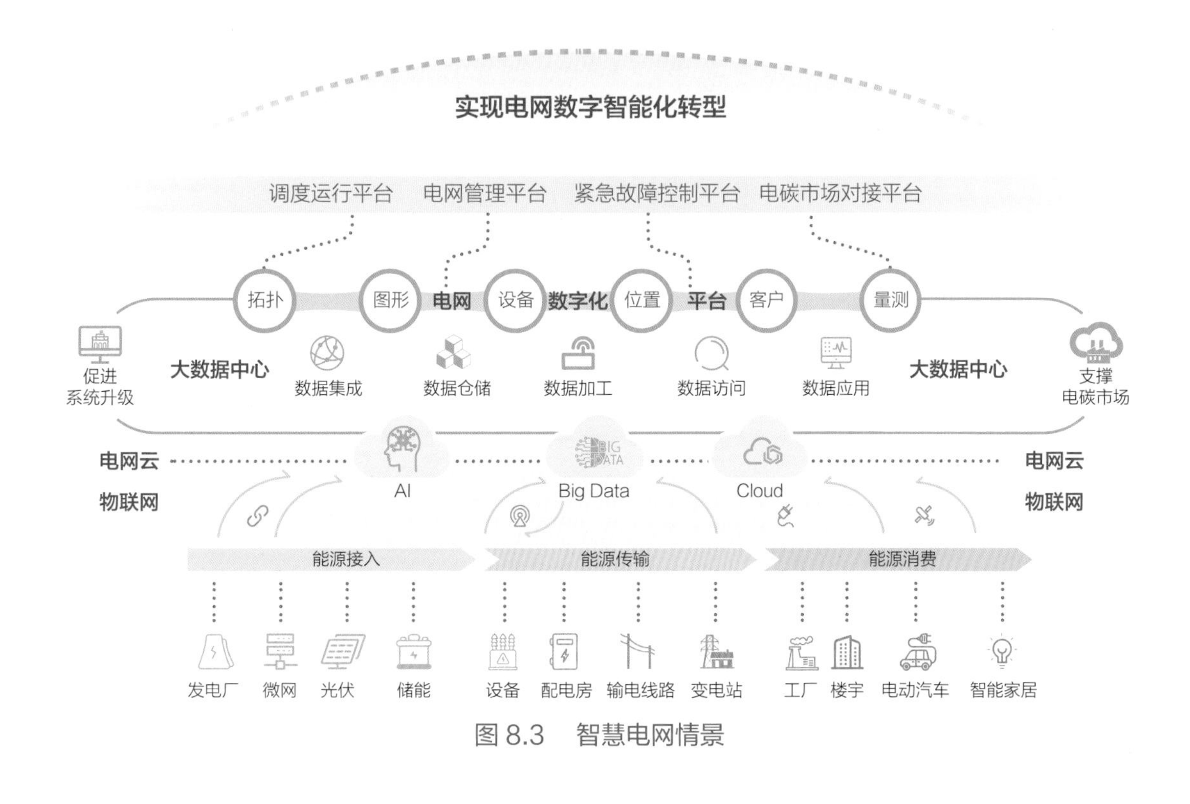

图 8.3　智慧电网情景

在负荷侧，用能模式向多能互补、源荷互动发展。通过广泛数据交互、充分共享和价值挖掘，打造以电为中心的综合用能服务平台，提升终端用能状态全面感知和智慧互动能力，推动各类用能设施和分布式发电设备的高效便捷接入，促进配电网从单一、被动、通用化的能源消费模式向融合多种需求、主动参与、定制化的双向交互模式转变，创新基于区块链的点对点能源交易机制，探索能源交易新模式，为客户提供低成本、优质高效的平台服务。

[1] 国际能源署. 数字化和能源（中文版）[M]. 北京：科学出版社，2019。

情景 3

虚 拟 电 厂

未来配电网将设立20MW以上调控量的虚拟电厂中心控制平台，通过物联网将终端用电设备的状态和需求信息实时汇总，聚合分布式发电机组、可控负荷、储能设施等海量可调节资源，依托强大的“电力+算力”支撑能源供需实时动态响应，与电碳市场交易中心和电网调度控制中心进行实时信息交换，构建分时、梯度的虚拟电厂群，以特殊的电厂形态参与电力市场交易和电网运行，实现电力流与碳足迹、资金流的协同，如图8.4所示。预计仅住宅领域，将有10亿户家庭和110亿台智能家电可参与电力系统的灵活调节。

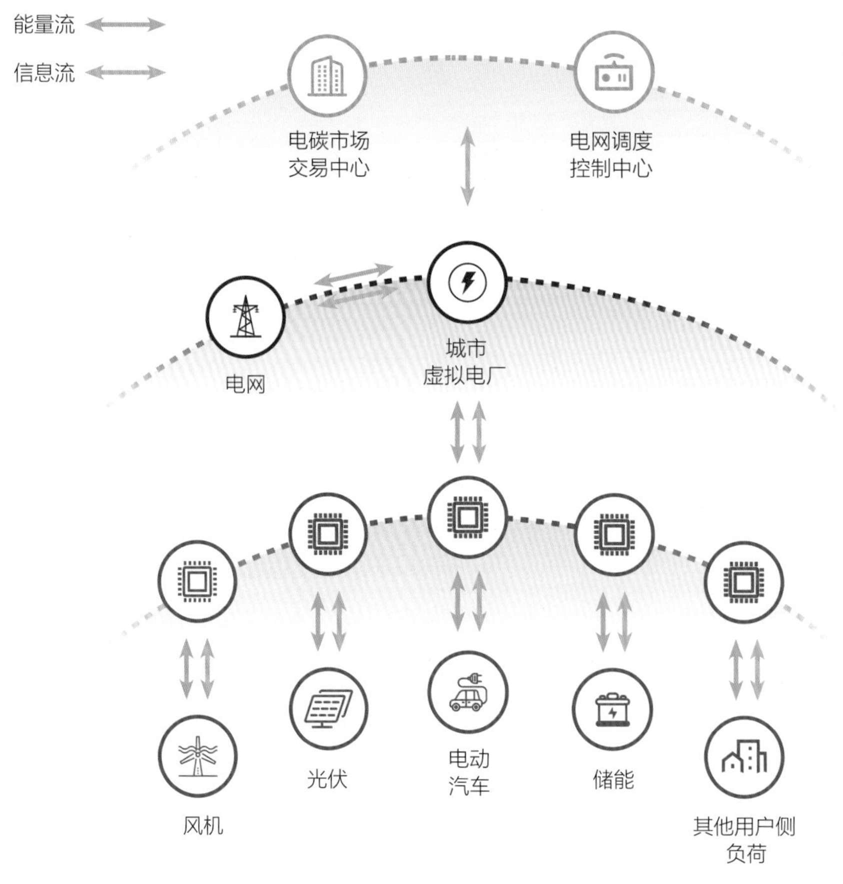

图8.4 虚拟电厂情景

8.2.2 智能企业管理

随着数据感知、实时通信、数据共享、智能决策能力的加强，电力企业将全面完成多种业务的数字智能化转型，通过机器智能对人工的大幅替代提高企业盈利能力。建立电力公司企业总部与下属子公司多级融合的数据中心与统一信息网络，构筑一体化企业级信息系统，促进数据资源的纵向贯通和横向集成，挖掘电力大数据在业务拓展、行业分析和精益管理方面的应用潜力，助力企业科学决策和智慧运营。

在一体化企业级信息集成平台建设方面，加快建设通信网络和信息网络，实现数据中心、企业门户和应用集成的建设，将集团业务整合为财务资金、营销管理、协同办公、人力资源、项目管理等应用模块，促进机器智能对人工的替代，降低各个环节的人工成本，如图 8.5 所示。针对不同模块，或采用成熟套装软件，实施战略性协议采购，实现系统模板的典型设计；或采用自主开发模式，通过一体化平台实现集成。整体上针对多业务模块进行典型设计、集中开发、统一推广，实现企业一体化平台运作，支持企业管理的综合统一决策。

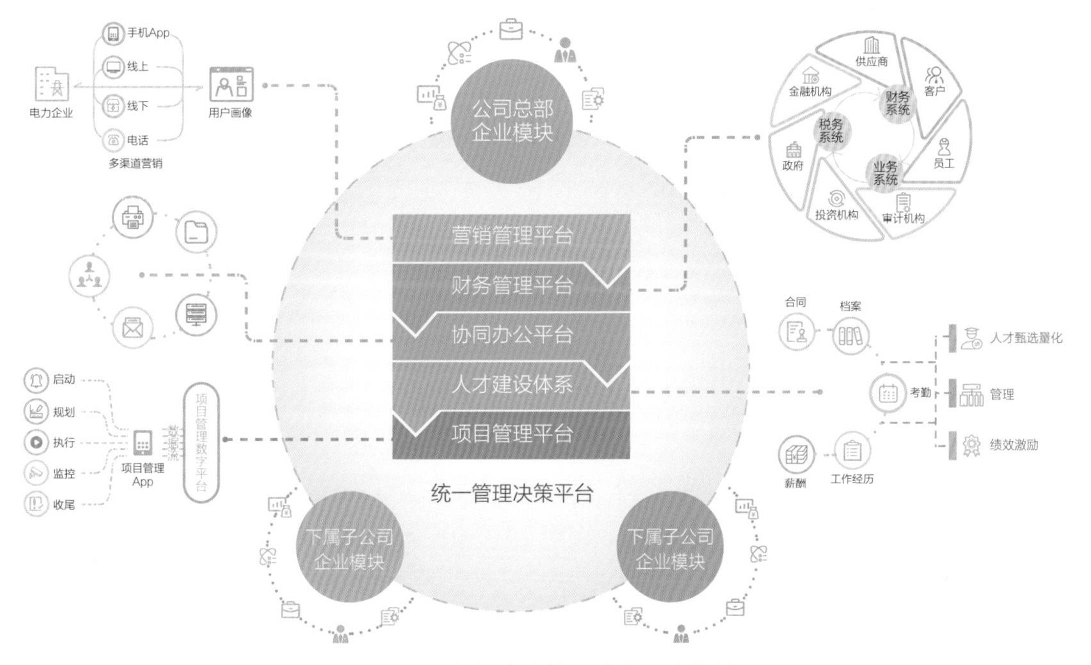

图 8.5　电力企业管理决策平台架构

在协同办公方面，将建设契合电力企业需求的办公数字化平台，通过大数据信息计算存储、交互等技术手段，打破物理空间束缚，实现企业经营活动信息共享；优化企业沟通和协作，实现多人远程配合与流畅远程双向协作，打造全新数字化工作场所，在压缩办公成本的同时，高度提升企业办公效率。

在资金管理方面，将逐步推进流程自动化、无人化，实现财务、业务、税务等系统间的数据实时同步，最大限度减少人工交互，避免人工操作产生的疏漏，未来将实现财务自动化核销、员工报销、无人化财务等多种业务的超级自动化（Hyper Automation）。资金管理模式将从成本中心向利润中心转变，通过建设数据共享财务平台强化链接，为员工、客户、供应商、政府、投资机构、金融机构等利益相关方提供信息、创造价值。

在营销管理方面，将基于先进数字技术推动全渠道数字营销应用，实现线上线下相融合的营销模式。未来，电力企业将更加重视客户体验，以客户为中心，通过数据分析方法刻画客户画像，拉近企业与客户的距离，实现精细化营销。

在项目管理方面，将建设统一监理平台、开发契合电力企业的管理软件，实现项目的启动、规划、执行、监控、收尾全阶段可视。利用先进通信手段促进项目执行与监控中的高效沟通与进度统计；通过大数据与人工智能的手段实现任务分解、成本与风险控制的对策制定。未来项目管理规范化、标准化、数据化，将促进工程项目建设水平与效率的提升。

8.2.3 “能源+信息+”产业

未来，电力数字化技术将发挥强大的信息互联能力，连接电力系统和生产生活的各领域，打造“数据+平台+产品+生态”等新业态、新模式，促进优势互补和跨界合作，形成能源电力数字孪生生态。人类社会将呈现出泛在互联、智能高效的数字化发展新局面，通过产业链各环节及各业务之间的数据贯通，为生产、销售、管理与社会治理全面赋能，如图 8.6 所示。

图 8.6　多元化产业融合架构

产业链联动协同发展。在数字经济蓬勃发展的背景下，高度数字化的能源电力系统将与不同产业的数据广泛交互，实现跨行业数据整合、能源与产业融合，提升经济发展规模、质量和效益，形成高效协同、共同繁荣的良性发展局面。

情景 4

“电—矿—冶—工—贸”数字联动发展

未来发电企业将构建集云计算、物联网技术、网络化控制理论于一体的智能电厂云控制系统。通过传感器收集升压控制系统、巡检安防系统、机组发电系统和工业 IT 系统等的终端数据；通过数千台人员定位基站，非洲、东南亚和南美洲等诸多国家及国家间将形成“电—矿—冶—工—贸”联动发展格局。根据局部区域能源或矿产优势，开发大型清洁能源基地，建设区域能源互联网，通过打破行业壁垒和增强产业协同整合清洁能源和矿产资源优势，打造电力、采矿、冶金、工业、贸易协同发展的产业链，以充足、经济的清洁电力保障矿山、冶金基地、各类工业园建设和生产，推动贸易出口由初级产品向高附加值产品转变，并依托项目内生价值、企业资本金和信用，向银团、财团、社会资本等融资，形成“投资—开发—生产—出口—再投资”的联动发展产业链，如图 8.7 所示。

图 8.7 “电—矿—冶—工—贸”数字联动发展情景

能源—交通融合发展。基于大数据、区块链和云控制技术，电动汽车可以聚合成为虚拟调峰电站，成为电力系统中灵活用电负荷和分布式储能单元，在负荷高峰时段放电支撑电网供电，在低谷时段充电。长期来看，随着电力数字智能技术的应用和推广，交通行业的能源消耗量相对目前水平有望减半。

情景 5

V2G 双向交互

V2G 双向交互是典型的"能源+信息+交通"融合发展模式，电动汽车通过无线通信和无线输电技术与电网实现广泛连接和双向交互，基于大数据和智能技术将海量的电动汽车聚合为"虚拟调峰电站"，成为新型电力系统的灵活用电负荷，在满足交通出行需要的前提下参与电力系统运行。对于北京等大型城市，电动汽车可为电网提供超过 1000 万 kW 的削峰填谷能力，基本满足电网对短时储能（2～4h 放电能力）的绝大部分需求，如图 8.8 所示。

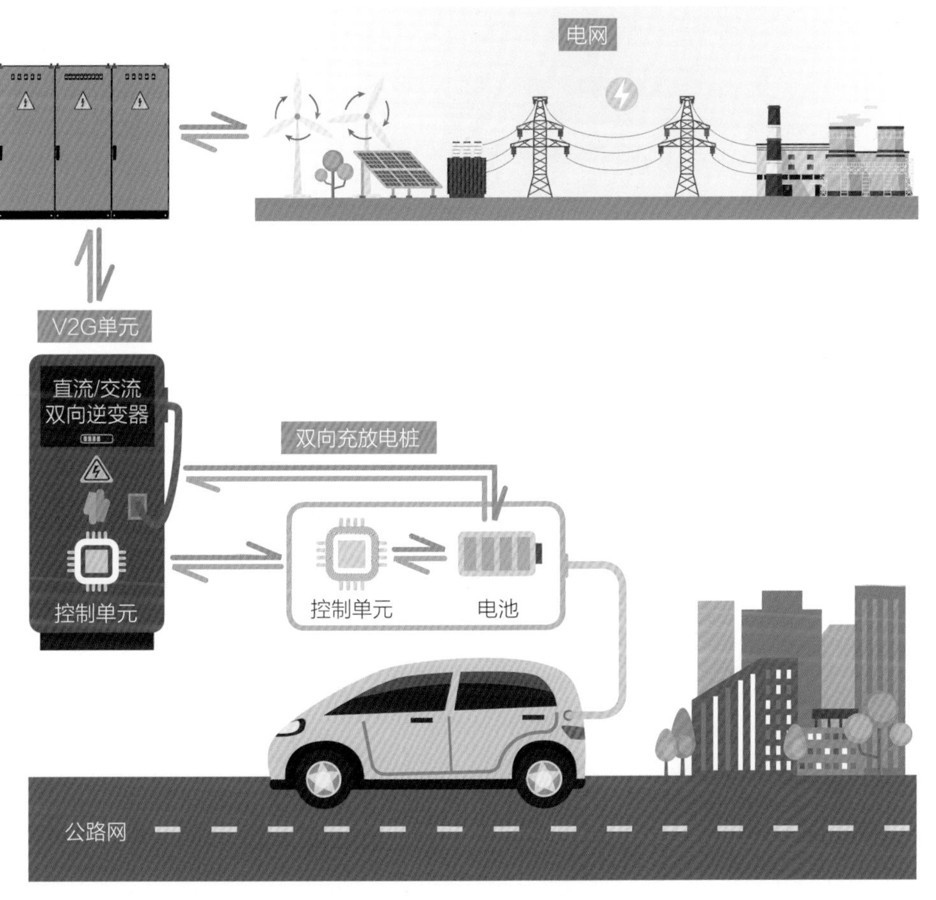

图 8.8　V2G 双向交互情景

数字智能技术助力打造能源电商业务平台。电力企业往往拥有良好的社会信誉、丰富的上下游资源和强大的资源实力作为发展能源电商业务的基础，数字智能技术可将这些优势通过数据分析和资源整合转化为电商平台的核心竞争力，打造集大数据分析、供应链金融、智慧物流管理于一体的全产业链营销服务平台。

情景 6

能源电商平台

能源电商平台将由一家或多家电网或配电公司共同打造，聚合产业上下游信息和资源，分为个人商城（B2C）和企业商城（B2B）板块分别面向个人和企业客户，提供消纳分析、政策技术咨询、规划设计、并网报装、电费结算、运营运维、补贴申报、金融保险、数据服务等业务的一站式服务，实现下单到服务、售后、安装在“最后一公里”所有环节的“一键搞定”，为客户提供低成本、优质高效的平台服务，如图 8.9 所示。

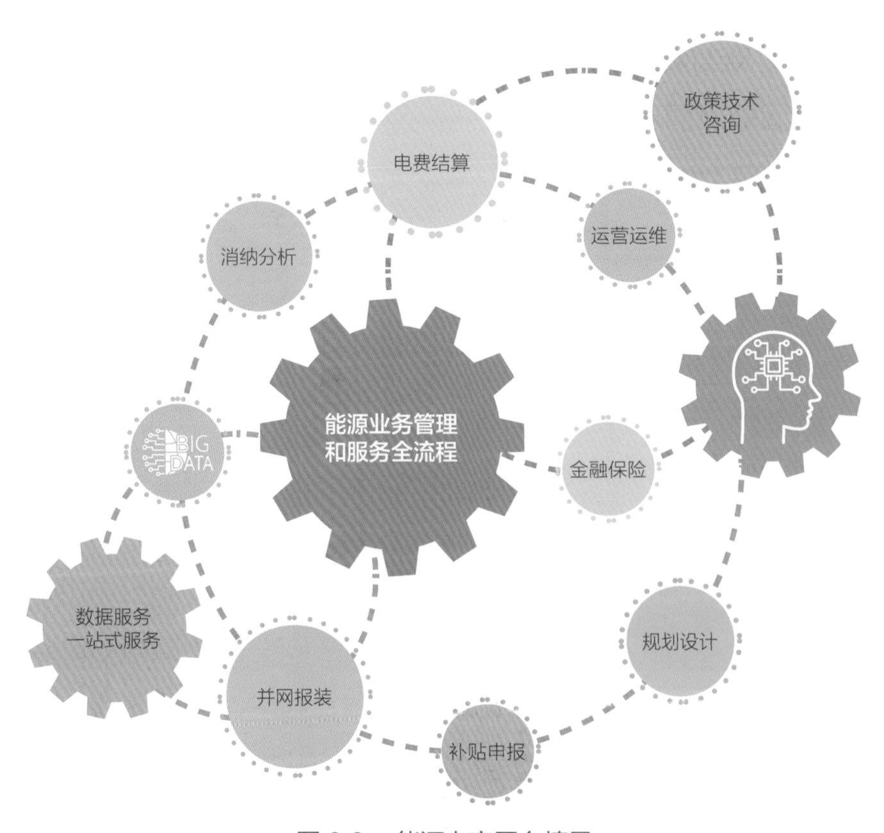

图 8.9　能源电商平台情景

8.2.4 电力大数据赋能

电力企业利用电力数据覆盖面广、可靠性高等优势，能够为金融、地产、工业、民生、环保等不同行业提供定制化特征分析服务。未来将打造以电力数据为核心的数据服务枢纽，接入能源行业和城市运营数据，提供能源数据增值服务、云平台服务和基础设施租赁服务，实现数据通融应用，激活能源数据价值，形成能源大数据建设运营模式。

电力大数据赋能其他行业。通过大数据技术、通信技术整合工业用电量、缴纳电费、峰尖谷比例等数据，及时发现企业用电问题，促进企业用能结构调整和节能增效。电力企业可对电力数据源进行多样化数据建模，提供结合不同行业特征的洞察分析工具，提升数据生产和变现的效率，驱动业务创新。

情景 7

智慧地产运营模式

利用电力数据覆盖面广、可靠性高等优势，深挖客户生产生活与用电情况的关联特性。利用通信技术、人工智能技术、大数据等打造针对地产行业的专属数据服务平台，为地产企业在楼宇活跃度分析、新拓楼盘选址、引流策略选择等方面提供数据支撑，助力地产企业智慧运营。

电力金融征信评价体系。电力消费数据反映了能源消费个体的消费能力、信用等级和还款意愿等信息。从信贷反欺诈、授信辅助的角度出发对电力数据进行分析与应用，破解金融机构对中小微企业“不敢贷”“不愿贷”的难题，为银行、金融公司、政府机关等在贷款审批、担保资格认定、任职资格审核的业务展开提供数据依据，提供空壳企业识别、贷中检测、贷后预警等产品。

情景 8

电 力 征 信 系 统

整合电力客户的基本信息、长期用电记录、缴费情况、缴费能力等数据，结合利润贡献、设备装备水平等数据，构建能源电力数据平台。采用大数据和人工智能技术对电力数据进行统计分析，建立用户信用评级指标和评分标准，进行用户信用评价，并分析客户信用变化趋势和潜在风险，形成基于电力数据、针对个人和企业的信用等级评估办法，服务金融、征信、消费等其他行业的发展，如图 8.10 所示。

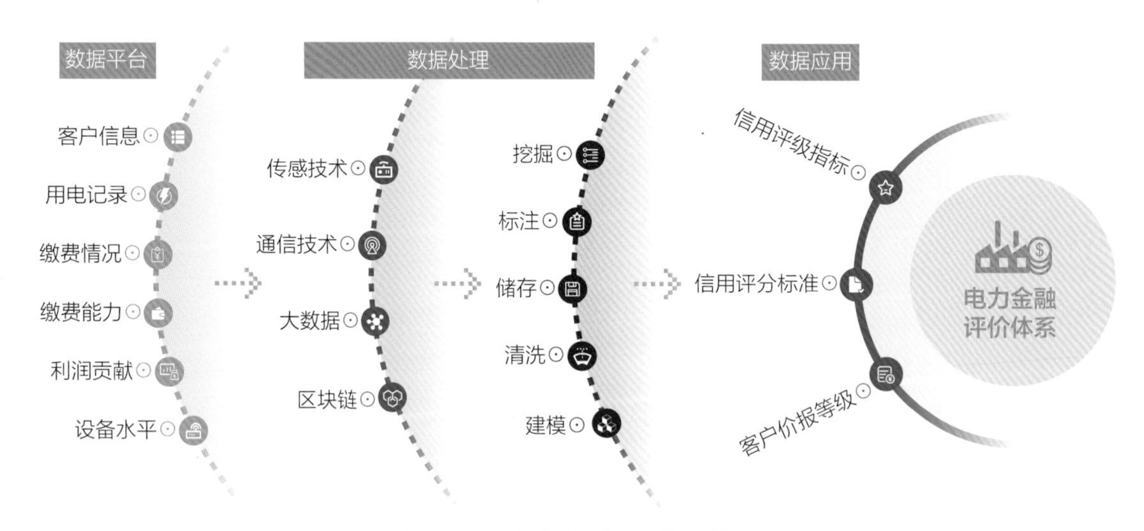

图 8.10　电力金融征信体系情景

电力大数据赋能社会环境监测。运用电力大数据助力政府部门将环境治理关口前移，从源头精准管控环境污染问题，实现对园区企业用能安全防控和事故精准预警，同时大幅减少环保设备和相关人力物力投入。

情景 9

“电力大数据+”环保监测系统

依托电力大数据平台，发挥电力数据真实、精准、权威的优势，根据排污不达标企业的行业集中度、月用电量、峰谷特性等特征，建立异常电量数据监控模型，高效甄别排污不达标企业在关停或整改期间的异常生产情况，并发出预警，为环保部门排查、清理、整治提供有力的判断依据，如图 8.11 所示。

图 8.11 “电力大数据+”环保监测系统情景

电力大数据推动零碳社会发展。采用先进的数字智能技术实时监控能源的生产、输送、消费各环节的碳排放情况，对能源体系全链路碳排放实现统筹计划、统一管理、协同优化，并纳入储能储氢、碳捕捉、碳利用等减排技术的积极作用，以零碳为目标，分阶段、分批次地逐步推动企业、园区、城市、地区、国家的零碳管控系统的建立，以碳排放监管、碳减排服务、碳数据公共服务等情景应用为驱动助力“零碳国家”建设。

情景 10

零碳城市管控系统

以城市为单位建立综合能源管理中心，分析电力系统的发电和用电特性信息，以及楼宇和家庭的分布式电力输出能力，监测城市交通设施、通信设施、园区和居民用能、工业用能等不同能源消费的碳排放数量，采用储能和储氢技术提升能源调节能力，配合碳利用和回收技术降低绝对碳排量，并参与电碳联合市场的实时交易，从而以能源管控为基础实现科学高效的碳排放系统规划、管理和运营，如图 8.12 所示。

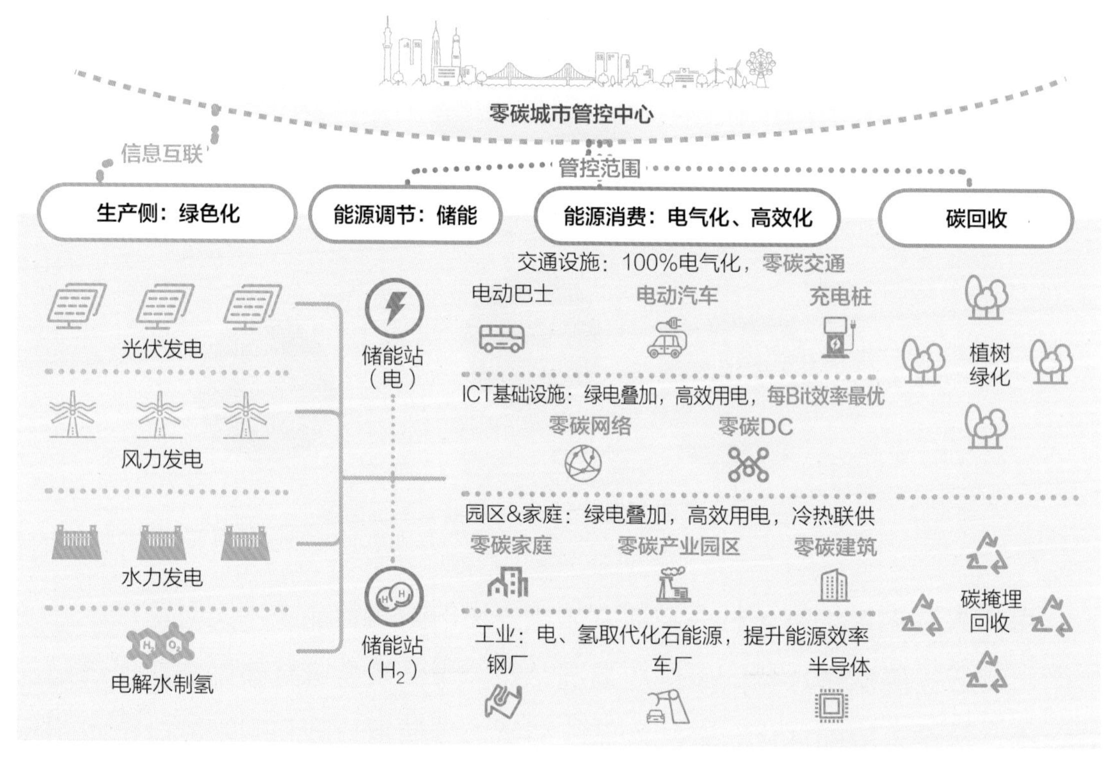

图 8.12　零碳城市管控系统情景

附录　缩写/定义

缩写	定　义
IEA	International Energy Agency，国际能源署
MEMS	Micro-Electro-Mechanical System，微机电系统
WAMS	Wide Area Measurement System，广域测量系统
VFTO	Very Fast Transient Overvoltage，暂态过电压
UHF	Ultra High Frequency，特高频
VHF	Very High Frequency，超高频
GIS	Gas Insulated Substation，气体绝缘变电站
GPRS	General Packet Radio Service，全局分组无线服务
CDMA	Code Division Multiple Access，码分多址
OTDR	Optical Time-Domain Reflectmeter，光时域反射仪
HFCT	High Frequency Current Transformer，高频电流传感器
CPU	Central Processing Unit，中央处理器
LIGA	Lithographie，Galvanoformung，Abformung，光刻、电铸和注塑，即基于X射线光刻技术的 MEMS 加工技术
LED	Light-Emitting Diode，发光二极管
WSN	Wireless Sensor Network，无线传感器网络
OPGW	Optical Fiber Composite Overhead Ground Wire，光纤复合架空地线
ADSS	All Dielectric Self-Supporting（Optical Fiber Cable），全介质自承式（光缆）
PDH	Plesiochronous Digital Hierarchy，准同步数字系列
SDH	Synchronous Digital Hierarchy，同步数字系列
OTN	Optical Transport Network，光传送网
VR	Virtual Reality，虚拟现实
MIS	Management Information System，管理信息系统
SIS	Supervisory Information System，厂级监控信息系统

续表

缩写	定　义
DCS	Distributed Control System，分散控制系统
SOE	Sequence Of Event，时间顺序控制
FCS	Fieldbus Control System，现场总线控制系统
OA	Office Automation，办公自动化
MIS	Management Information System，管理信息系统
MPLS	Multi-Protocol Label Switching，多协议标签交换
VPN	Virtual Private Network，虚拟专用网络
VLAN	Virtual Local Area Network，虚拟局域网
QoS	Quality of Service，服务质量
PSTN	Public Switched Telephone Network，公用电话交换网
SCADA	Supervisory Control And Data Acquisition，电力数据采集系统
EMS	Energy Management System，能量管理系统
MPLS	Multi-Protocol Label Switching，多协议标记交换
BGP	Border Gateway Protocol，边界网关协议
HAN	Home Automation Network，家庭局域网
NAN	Nearby Area Work，邻域网
WAN	Wide Area Network，广域网
PLC	Power Line Communication，电力线载波通信
DSP	Digital Signal Processing，数字信号处理
TIA	Trans-Impedance Amplifier，跨阻放大器
WDM	Wavelength Division Multiplexing，波分复用
IDU	Indoor Unit，室内单元
ODU	Outdoor Unit，室外单元
FCS	Fieldbus Control System，总线控制系统
IP	Internet Protocol，互联网协议
OTN	Optical Communication Network，光通信网
AR	Augmented Reality，增强现实
BDS	Beidou Navigation Satellite System，北斗卫星导航系统
URLLC	Ultra-reliable and Low Latency Communications，高可靠和低延迟通信
PMU	Phasor Measurement Unit，同步相量测量装置

续表

缩写	定　义
FA	Feeder Automation，馈线自动化
AVR	Automatic Voltage Regulator，发电机励磁控制
PSS	Power System Stabilizer，电力系统稳定器
LOEC	Linear Optimal Excitation Control，线性最优励磁控制
ASC	Active Stability Control，安全稳定控制
AGC	Automatic Generation Control，自动发电控制
AVC	Automatic Voltage Control，自动电压控制
OPF	Optimal Power Flow，最优潮流
EDF	Electricite de France，法国电力集团公司
DR	Demand Response，需求响应
ADR	Automated Demand Response，全自动需求响应
ADP	Adaptive/Approximate Dynamic Programming，自适应动态规划
DP	Dynamic Programming，动态规划
ANN	Artificial Neural Network，人工神经网络
BP	Back Propagation Neural Network，BP 神经网络
PMU	Power Management Unit，电源管理单元
WACS	Wide Area Controlling System，广域控制系统
NCU	Network Control Unite，网络控制单元
WNCS	Wide Network Control System，广域网络控制服务器
SPDnet	State Power Dispatching Network，电力调度数据网络
ATM	Asynchronous Transfer Mode，异步传输模式
SDH	Synchronous Digital Hierarchy，同步数字体系
WAAS	Wide Area Augmentation System，广域预警系统
IC	Integrated Circuit Chip，集成电路
PC	Personal Computer，个人电脑
RAM	Random Access Memory，随机存储内存
DRAM	Dynamic Random Access Memory，动态随机存取存储器
IT	Information Technology，信息技术
SoC	System on Chip，系统级芯片
MPU	Microprocessor Unit，微处理器
MCU	Microcontroller Unit，微控制器

续表

缩写	定　义
ROM	Read-Only Memory，只读存储器
EEPROM	Electrically Erasable Programmable Read Only Memory，带电可擦可编程只读存储器
RFID	Radio Frequency Identification，射频识别
EPON	Ethernet Passive Optical Network，以太网无源光网络
GPRS	General Packet Radio Service，通用无线分组业务
LTE	Long Term Evolution，长期演进
ONU	Optical Network Unit，光网络单元
MPCP	Multi-Point Control Protocol，多点控制协议
PHY	Port Physical Layer，端口物理层
SERDES	SERializer/DESerializer，串行器/解串器
EPON	Ethernet Passive Optical Network，以太网无源光网络
PMS	Power Production Management System，工程生产管理系统
PM	Project Management，项目管理
AM	Access Management，访问数据
CMOS	Complementary Metal-Oxide-Semiconductor，互补金属氧化物半导体
RTL	Register Transfer Level，转换级电路
AHB	Advanced High Performance Bus，高级性能总线
APB	Advanced Peripheral Bus，高级外围总线
PD SOI	Partially Depleted Silicon-on-Insulator，部分耗尽绝缘体上硅
PCM	Pulse Code Modulation，脉冲编码调制
EMC	Electromagnetic Compatibility，电磁兼容
ESD	Electro-Static Discharge，静电释放
IO	Input/Output，输入/输出
ATPG	Automatic Test Pattern Generation，自动测试向量生成
MOS	MOSFET 的简称，Metal-Oxide-Semiconductor Field-Effect Transistor，金属-氧化物半导体场效应晶体管
PCB	Printed Circuit Board，印制电路板
LDMOS	Laterally Diffused Metal Oxide Semiconductor，横向扩散金属氧化物半导体
NEMS	Nano-Electromechanical System，纳机电系统
SiP	System In a Package，系统级封装

续表

缩写	定　义
P2P	Peer-to-peer 或 Point to Point，点对点
ID	Identity Document，身份识别号
OLAP	Online Analytical Processing，联机分析处理
PoW	Proof of Work，工作量证明，比特币协议中的工作量证明机制
PoS	Proof of Stock，股权证明
DPOS	Delegated Proof of Stock，授权股权证明
PBFT	Practical Byzantine Fault Tolerance，实用拜占庭容错算法
DBFT	Delegated Byzantine Fault Tolerance，授权拜占庭容错算法
BFT	Byzantine Fault Tolerance，拜占庭容错算法
API	Application Programming Interface，应用程序接口
SSD	Solid State Disk 或 Solid State Drive，固态驱动器
VMC	Validator Manager Contract，校验器管理和约
AI	Artificial Intelligence，人工智能
DEC	Digital Equipment Corporation，数字设备公司
DARPA	Defense Advanced Research Projects Agency，美国国防高级研究计划局
GPU	Graphics Processing Unit，图形处理器
DBN	Deep Belief Nets，深度信念网络
CNN	Convolutional Neural Networks，卷积神经网络
LSTM	Long Short-Term Memory，长短期记忆网络
ANN	Artificial Neural Network，人工神经网络
RNN	Recurrent Neural Network，循环神经网络
LA	Learning Automata，自动学习机
TC	Turing Completeness，图灵完备
GAN	Generative Adversarial Network，生成对抗网络
DQN	Deep Q Network，深度强化学习
BIT	Biometric Identification Technology，生物识别技术
PMU	Power Management Unit，电源管理单元
RTU	Remote Terminal Unit，远程终端单元
AMI	Advanced Metering Infrastructure，高级测量体系
SI	Swarm Intelligence，群体智能
ICT	Information and Communication Technology，信息通信技术
DC	Data Center，数据中心

图书在版编目（CIP）数据

电力数字智能技术发展与展望 / 全球能源互联网发展合作组织著. —北京：中国电力出版社，2021.6（2023.6 重印）

ISBN 978-7-5198-5663-2

Ⅰ. ①电… Ⅱ. ①全… Ⅲ. ①电力系统自动化 Ⅳ. ①TM76

中国版本图书馆 CIP 数据核字（2021）第 109466 号

出版发行：中国电力出版社
地　　址：北京市东城区北京站西街 19 号（邮政编码 100005）
网　　址：http://www.cepp.sgcc.com.cn
责任编辑：孙世通（010-63412326）　王　欢
责任校对：黄　蓓　朱丽芳
装帧设计：张俊霞
责任印制：钱兴根

印　　刷：北京瑞禾彩色印刷有限公司
版　　次：2021 年 6 月第一版
印　　次：2023 年 6 月北京第三次印刷
开　　本：889 毫米×1194 毫米　16 开本
印　　张：17.75
字　　数：287 千字
定　　价：230.00 元

版 权 专 有　侵 权 必 究

本书如有印装质量问题，我社营销中心负责退换